新・動物の解放

Animal Liberation Now

Peter Singer
With a Foreword by Yuval Noah Harari
Translated by Taichi Inoue

ピーター・シンガー 著
ユヴァル・ノア・ハラリ 序論
井上太一 訳

Animal Liberation Now

動物たちの扱われ方について知識を与えてくれた
リチャードとメアリー、ロスとスタンへ
動物を食べるのはやめようという決心をともにし
素晴らしい旅路の伴侶でいてくれたレナータへ
そして、感覚意識を具える全存在のために
より良い世界を築こうと奮闘する、多くの、多くの善き人々へ

目次

序論　ユヴァル・ノア・ハラリ　007

二〇二三年版緒言　017

第一章　全ての動物は平等である　023
あるいは、人間の平等を基礎づける倫理原則が平等な配慮を動物たちにも広げるべきだと求める理由

第二章　研究のための道具　057
違う、これは人命を救うこととは何の関係もない

第三章　工場式畜産に抗して　147
あるいは、あなたの晩餐が動物だった時に起きたこと

第四章　種差別なき生活　227
気候変動と闘い、健康な生活を楽しみながら

第五章　人《マン》の支配　265
種差別小史

第六章　今日の種差別　309
動物解放への反論と、その克服による前進

謝辞　359
レシピ集　367
訳者解題　385
原注　409
索引　447

凡例

＊複数形の人称代名詞は、ほぼ女性または雌に特定されるものを「彼女ら」、男性または雄に特定されるものを「彼ら」、男女または雌雄が不定のものを「かれら」とする。

＊本文中の〔　〕は著者による補足、〔　〕は訳者による補足。

序論

ユヴァル・ノア・ハラリ

動物たちは人類史上最大の被害者であり、飼い馴らされた動物たちに対する工業的畜産場での扱いは、おそらく史上最悪の犯罪といってよい。この言明はピーター・シンガーが『動物の解放』を世に出した一九七五年には滑稽に響いただろう。今日では、この重要著作が強い追い風となったおかげで、右の考え方を妥当、あるいは少なくとも議論に値すると受け止める人々が増えている。

『動物の解放』が刊行されて数十年のあいだに、科学者らはますます動物認知や動物行動や人間動物関係の研究に注目するようになった。その諸発見はシンガーの主たる洞察をかなりの程度まで確証した——人類進歩の行程は動物たちの屍《しかばね》に満ち満ちている、と。既に数万年前の段階で、石器時代の祖先らは一連の生態学的惨事をもたらしていた。四万五〇〇〇年前、オーストラリアに踏み入った最初の人間たちは、またたく間にこの大陸の大型動物の九〇パーセントを絶滅へ追いやった。これはホモ・サピエンスが生態系に与えた最初の大きな影響だった。が、最後のそれではない。

約一万五〇〇〇年前、人類はアメリカ大陸に入植し、現地の大型哺乳類の約七五パーセントを消し去った。その他あまたの種が、アフリカ、ユーラシア、およびその沿岸を取り巻く無数の島々から姿を消した。あらゆる国の考古学記録が同じ悲話を物語っている。悲劇の初めにさかのぼると、第一幕は豊かで多様な大型動物たちが群れをなす場面で、まだホモ・サピエンスの姿形はない。第二幕はサピエンスの登場で、その証拠は化石化した骨や槍の穂先、ことによると焚火《たきび》の跡といった形で残っている。第三幕は直後に訪れ、男性と女性が舞台中央を占める一方、大型動物のほとんどは多くの小さな動物たちともども舞台からいなくなる。合計すると、サピエンスは最初の小麦畑を耕し、最初の金属道具をつくり、最初の文字を書き、最初の硬貨を鋳出《いだ》す前に、地球上の全大型陸生哺乳類の約五〇パーセントを絶滅へと追いやった。

人間動物関係における次の大きな変化は農業革命だった。ここで全く新たな生命体が地球に現れた――飼い馴らされた動物たちである。当初、それは他愛ないことに思われた。人類が飼い馴らせたのはせいぜい二〇種に満たない哺乳類と鳥類のみで、かたや数えきれないほどの種は「野生」にとどまっていたからである。しかし世紀が過ぎゆくにつれ、この新生命体は支配的となった。今日では飼い馴らされた種が大型動物の九〇パーセント以上を占める。例えば鶏を考えてみよう。一万年前、鶏は南アジアの小地域にしか見られない珍しい鳥だった。今日では何十億羽もの鶏が南極大陸を除くほぼ全ての大陸や島嶼《とうしょ》に暮らしている。飼い馴らされた鶏はおそらく惑星地球の年代記で最も生息域を広げた鳥といえるだろう。成功を数で測るなら、鶏、牛、豚は史上最も成功した動物たちに違いない。

あいにく、飼い馴らされた種は集団としての比類なき成功の代償に、前代未聞の個としての苦しみを負わされた。動物王国には数百万年にわたり多種多様な痛苦や窮状があったが、農業革命は全く新しい種類の苦しみを生み、それは世代を経るごとに悪化の一途をたどった。

一見したところ、飼い馴らされた動物たちは野生の親戚や祖先よりも遥かに良い暮らしを送っていると思えるかもしれない。野生のバッファローは食べものや水や棲家を探して日々を過ごし、絶えずライオンや寄生虫、洪水、旱魃《かんばつ》の脅威にさらされる。飼い馴らされた牛は対照的に、人間の世話と保護を受ける。人間は雌牛と子牛に食べものと水と棲家を与え、その病気を治し、捕食動物や自然災害から彼女らを守る。なるほど大半の雌牛と全ての〔雄〕子牛は遅かれ早かれ屠殺場に送られる。けれどもそれで彼女らが野生のバッファローよりも悪い運命を負っているといえるだろうか。ライオンに食べられるほうが一介の男に殺されるよりもマシだろうか。クロコダイルの歯は人間のナイフよりも優しいだろうか。

飼い馴らされた動物たちの境遇が特にむごいといえるのは、死のあり方もさることながら、何よりも生きている時のありさまによる。対立する二つの要因が畜産動物の生を形づくってきた。一方で、人間は肉、乳、卵、皮革、動物の筋力、それに娯楽を欲する。他方で、人間は畜産動物を長く生かし繁殖させなければならない。理論的には、それゆえに動物たちは極度の残忍行為から守られるはずだった。農家が食べものも水も与えず牛の乳を搾れば、泌乳量は減り、牛自身も早く死んでしまう。

　しかし残念ながら、人間は畜産動物の生存も繁殖もさまたげず、かれらにとてつもない苦しみを負わせることができる。問題の根本は、飼い馴らされた動物たちが人間の農場で余計となる数々の身体的・感情的・社会的欲求を野生の祖先から受け継いでいることにある。農家は普段それらの欲求を無視し、経済的コストもかけない。農家は動物たちを小さな檻に閉じ込め、その角や尾を切り、母を子から引き離し、畸形の特徴を選抜育種でつくり出す。動物たちはひどく苦しみながらも生き続け、殖《ふ》えていく。

　これはダーウィンの進化論の最も基本的な原理に反するのではないか。進化論によれば、全ての本能・衝動・感情は生存と繁殖に資するよう進化してきた。だとすれば、畜産動物の繁殖が続いている事実はその本当の欲求が満たされていることの証左になるのではないか。どうすれば牛が生存と繁殖のために必要としない「欲求」を具えうるというのか。

　進化圧のもとでは、全ての本能・衝動・感情が生存と繁殖に向けて進化してきたというのも正しいに違いない。しかしながら、その圧がなくなっても、圧がつくった本能・衝動・感情はすぐにはなくならない。もはや生存と繁殖に役立たなくなっても、それらは動物の主観的経験を形成し続ける。現在の牛や犬や人間が持つ身体的・感情的・社会的欲求は現在の状況を反映したものではなく、数万年前の祖先らに働いていた進化圧を反映している。なぜ現代人はこうも甘いものに目がないのか。二一世紀初頭の私たちはアイスクリームやチョコレートをむさぼり喰わなければ生存できないから、ではない。むしろそれはこういう事情による──石器時代に私たちの祖先が甘く熟した果物を見つけた時は、なるべく多くのそれをなるべく早く食べることが最も合理的な行動だった。若い男性が向こう見ずな運転をしたり、乱暴な言い争いに関わったり、腕試しのつもりで秘密のインターネットサイトをハッキングしようとしたりするのはなぜか。それはかれらが現在の国内法（これら一切の行動を禁じる法律）に逆らいたいからではなく、太古の遺伝的命令にしたがわざるをえないからである。七万年前、命を賭してマンモスを追った若い狩人は全ての競争者に魅力で勝り、地元の美人と結婚することを認められた──そして私たちは今、そんなマッチョの遺伝子をぬぐい去れずにいる。[訳注1]

全く同じ種類の強制力が工業的畜産場における雌牛と子牛の生を形づくっている。大昔の野牛は社会的な動物だった。生存と繁殖のために彼女らは効果的な意思疎通と協力と競争を行なう必要があった。全ての社会的哺乳類と同じく、野牛は遊びを通して必要とされる社会的技能を学習した。子犬、子猫、子牛、人の子がいずれも遊びを好むのは、進化によってその衝動を植え込まれているからである。野生界で、かれらは遊ぶ必要があった。さもなければ子らは生存と繁殖に不可欠な社会的技能を学習できなかった。何らかの珍しい変異によって遊びに興味を示さない子猫や子牛が生まれたら、生存も繁殖も難しかった。同様に、子犬、子猫、子牛、人の子は進化によって非常に強い母との繋がり願望を植え込まれた。母子の繋がりを弱める偶然の変異は死刑宣告に等しかった。

現在の人間農家が幼い子牛を取り上げ、母から引き離し、小さな檻に閉じ込め、さまざまな病気に対するワクチン接種を行ない、食べものと水を与え、充分な年齢に達した時点で雄牛の精子を人工授精したら、どういうことになるか。客観的な視点から見れば、この子牛はもはや生存と繁殖のために母との繋がりも遊び仲間も必要としない。必要なものの全ては主人の人間が工面する。しかし主観的視点から見れば、子牛は今でも母との繋がりや他の子牛との遊びを求める非常に強い衝動を感じている。その衝動が満たされなければ子牛はひどく苦しむことになる。

これが進化心理学の基本となる教えである。すなわち、何千世代も前に形づくられた欲求は、もはや実際には今日の生存と繁殖に必要とされなくなっても、主観的にはなお自覚され続けている。嘆かわしくも、農業革命は飼い馴らされた動物たちの主観的欲求を無視しつつその生存と繁殖を維持する力を人類に与えた。結果、飼い馴らされた動物たちは集団としては世界で最も成功した動物となりながら、個としては史上最も悲惨な動物たちとなっている。

状況は伝統農業が工業的農業に道を譲った過去数世紀のあいだに悪くなる一方だった。古代エジプト、ローマ帝国、中世中国のような伝統社会では、人間が理解する生化学・遺伝学・動物学・疫学の知は至極わずかで、ゆえに人間の自然操作能力もかぎられていた。中世の村では鶏が家々のあいだを自由に駆け回り、ゴミ山から種や虫をつつき、納屋《なや》に巣をつくっていた。野心的な小農が一〇〇〇羽の鶏を狭い小屋に閉じ込めでもしようものなら、致死性鳥インフルエンザの流行が起こって全ての鶏と多くの村人を葬ったことだろう。

近代科学が鳥とウイルスと抗生物質の秘密を解き明かしたことで、人間は動物たちに極端な生活条件を課せるようになった。ワクチン接種、薬剤投与、ホルモン、農薬、中央空調システム、自動給餌器、および他のさまざまな新しい装置のおかげで、現在では何万という鶏を小さな納屋に押し込み、これまでにない効率性で肉や卵を生産することができる。このような工業的設備に囚われた動物たちの運命は、その犠牲規模を顧みるなら間違い

訳注1　このくだりは人間行動の形成に関わる膨大な社会的要因を無視し、遺伝的要因に全てを帰している点で、あまりにも単純な還元論に陥っているといわざるを得ない。進化心理学的説明の危うさを示す一例といえよう。

なく、私たちの時代における最も重大な倫理問題の一つとなった。というのも現在、地球上の中型・大型動物の大半は工業的農場に暮らしているからである。私たちは地球にライオンや象、鯨、ペンギンが暮らしていると想像する。それはナショナルジオグラフィックの番組やディズニーの映画、子どもの童話には当てはまるかもしれないが、テレビ画面の外に広がる現実世界にはもはや当てはまらない。世界に暮らすのは四万頭のライオンと一〇億頭の飼い馴らされた豚、五〇万頭の象と一五億頭の飼い馴らされた牛、五〇〇〇万羽のペンギンと二〇〇億羽の鶏である。

二〇〇九年、ヨーロッパの鳥は全野生種を合わせて一六億羽を数えた。同じ年、ヨーロッパの食肉・採卵業界は一九億羽の鶏を育てた。合計すると、世界における飼い馴らされた動物の総重量は約七億トン、かたや人間の総重量は三億トンで、大きな野生動物のそれは一億トンに満たない(「大きな」とは最低数キログラムの体重があることを指す)。

よって、畜産動物の運命は倫理的な枝葉の問題ではない。それは地球上の中型・大型動物の大半に関わる——複雑な感覚と感情の世界を持ちながら、産業生産ラインの歯車として生き死んでいく何百億もの感覚意識を具える存在たちに。シンガーが正しければ、工業的畜産は歴史上のあらゆる戦争の総計を超える痛苦と窮状を生んでいる。

動物の科学研究は従来、この悲劇に関し気が滅入る役回りを演じてきた。科学コミュニティがその蓄積されゆく動物関連の知識を利用してきたのは、主としてその生命をより効率的に操作し、人間の産業に役立てるためだった。ところが、まさにこの同じ知識が、畜産動物は感覚意識を具える存在で、複雑な社会関係や優れた心理パターンを持つということを、合理的な疑いを超えるレベルで証明してきたのだった。畜産動物たちは知性において私たちと同等ではないかもしれないが、間違いなく痛みや恐れ、孤独、愛を知っている。かれらもまた苦しみを感じることができ、幸せになることができる。

この科学的知見と真剣に向き合う時は既に訪れている。人間の力が伸び続けるのに比例して、他の動物たちを害し益する私たちの能力も伸びていくのだから。四〇億年のあいだ、地球生命は自然選択に支配されていた。それが今では人間知性の設計に支配されつつある。バイオテクノロジー、ナノテクノロジー、人工知能は、やがて全く新たな生命改造の力を人類に与え、生命の意味そのものを変えるだろう。この素晴らしき新世界を設計する時代が訪れたら、私たちはホモ・サピエンスだけでなく、感覚意識を具える全存在の福祉を考えなければならない。

『新・動物の解放』は全ての人々が向き合うべき倫理的問いを投げかける。シンガーの主張に同意できない読者もいるかもしれない。が、他のあらゆる動物たちにおよぶ人類の計り知れない力を振り返るならば、それを慎重に議論することこそ、私たちの倫理的責務だろう。

二〇二三年版緒言

『動物の解放』は一九七五年に日の目を見て、間もなく興隆と急成長を遂げる動物の権利運動の聖典と目されるに至った。実験施設から動物たちを救い出す活動家、あるいは残忍な実験を明らかにしたビデオテープを盗み出す活動家は、自身らの行動の倫理基盤を示すべく、この本を現場に残すことを始めた。同書の強みは倫理学の議論と実験施設や畜産場で動物たちの身に起こっていることの正確な記述を組み合わせた点で、後者の大部分は実験者たち自身、あるいは肉や卵や乳製品の効率的な生産方法を調べる研究者たちによって書かれた出版物を元としていた。同書が現れ、現代動物運動の成長に火をつけたのち、実験施設や畜産場での動物利用に関する章で述べた状況の見直しを求める圧力は高まった。『動物の解放』は初版刊行以後、絶版になったことがなく、その中核をなす倫理的議論は四〇年以上にわたる試練にも耐えてきたが、それ以外の多くは変化した。

・一九七五年には動物の権利運動が存在せず、動物虐待反対組織は主として犬や猫に関心を向けていた。今では何百万もの人々が畜産場や実験施設で利用される動物たちの苦痛軽減に努める団体を支持している。
・アメリカのいくつかの州では、それらの団体が市民発議の一般投票を用い、体の伸展も方向転換も一歩の前進すらも許さない小さなケージやストールに被畜産動物[訳注1]たちを閉じ込める行ないを違法化することに努めてきた。が、この極度の監禁方式はいまだ大多数の豚や卵用鶏を飼養する諸州で主流となっている。
・ヨーロッパでは各国議会とEU全体が、より包括的な変更を決定した。
・動物のための正義に注力する政党はヨーロッパ諸国の議会、EU議会、オーストラリア諸州の議会で議席を獲得した。
・EU基本条約は動物が単なる財産品目ではないと認め、感覚意識ある存在という法的地位をかれらに与えている。
・メディアはもはや動物の権利活動家をバカにせず、大抵は真面目に扱う。
・一九七五年には「ビーガン」という言葉の意味を誰も知らなかった。今ではこの言葉がレストランのメニューやスーパーのラベルに広く見られる。

ただしこの進歩は世界共通ではない。中国が繁栄を迎えると、その畜産業の規模も大いに膨れ上がった。同国はいまや世界最大の豚肉生産国かつ上位の鶏肉・家鴨《あひる》肉生産国となっている。中国の畜産拡大は国の動物福祉法による縛りを一切受けず、とどまる気配がない。この緒言を書いている現在、二六階建てで一階の面積が四〇万平方メートル（四〇〇万平方フィート超）の巨大な超高層「農場」が建設されつつある。完成した暁には数百万頭の豚がここを埋めることになる。

動物解放を求める闘いは一九七五年以降、進展を遂げてきた――が、私たちはまだ大きな規模で暴虐を喰い止めるには至っていない。第三章でみるように、二〇二〇年にはアメリカで一〇〇万頭の豚が豚舎に閉じ込められたまま、暑熱と湿気による熱射病で命を落とした。恐ろしい大量死だが、これは食用として飼養され殺害される八三〇億の哺乳類と鳥類が毎年被る苦しみの一例にすぎず、かれらの大半は生涯にわたり混み合う畜舎に監禁され、一度たりとて外には出られない。この動物たち、そして急速かつ急進的な変化がない

訳注1　本書も含め、動物擁護の文献ではlivestockとfarm animalとfarmed animalを使い分ける。livestockは動物をモノ化する差別語であり、farm animalは動物を農業や畜産の主体に見立てる点で現実を歪曲しているとされる。ゆえに動物擁護の支持者は動物たちが人間に畜産利用されている現実を言い表すべく、原則としてfarmed animalを用いる。訳書でもこの使い分けを反映し、livestockを「家畜」、farm animalを「農場動物」、farmed animalを「被畜産動物」と訳し分ける。

かぎり今後数十年のあいだに苦しみ死んでいく動物たちを思いつつ、私は本書『新・動物の解放』を著し、元となった本の議論を改め、それを二一世紀の支配的状況に当てはめた。動物たちの意識や心理的・身体的欲求については『動物の解放』初版刊行時から飛躍的に知識が増えた。オランウータンからタコまで、この星を共有する素晴らしい他の動物たちの生が明らかになった。厳密な科学研究により、痛みを感じる能力は哺乳類と鳥類にかぎらず、魚《うお》や少なくとも一部の無脊椎動物、それもタコだけでなくエビやカニにも具わっていることが確かめられた。この新しい知識を踏まえるなら、関心の射程を広げることはいよいよ急務となる。魚や他の水生動物の飼養・殺害数は、哺乳類と鳥類のそれをさらに上回るのだから。

同時に、私たちは人為の温室効果ガス排出が地球の気候を変動させ、未曾有《みぞう》の熱波、山火事、洪水を引き起こし、私たち自身を含むあらゆる感覚意識ある存在を危機に陥れていることを知っている。食肉・乳製品産業が全輸送部門の合計に匹敵する規模でこの破滅的変動に寄与していることは、動物の権利擁護派が長く促してきた食の変更を支持するもう一つの強力な理由となる。工場式畜産をなくすことは他の環境改善にも繋がり、汚染された河川が綺麗になる、多くの地方住民が吸う空気が澄む、心臓病や消化器系の癌による死亡が大幅に減るなどの効果が望める。

『新・動物の解放』は、動物運動がこれまで以上の隆盛を迎えてもなお、私たちが理解を超える規模で動物たちを虐《しいた》げ続けている実態を示す。本書は動物たちが感覚意識ある存在であり、独自の生を生き、私たちがおよぼす苦しみに値することは何一つしてこなかったという前提のもと、人間動物関係の新たな倫理を提唱する。これは他の人々とともに動物たちの扱われ方を根本から改めようと呼びかける要請の書である。

ピーター・シンガー

第一章　全ての動物は平等である

あるいは、人間の平等を基礎づける倫理原則が平等な配慮を動物たちにも広げるべきだと求める理由

平等の基盤

「動物の解放」というと、真面目な目標というより他の解放運動のパロディに思えるかもしれない。事実、「動物の権利」という概念はかつて、女性の権利擁護のパロディに使われた。近代フェミニストの先駆者、メアリ・ウルストンクラフトが一七九二年に著書『女性の権利の擁護』を刊行した時、その見解は多くの者からバカげているとみなされ、間もなく『獣の権利の擁護』と題する匿名著者の書籍が現れた。この諷刺本の著者（現在では著名なケンブリッジ大学の哲学者トマス・テイラーだったと分かっている）は、メアリ・ウルストンクラフトの議論がもう一歩先へ進められることを示してこれを論駁《ろんばく》しようと試みた。平等擁護の議論を女性に

適用して問題ないというのなら、犬や猫や馬にそれを適用してもよいのではないか。しかしそんな「獣」が権利を持つと唱えるのは明らかにバカげている。よって、女性の平等を支持する推論も同じく不合理である——。

テイラーの攻撃に対し、女性の権利擁護を守りたいとしてみよう。ではどう返すべきか。一つの答え方は、男女平等の擁護を人間でない動物に広げるのは妥当性を欠く、と指摘することだろう。例えば、女性は未来についての合理的決定を下す能力の点で男性に劣らないのだから投票権を持つが、犬は投票の重要性を理解できないのだから投票権を持つべきではない。人間の男女が共有し、人間と動物が共有しない特徴はほかにもたくさんある。したがって、男性と女性は平等なのだから平等な権利を持つべきだが、人間と人間以外は異質なのだから平等な権利を持つべきではない、と論じることもできるだろう。

この推論は男女平等の擁護に関するかぎり正しい。人間と他の動物の重要な違いは各々が有する権利の違いを生むはずである。が、重要な違いは大人と子どものあいだにもある。犬も幼い子どもも投票はできないのだから投票権は持たない。しかしそれを認めたところで、より基本的な平等原則を人の子どもや人間以外の動物に広げるのがおかしいということにはならない。この拡張は、年齢や精神能力によらずあらゆる者を全く同じように扱うべきだとは示唆しない。基本的な平等原則は、平等もしくは同一の扱いを求めるのではなく、平等な配慮を求める。異なる存在への平等な配慮は、違う扱いや違う権利に帰結しうる。

というわけで、女性の権利擁護をパロディにしたテイラーの試みにはもう一つの答え方があり、それは人間と人間でない動物の明白な違いを無視することなく、平等の基本原則を当の獣に適用する考えは不条理ではないとするものである。今の時点ではこの結論が妥当ではないと思えようが、万人の平等を支持する思想の根本をより深く掘り下げてみれば、むしろホモ・サピエンスという種の全成員に関し平等を求めながら人間でない動物に平等な配慮を認めない立場は基盤が危ういと分かるだろう。

この点をはっきりさせるためにはまず、厳密に言って私たちが何を主張しているのかを理解する必要がある。序列的で不平等な社会を擁護したい者は、どのような尺度で測ろうと万人が文字通り平等だというのは正しくないと指摘することが多かった。人間は体つきも体の大きさも違い、身体の強靭さも道徳能力も違い、他者の求めに対する気づきや思いやりも、効果的な意思疎通の能力も、喜びや痛みを経験する能力も違う。つまり、もしも平等の要請が万人の現実の平等性に依拠するのなら、その要請を取り下げなければならない。

幸い、事実として二者の能力に差があっても、それゆえに両者の欲求や利益に道徳的な軽重の差をつけるのが正しいと考える論理的に説得力のある説明はない。平等は道徳的理想であって事実の主張ではない。人間の平等を謳う原則は、人々のあいだに現実にあるとされる平等性の記述ではなく、人間をいかに扱うかを述べた規範である。

道徳哲学の改革的功利主義学派を創始したジェレミー・ベンサムは、道徳的平等という不可欠の基盤を自身の倫理体系に組み込み、こう定式化した――「何者の価値も一とし、一以上とはしない」。言い換えれば、ある行為に影響される存在の利益はいずれも漏れなく考慮され、任意の他者が被る同様の利益と同じ重みを付与される。ジョン・スチュアート・ミルは、功利主義の第一原則は「人格間の完全な公平性」だと論じた。後代の功利主義者、ヘンリー・シジウィックは要点をこうまとめる。「任意の個にとっての善は、(こう言ってよければだが)宇宙の視点からみると、他の何者にとっての善と比べても重要性が勝るものではない」。私がオクスフォード大学の学生だった一九七〇年代にそこの道徳哲学教授を務めていたリチャード・M・ヘアは、誠実な倫理的判断を下したければ、自身の決定に影響される全当事者の立場に身を置き、なおその判断を実行に移したいと思えることが条件だと論じた。ハーバード大学の教授で、当時の倫理学界における重鎮だったアメリカの哲学者、ジョン・ロールズは、「無知のベール」という仕掛けを考えて同様の着想に至り、人々はこのベールに覆われた状態で自身らが暮らす社会を統べる正義の原則を選ばなければならないとした。原則の決定後に初めてベールが取り去られ、人々は自分の持つ特徴や社会に占める立場を知る、というわけである[※1]。

この平等原則から、他者への配慮や他者の利益を考慮する意欲は、当の他者らがどんな者であるか、どんな能力を持つかに左右されてはならないという結論が導かれる。なるほど配慮の結果として何をすべきかは行為に影響される者の特徴次第で変わる。子どもの幸福に配慮するなら文字の読み方を教えなければならないが、豚の幸福に配慮するなら充分な食料と自由に歩き回る空間がある場所で他の豚たちと一緒にいさせるだけでよい。基本となるのは当の存在の利益を、その種類を問わず考慮に入れることであり、その考慮は平等原則のもと、人種や性、あるいは生物種の違いによらず、全存在に平等におよばなければならない。

人種差別や性差別への反対論はつまるところ、この基盤に則る。そしてこの原則のもと、種差別も同じく糾弾されなければならない。種差別とは、その原初的で最も重要な形態としては、みずからが属する種の成員に利益となり、他種の成員に不利益となる、生物種だけにもとづく偏見ないし偏向《バイアス》をいう。種差別の派生形としては、特定の種に属する一部の人間でない動物（例えば犬）の利益を、他種の動物（例えば豚）が有する同様の利益より重んじるものもある。[※2]

ベンサムの問い

基本的な道徳原則として、利益に対する平等な配慮を何らかの形で提案してきた思想家は多いが、この原則がヒトだけでなく他種の成員にも適用されうると認める者は少なかった。ジェレミー・ベンサムは例外的な人物の一人である。アフリカ出身の奴隷たちがフランスで解放された一方、イギリス領ではまだ隷属下にあった時代に、未来を見据えた一節でベンサムは論じた。

いつか、他の動物被造物も、暴君の手だけが奪いえた権利を獲得できる日が来るかもしれない。フランス人は既に、肌の黒さは人間を救いもなく虐待者の気まぐれに委ねてよい理由にはならないと悟った。いつか、脚の数や肌の毛深さ［毛皮に覆われていること］、あるいは仙骨の先［尻尾があること］もまた、感覚ある存在を同様の境遇に委ねてよいとする充分な理由にはならないと認められる日が来るかもしれない。ではそれ以外で、越えられない線を引くべきものは何か。思考能力、あるいはもしや会話能力か。ただし、充分に成長した馬や犬は、生後一日、一週間、いや一ヵ月経った幼児と比べても、はるかに理性的で話しかけやすい動物である。しかしそうでなかったとしてもそれが何だというのか。問題はかれらが《思考》できるか、《会話》できるかではなく、かれらが《苦しみ》を感じられるかどうかである。[※3]

ここでベンサムは、苦しみの能力こそがある存在に平等な配慮の権利を付与する決定的特徴であるとする。苦しみの能力――より厳密には、苦しみおよび喜び／幸せの、一方または双方を感じる能力――は、理性や言語、自己意識、正義感覚の保有などと並ぶ一つの特徴という枠に収まらない。後者の諸特徴にもとづき「越えられない線」を引く者は、苦しみの能力を持つ存在の中から一部を包摂し、他を排除することになる。ベンサムはそれと違い、苦しみまたは悦び[訳注1]の能力を持つ全存在の利益に配慮すべきだと述べている。彼はいかなる利益も配慮から漏らさない。なぜなら苦しみと悦びの能力は利益を有する前提条件、すなわち、そもそも利益について適切な議論をする以前に満たされねばならない条件だからである。道端で子どもに蹴飛ばされることは石の利益にならない、というのはバカげている。石は何をされようと幸福状態が変化することはありえないのだから、利益を有さない。苦しみと悦びの能力はしかし、ある存在が利益を有する——最低でも苦しまないことによる利益を有する——というための必要条件だけでなく十分条件にもなる。例えばマウスは道端で蹴飛ばされれば苦しむので、そうされないことを利益とする。

右に引いたくだりで、ベンサムは「権利」に触れているが、この議論は実際のところ権利ではなく平等を論じている。ベンサムが「自然権」を「ナンセンス」と言い、「生得的な不可侵の権利」を「大いなるナンセンス」と称したことはよく知られている。彼が道徳的権利に言及するのは、人々や動物の保護が法律と世論によって認められるべきだという意味だが、道徳的議論で真に重要なのは権利ではない。というのも権利は権利で、個々の事例においてのみならず長期的かつ全関係者を視野に入れた形で、それがどれだけ苦しみを減らし幸せを増やすかという点にもとづき正当化されなければならないからである。したがって動物たちの平等を支持するうえで、権利の根拠やその保有者、およびかれらが有する権利の種類をめぐる哲学論争に

訳注1　本訳書ではほぼ同義語として使われているpleasureとenjoymentを「喜び」「悦び」と訳し分ける。

煩わされる必要はない。権利という言葉は、短い抜粋情報が氾濫する今日、ベンサムの時代以上に価値のある有用な政治的略語ではあるが、動物たちに対する態度の抜本的見直しを求める議論において不可欠ではない。

ある存在が苦しむなら、その苦しみを配慮に含めないことは道徳的に正当化されない。当の存在がいかなるものかによらず、平等の原則は——おおよその比較が可能であるかぎり——その苦しみを他の存在の同様の苦しみと平等に衡量《こうりょう》するよう求める。もしもある存在が苦しむ能力、あるいは喜びや幸せを経験する能力を持たないなら、衡量できるものは何もない。よって感覚意識（痛みや喜びを経験する能力）の有無が他者の利益配慮における唯一の正当な境界線である。[訳注2]

しかし、人間は私たちと同じ種の成員で、他の動物たちは違うとの理由から、前者の利益を重めに見積もることは許されないのだろうか。こうした主張——「《私たち》は○○（自分が属する集団の名を入れよう）で、《かれら》は違う」という主張——は、従来、他者の利益に対する平等な配慮を拒む言い分として使われてきた。人種差別主義者は自身の人種に属する者の利益をひいきめに衡量することで平等の原則を侵し、性差別主義者は自身の性に属する者の利益をひいきにすることで同じ原則を侵す。今日の目で見れば、そのような人種差別や性差別の正当化根拠なるものは、支配集団の利益に資するがゆえに受け入れられてきたにすぎないと分かる。同じく、種差別主義者は自身らが属する種の利益を、他種の成員が有するより大きな利益の上に置くことを許す。どちらの場合でも、支配集団はその外なる者を劣等者とみなし、支配的な立場の自分たちが望む通りに後者を利用することを正当化する。

読者はこう思うかもしれない――違う、人間は別物だ！　私たちは動物よりも賢く、理性的存在で、自己意識もあり、未来の計画を立てることができ、自由でもあり、道徳的行為者でもある。よって私たちは他の動物が持たない権利を有し、他の動物を望み通りに利用してよい、と。しかしベンサムが指摘した通り、この議論にしたがうと人の幼児――多くの人間でない動物よりも理性、自己意識、未来の計画を立てる能力がかぎられた存在――も同じく権利を欠き、ゆえに私たちは動物と同じようにかれらを利用してよいということになってしまう。幼児期を過ぎていても、遺伝的異常なり脳損傷なりで認知能力が一部の人間でない動物に比肩しない人々はいて、かれらにも同じことがいえる。さらに、ハーバード大学の心理学研究者ルシウス・カヴィオラが、オクスフォード大学やエクセター大学の心理学・哲学研究者らと進めた一連の研究によれば、人々が人間を他の動物よりも道徳的に優先する理由は実際のところ精神能力では

訳注2　「感覚意識」の原語であるsentienceは、本来、感覚で得た情報を主観的に経験する能力を指す。訳者はこれまでsentienceを「情感」と訳してきたが、より正確な意味を反映した訳語として、本書では「感覚意識」を用いることとした。なお、動物倫理学の関連書ではしばしばこれが「感覚」と訳されているが、感覚そのものはsenseやsensationやfeelingであり、主観的意識を伴うsentienceとは厳密に区別されるので、訳し分けを要する。

説明できない。人間とチンパンジーのどちらかを選ばなければならない状況でどちらを助けるか問われた際、六六パーセントの被験者は人間の救助を選び、その結果はチンパンジーが当の人間より精神能力で勝ると聞かされていても変わらなかった。[※4]

本書の初版で、私はスタンリー・ベンの見解を取り上げた。オーストラリア国立大学で学者人生のほとんどを送った非常に有名な哲学者の彼は、生きものの扱いは実際の特徴よりも「その種の正常な状態」にしたがって決められるべきであり、ゆえに人間の精神能力が動物に劣る状況でも人間を動物に優先することは正当化できると論じた。以後、他の哲学者らも同様の見解を擁護してきた。[※5] しかしながらカヴィオラのチームが行なった研究では、種の典型的な精神能力のレベルは救助対象に関する研究参加者の回答に大きく影響しなかったことが明らかになっている。もちろんそれは、当の能力で選択を決すべきだという倫理的主張への反駁にはならないが、その能力が人間に高い道徳的地位を認める理由としておそらく重要な要素でないことを示してはいる。右の倫理的主張については第六章で再度扱いたい。[※6] カヴィオラとその同僚たちは、「道徳的人間中心主義の主たる原動力は種差別である」と結論した。

誰が苦しみを感じられるか

大半の人間は種差別主義者である。以下の章では、普通の人間たち——ごく少数の例外的に残忍もしくは非情な人間ではなく圧倒的多数派——が共犯者となって、人間でない動物たちの最も重要な利益を損ない、人間の遥かに些末な利益を高める営為を存続させていることを示す。が、十全を期すため、それらの営為を記述する前に、いまだ時おり目にする問いに答えておきたい（もっとも、私が初めて動物の苦しみの問いを論じた時に比べれば、これを目にする機会は遥かに減った）——人間以外の動物が痛みを感じることはどうすれば分かるのか。

この問いに答えるうえでの一歩目は、訊き返すことである——人間であろうと人間でなかろうと、ある者が痛みを感じることはどうすれば分かるのか。私たちは自分自身の経験から、自分が痛みを感じられることは知っている。しかし他の者が痛みを感じることはどうすれば分かるのか。それが親友だろうと捨て犬だろうと、私たちは他者の痛みを直接には経験できない。痛みは意識の状態、「精神的出来事」であり、ゆえに決して観察できない。他者の痛みは、身をよじる、叫ぶ、火から手を離すなどの行動から、あるいはことによると、脳の関連部位で何が起きているかを示す脳画像装置を介して推測するしかない。

理論的には、他の人間が痛みを感じていると想定する際は常に誤っている可能性がぬぐえない。親友の一人が実はロボットで、痛みの徴候を全て示すようにプログラムされているが実際には他の知能機械以上にものを感じていない、ということは考えられる。この可能性は哲学者たちにとって難問であるが、私たちはみな、親友が自分と同じように痛みを感じていることを微塵も疑わない。これは推測であるが、どこからみても理に適う推測であり、自分ならば痛みを感じるであろう状況で親友がとった行動を観察した結果であるとともに、当の親友が私たちと同様の存在で、その神経系は私たちのものと同じ働きを持ち、同様の状況で同様の感覚を生むと思えるだけの充分な根拠があっての判断である。

他の人間が私たちと同じように痛みを感じると想定することが許されるのだとすれば、他の動物に関し同様の推測が許されない理由はあるだろうか。二〇一二年にケンブリッジへ集まった著名な神経科学者らの国際グループはケンブリッジ意識宣言を発表し、人間には他の動物よりも発達した大脳皮質が具わっているが、それは基本的な衝動や感情や感覚よりも思考機能に関わる部位であることを確認した。宣言いわく、「多数の証拠が示唆するところでは、ヒトは意識を生む神経基質を有する点で特異な生物ではない。哺乳類や鳥類をはじめとするヒト以外の動物、およびタコをはじめ、他の多くの生物もそれらの神経基質を有する[※7]」。

他の人間の痛みを察するうえで私たちが頼りにする外部徴候はほぼ全て、他の動物にも見られる。痛みの行動徴候は種によって異なるが、身もだえする、顔をしかめる、か細く鳴く、うめく、叫ぶ、その他の声を上げる、痛みがまた降りかかると思われた場面で恐怖の表情をみせる、痛みの元から逃れようとする――また、かつて痛みが生じた場所を避け、良い経験だけができた場所を求める――などが挙げられる。加えて、分かっているところでは他の哺乳類も私たちに似た神経系を持ち、私たちが痛みを感じるであろう状況に置かれれば私たちと同様、まず血圧が上がり、瞳孔が開き、汗をかき、心拍数が上がり、刺激が続けば血圧が下がる、などの生理反応を示す。さらに、こうした動物たちが鎮痛薬――私たちのそれと同じ種類の痛み止め――を与えられると、痛みを示す行動もその生理学的指標も抑えられる。例えばブリストル大学臨床獣医学部のT・C・ダンベリーによる実験では、商用の群れから選び出された鶏たちが二つに色分けされた餌を与えられた。一方には抗炎症薬のカルプロフェンが含まれている。足の不自由な鶏（第三章でみるように、商用飼育される鶏にとって足の障害はありふれている）は、カルプロフェンを含むほうの餌をよく食べ、その消費量に比例して跛行《はこう》は減少した。これは人間の痛みを和らげた時の効果とよく重なる結果であり、負傷した鳥が歩行時に痛みを経験している可能性を物語る。[※8]

他の動物の神経系は人間の疼痛《とうつう》行動を模するよう設計されたロボットと違い、人工的に設計されたものではない。それが発達したのは痛みの感覚が動物たちの生存可能性を高め、痛みと死の原因を避けることに繋がるからとみて間違いない。その進化の大部分は、私たちが他の脊椎動物から分化する前の共通祖先に起こったことである。

科学では、何を説明しようとするのであれ、可能なかぎり簡素な説明を探し求めることが古来適切な方針とされてきた。生理学的にほぼ同じ構造の神経系は共通の起源と共通の進化機能を持ち、同様の環境で同様の行動に至り、同様の働きをする――つまり、同様の意識経験を生じさせてそうする――と想定するほうが、これら全ての科学的に証明可能な共通件に反し、主観的感覚の面で私たちの神経系は他の脊椎動物のそれとは全く違う働きをすると考えるよりも簡素である。

私が本書の初版を書いた時、動物の心理学研究はまだ始まったばかりであり、当時支配的だった行動主義の流派では、科学が言及してよいのは観察可能なもののみであると信じられていた。動物行動の説明で動物たちの意識的な感覚・願望・目的に言及することは「非科学的」とされた。そこで、精神状態に言及する「痛み」などの語を避けるために、行動主義者は電気ショックを与えたラットや犬が「回避行動」を示す、などと述べる論文で科学誌を埋め尽くした。※9ところが一九七六年、動物行動の研究で並外れた業績を持つ研究者のドナルド・グリフィンが『動物意識の問い』〔邦題『動物に心があるか』〕を公刊し、なぜ科学者らは人間でない動物たちの意識を認めたがらないのかを問うた。この本は行動主義の風船に刺さった針に等しかった。グリフィンがこの問いを投げかけると、行動主義者による動物行動の説明は――よく腹を満たしたラットが電流の走る床を通って食べものを得ようとしない一方、半飢餓状態のラットがそうするのはなぜか、といった簡単な事柄の説明でさえ――、痛みや飢えの意識経験をラットに認めた際の説明よりも複雑になることがはっきりした。それもそのはずで、同様の状況における人間行動――飢えた人物が処罰のリスクを冒してでも食べものを盗む行動など――を説明する際に、正負いずれの精神状態にも言及しなければ説明は不充分になると分かる。今日では動物が電気ショックを避ける理由について、その経験に伴う痛みや心地悪さへの言及なしに説明を下す試みは、一笑に値するといってもよいだろう。

人間と人間でない動物の一つの違いとして、人間は（一定の年齢以上でかつ深刻な認知障害がない場合）言語を使うことができ、痛みを感じている時にそれを私たちに伝えられる、という点がある。動物たちはいくらかの限定的な例外を除き、言語を、あるいは少なくとも私たちが理解できるそれを、使うことができない。したがって、他の存在が痛みを感じていると確信できる最良の証拠は、その存在がそれを訴えられることにあり、動物の場合はそれを訴えられないので私たちは懐疑的立場にとどまらなければならない、との主張も考えられる。が、ジェーン・グドールがチンパンジーに関する画期的研究『人の陰で』〔邦題『森の隣人』〕で指摘したように、感覚や感情の表現において、言語は非言語のコミュニケーション様式（背を叩く励まし、情のこもった抱擁、握手など）よりも重要性が劣る。痛み、恐れ、怒り、愛、楽しみ、驚き、性的興奮、ほか多くの感情状態を伝える際に私たちが用いる基本的仕草はヒト特有ではない。[※10]「私は痛みを感じている」という言明は、発話者が痛みを感じていると理解する一つの証拠にはなりうるが、証拠として成立しうるものはそれだけでなく、また人間は時に嘘をつく――そしてロボットも「痛い」と発話しうる――ので、それが最良の証拠というわけでもない。

仮に言語を持たない者の痛みを否定することに、より有力な根拠があったとしても、その否定を突き詰めれば当の結論が否定されるだろう。人間の幼児や非常に幼い子どもは言語を使えない。では一歳の子どもが痛みを感じることを、私たちは疑うだろうか。疑わないのであれば、言語は重要たりえない。無論、ほとんどの親は他の動物の反応よりもわが子の反応をよりよく理解できるが、それは動物よりも自分の幼児と接する頻度が高いからでしかない。動物を伴侶に持つ人々はすぐにその反応を幼児のそれのごとく理解できるようになるだろう――そして時には幼児以上に理解できることもある。成熟した犬や猫の心は、生後数ヵ月の幼児の心よりも私たちのそれに近いからである。

線を引く

少なくとも一部の人間でない動物が痛みを感じ、その他、正負の意識状態を経験できることについては、もはや科学者のあいだで真剣な論争はない。現在、より活発に科学界で争われているのは、どの動物が意識経験を持つか、あるいは持っている可能性があるか、である。動物学者が「動物」と称する存在は哺乳類から海綿にまでおよぶ。そして動物と植物の境界線が、苦しみを感じられる存在と感じられない存在を分かつ線に一致すると信じられる妥当な理由はない。よって、利益に対する平等な配慮の原則はどのような時に適用されるのかを知ろうと思えば、どこで線を引くべきかを知る必要がある。

動物の痛みを研究する科学者らは種々の実験手法を考案したが、その中に、痛みの刺激に対する痛みを思わせる行動が、人間の鎮痛薬と同様の薬を投与することで抑えられるかを確かめる、というものがある。また、痛みを伴う経験やそれを被るリスクと、食べものなどの報酬にありつく機会とを、動物が天秤にかける証拠も探し求められている。このような柔軟な意思決定は一定の価値尺度を含む中央化した情報処理が行なわれていることの証左と解釈される。[※11]もっとも、こうした証拠が見つかっているのは今のところわずかな種にとどまる。

今しがた見てきた通り、哺乳類と鳥類に関しては、痛みを感じる能力の証拠が溢れるほど存在する。他の脊椎動物のうち、私たちが捕獲・飼養・殺害する数でいえば、魚類の犠牲は爬虫類や両生類よりも遥かに多い。そこで、爬虫類や両生類が苦しみを感じられることについては、証拠があるとだけ述べておき、[※12]ここでは魚類についての証拠をより詳しく取り上げたい。

魚類

二〇一九年に他界するまでペンシルベニア州立大学の水産学・生物学教授を務め、『魚《うお》は痛みを感じるか?』を著したヴィクトリア・ブレイスウェイトは、魚の神経系および痛みを生じさせうる状況での魚の行動をいち早く研究してきた科学者の一人に数えられる。彼女のチームは魚に侵害受容器があることを世界に先駆けて明らかにした。侵害受容器は感覚受容体で、哺乳類や鳥類のそれは傷を負った組織からの信号を感知することが確かめられている。ブレイスウェイトはこれに加え、唇に酢や蜂の毒を注射されるなど、人間であれば身体的な痛みを感じるであろう経験に対し、魚がどのような行動をとるかを調べた。分かったのは、それらの刺激によって魚が痛みを示唆する行動をとることだった。呼吸が早まる、唇をこする、普通ならば反応するはずの水槽内の出来事を無視するなどがその例となる。これらの行動変化は数時間にわたり継続することもあるが、モルヒネのような鎮痛薬を魚に与えると、普通の行動に戻る時間が早められた。魚は中度の電気ショックなど、不快な経験を回避することを学ぶが、時には先に触れたような動機を伴う天秤思考も働かせる。しかも秤に載せられるのは食べものだけではない。電気ショックに耐えて仲間とともにいることを選ぶ魚もいる。

これらの観察は、魚が最も重要な感覚意識の基準を満たしていることを示唆するとともに、魚類が哺乳類や鳥類のような認知能力を欠くという一種の神話を払拭する根拠にもなる。一部の種は互恵的な協力を行ない、一方が捕食者の見張りをするあいだに相方が食べものを探すといった行動をみせる。一部の魚は協同で狩りを行なうが、それは事前の計画と意思疎通を要することで、かつては社会的な哺乳類だけに観察される行動だった。さらに注目すべきは、この協力が異種の魚たちのあいだでも行なわれることである。大型魚のハタは、自分が入れない小さな隙間に獲物が逃げ込んだ際、ウツボが隠れていそうな岩の割れ目に泳ぎ寄る姿を観察されてきた。割れ目に近づいたハタは独特の動きでウツボを外に誘い出し、ともに移動する。獲物の魚が隠れた隙間まで来たら、ハタは体を使ってそこを指し示す。ウツボはそれを見て隙間に入る。すると獲物はしばしば外へ飛び出すので、ハタは待ち構えて襲いかかる。また別の時にはウツボが獲物を捕らえて食べることに成功する。社会的な哺乳類による協同の狩りと違い、ハタもウツボも獲物を丸呑みにするので肉を分かち合うことはない。しかし協力を繰り返すことでどちらも恩恵に浴せる。

自身の研究と他の者らによるそれから得られた証拠をまとめ、ブレイスウェイトはこう述べた。「これら全てを踏まえると、現在鳥類や哺乳類に拡張している福祉的配慮を魚類に拡張すべきでないとする論理的理由は見当たらない」[※13]。私も同意するが、ただし魚類には約三万三〇〇〇の種が、言い換えれば哺乳類のおよそ五倍にもなる種が含まれ、そのうち痛みを感じる能力についての研究はほんの数種に対して行なわれてきたにすぎない。ブレイスウェイトが指摘するに、軟骨魚類――サメとエイ――を研究する科学者らは、哺乳類、鳥類、硬骨魚類にみられる侵害受容器をいまだ発見できていない[※14]。したがって慎重を期すとすれば、魚が感覚意識を具える存在だという結論は硬骨魚類あるいは硬骨類に限定すべきかもしれない。これは無論、サメとエイが感覚意識を具える存在ではないということを意味せず、ただかれらがそうである証拠は硬骨類の場合ほど有力ではないという意味にとどまる。そして人間が食べる魚の圧倒的多数は硬骨類からなる。

とすると、なぜ私たちは魚類を何も感じられない存在のように扱うのか。かれらが叫び声や悲しげな声を発せられないから、そして苦悶の表れと思える顔の表情を持たないからか。そうでもなければ、午後のひとときに返しのついた釣り針を水中に放って川岸に座り、すぐ脇で先に捕らえられた魚たちが暴れながら徐々に息を詰まらせ死んでいく状況を楽しむなど、サイコパスにしかできないことに違いない。

無脊椎動物

脊椎動物の多くが魚類であって哺乳類ではないように、動物の多くは脊椎動物ではない。無脊椎動物は並外れて多様な集団だが、それは実のところ驚くに当たらないことで、なんとなればかれらは脊柱がないという点だけで定義されるからである。私たちがそのようにかれらを定義していることは人間中心的観点を示すもう一つの例証に数えられる——この世には私たちのように脊柱を持つ生きものと、その他もろもろが存在する。無脊椎動物を客観的に見つめれば、その一部は感覚意識と知性を具えること、また、感覚意識を持つ可能性が捨てきれない種は多数存在することが分かる。

チンパンジーであれ、象やイルカであれ、知的な脊椎動物を前にする時、私たちは共通の祖先を持つ心と対峙する。しかしタコは軟体動物であり、ゆえにどんな脊椎動物よりもカキに近い。私たちとタコの共通祖先を探ろうとすれば、五億年前に生息した蠕虫《ぜんちゅう》にまでさかのぼらなくてはならず、この虫はおそらく何の意識も持っていなかった。しかしタコは知性を持つ。その珍問奇問を解く姿は複数のユーチューブ動画で見ることができ、例えばネジ蓋の瓶を開けて中にあるおいしいご馳走を得るというのもその一つである。水槽を抜け出した、あるいは夜に自分の水槽を抜けて魚《うお》がいる隣の水槽へ忍び入り、再び元の水槽へ戻っていた、などの逸話も多い――かれらなりの盗み喰いといえようか。自由に生きるタコ[訳注3]は半分になったココナッツの殻で身を隠す技を編み出し、時には使いたい場所まで長距離にわたって殻を運ぶこともあるが、これなどは計画能力の存在を示唆しているように思われる。[※15]というわけで、もしも読者がタコに出会うことがあれば、それは親類関係にある二つの心の出会いではなく、全く別個の進化を遂げた二つの心の出会いなのだと覚えておこう。知的な異星人との邂逅《かいこう》を思い浮かべれば最も近い。[※16]

いまや有力な感覚意識の証拠が見つかっているもう一つの無脊椎動物群として、カニ、ロブスター、ザリガニ、一部の小エビなどを含む十脚目の甲殻類が挙げられる（十脚目を意味するdecapodという語は、「一〇本脚」を意味するギリシャ語に由来する）。ロンドン経済大学のジョナサン・バーチ率いる科学者たちの学際チームは、頭足類（タコやイカ）と十脚目甲殻類の感覚意識を調べ、その知見を『頭足類の軟体動物および十脚目の甲殻類における感覚意識の証拠に関するレビュー』にまとめた。この報告書は当時イギリスの動物福祉法がおよぶ範囲を検討していた環境・食糧・農村地域省に提出された。チームはこの動物たちの感覚意識に関する

訳注3　動物擁護の議論では、「野生」（wild）という語がネガティブな意味合いを帯びていた歴史を踏まえ、代替表現として「自由な／自由に生きる」（free-living）という語を用いることがある。

三〇〇以上の科学研究を検証し、動物に感覚意識が具わっているかを確定する一定の基準を設けた。痛みを感じる感覚受容体が十脚目にあることは確実性が高く、カニやロブスターの脳がさまざまな情報源からの情報を統合できることはさらに確実性が高かった。もっとも、他の十脚目については証拠が足りなかった。時に動物自身が生成する化学物質、そして生成しない場合は実験の一環で外から投与した化学物質は、痛みの刺激に対するカニ、ロブスター、一部の小エビの反応を鈍らせた。総合すると、十脚目の甲殻類が具える感覚意識の証拠は、頭足類のそれほど有力ではないと分かったが、これは十脚目の感覚意識を否定する証拠があるからというより、研究が少なく証拠が足りないからでもあるとチームは強調した。

二〇二一年一一月に発表されたこの報告書は、以下の奨励を柱に据えた。「全ての頭足類軟体動物および十脚目甲殻類は、イギリス動物福祉法の目的に照らし、感覚意識を具える動物とみなされるべきである」。議会は当時、動物を感覚意識のある存在とみなす新法をめぐり論争を交わしていた。動物は感覚意識を具える存在であるとの認識はEUの法律に織り込まれていたが、イギリスではEU脱退に伴い、この地位が法的効力を失った。しかし二〇二二年に制定されたイギリス動物福祉（感覚意識）法は、バーチらの報告書に影響されたことが分かる。同法はその目的に照らし、あらゆる脊椎動物（ホモサピエンス以外）、あらゆる頭足類軟体動物、あらゆる十脚目甲殻類を「動物」に含めると述べる。ニュージーランド、ノルウェー、スイスの動物福祉法も、タコ、イカ、カニ、ロブスター、ザリガニを保護対象とする。[※17]

他の甲殻類の感覚意識については、研究されていない種が多いため、分かっていることが少ない。この不確実性がさらに高まるのは昆虫である。一部の昆虫がみせる行動は、痛みの感覚を持つという見方と整合しがたい。雌のカマキリが雄を伴侶とみることをやめ、夕食として扱うようになっても、雄は交尾への関心を捨てない。他の昆虫はつぶされた脚で歩き続け、自分が食べられながら餌を食べ続ける。一九八四年に発表した有名な論文で、C・H・アイゼマンとその同僚らは、こうした例をもとに昆虫は痛みを感じないだろうと結論した。[18]二五年後、無脊椎動物の行動と生理を専門とするカナダの科学者シェリー・アダモは、同様の結論に至り、昆虫が意識を形成するだけの充分なニューロンを持つことに疑義を呈した。[19]

他の科学者は昆虫が意識を持つという見方に対し、より開かれた姿勢でいる。早くも一九二三年には、オーストリアの科学者カール・フォン・フリッシュにより、蜜蜂が8の字ダンスで食料源に至る距離と方角を仲間に伝えていることが発見された。最初に彼が発表した際は疑念を向けられたが、最終的にはその主張が受け入れられ、一九七三年にはフォン・フリッシュにノーベル賞が授与された。しかしこのような複雑な意思疎通形態は意識があることを示唆するのだろうか。生得的動物行動の神経メカニズムを専門とする神経科学者のアンドリュー・バロンと、意識に関心を寄せる哲学者のコリン・クラインは、共同研究にて、昆虫の脳構造は「主観的経験能力」の存在を示唆すると論じた。[20]

含意

ここで二つの重要な結論が見えてきた。多くの動物は痛みを感じることができ、その痛みを人間が感じる同等の痛みよりも軽んじる態度は道徳的に正当化できない。この結論からどのような実践的帰結が導かれるか。誤解を防ぐために、私が意味するところをもう少し詳しく述べておこう。

もしも私が馬の尻を平手で強く叩けば、馬は走りだすだろうが、おそらく痛みはさほど感じない。馬の皮膚は単なる平手から身を守れるだけの厚さを持つからである。[訳注4] しかし同じように幼児を叩けば、その皮膚はより敏感なので、幼児は泣きだし、おそらく痛みを感じるだろう。したがって、他の条件が同じならば、幼児への平手打ちは馬に対するそれよりも悪いことになる。ただし、ある種の殴打――重い棍棒での一撃などだろうか――は、幼児を平手打ちにした時と同じだけの痛みを馬に与えるに違いない。「同量の痛み」とはその意味であり、もしも私たちがしかるべき理由もなく幼児に大きな痛みをおよぼすのが不正だと考えるのであれば、種差別を避ける場合、しかるべき理由もなく馬に同量の痛みをおよぼすことも同程度に不正と考えなければならない。

人間と動物の他の相違は、他の込み入った問題を生む。健常な成人が持つ精神能力は、特定の状況で、動物が感じる以上の苦しみをきたす原因となりうる。もしも例えば、無作為に誘拐された健常な成人が死に至る科学実験にかけられるとしたら、恐怖が広がるだろう。人間でない動物が同じ実験にかけられる場合、生じる苦しみは少ないと思われる。動物たちは私たちのように遠くの仲間と意思疎通するすべを持たないので、自分が誘拐され実験にかけられるかもしれないと気に病むことがないからである。これは動物を実験にかけるのが正しいという意味ではなく、ただ健常な成人よりも動物を好んで使うことには合理性があるという話にすぎない。

この動物利用肯定論は種に言及していないが、健常な成人と他の動物を分かつ一定の認知能力の差異をよりどころにする。とするとそれは偽装された種差別なのだろうか。この議論が全く種差別的ではないと証明したければ、それを唱える者は同じ議論のもと、他の成人よりも深刻な認知障害を抱える人間を優先的に実験にかけることには合理性があると認めなければならない。なぜなら深刻な認知障害を抱える人間も将来自分の身に起こることは理解できないから

訳注4　本筋の議論には影響しないが、この俗説は疑わしいので修正を要する。皮膚が丈夫で生体へのダメージが少ないことと、痛みに鈍感であることは違う。馬の皮膚には多数の神経が通っており、その痛みに対する感度がヒトと同等であることは研究によって確かめられている。例えばLydia Tong et al., "A Comparative Neuro-Histological Assessment of Gluteal Skin Thickness and Cutaneous Nociceptor Distribution in Horses and Humans," *Animals (Basel)* 2020 Nov 11;10(11):2094. doi: 10.3390/ani10112094を参照。異質な存在の痛みや苦しみを過小評価することについて、私たちは常に慎重でなければならない。

である。この結論を認めず、なおかつ動物実験を認めるのであれば、私たちは単に自分が属する種の成員を優遇していることになる。

ほとんどの成人が持つ優れた精神能力、すなわち未来の予期と計画、詳細な過去の記憶、自他の身に起きた出来事についての深い知識などが違う結果をもたらす事柄は多数ある。ただし、その違いはどちらにも転びうる。例えば戦時の捕虜に対しては、捕獲・調査・拘留は受け入れなければならないが他の危害は加えられず、戦いが終われば釈放されることを伝えられる。それに対し、野生動物は制圧や捕獲の試みと殺害の試みを区別できないため、前者が後者と同等もしくはそれ以上の恐怖をもたらしうる。

異なる種の苦しみの比較が困難なのは間違いなく、ゆえに動物と人間の利益が衝突する場面で平等の原則が正確な行動指針を示すことはない。が、この原則のもとに私たちが現在の行動を改めるうえでは、正確さが不可欠というわけでもない。私たちが動物たちに行なうことの多くは大変な痛みをかれらにおよぼすにもかかわらず、私たちにとっての必要性からはほど遠い。したがって私たちがみずからを益する以上にかれらを害していること、それも甚大な規模でそうしていることは明白である。ケニー・トレラが二〇二一年にニュースサイト「ヴォックス」で述べた通り、「ホモサピエンスを除くほぼ全ての動物種にとって、現代はおそらく史上最悪の時代だろう――特に食用として飼い馴らされた種である、鶏、豚、牛、そして近年増えている魚《うお》たちにとっては」[※21]。かくも低い水準からみると、より良く振る舞うことは難しくない。

殺しが不正になる状況は？

ここまで、私は動物たちに苦しみをおよぼすことについて多くを論じてきたが、殺しについては何も語らなかった。敢えてそうしたのである。苦しみをおよぼす行為に平等の原則を適用することは、少なくとも理論上、至極分かりやすい。痛みと苦しみはそれ自体悪いものであり、苦しむ存在の種によらず防止または最小化しなければならない。痛みがどれだけ悪いものかは、それがどれだけ強く、またどれだけ長く続くかによるが、同じ強さと持続時間を持つ痛みは、人間が感じようと動物が感じようと同じく悪い。他方、ある存在の殺害が不正になるのはどのような状況かを決めようと思えば、ことはよりややこしくなる。私は殺しの問いを後景にとどめておいた。そして以後もそこにとどめておきたい。というのも、人間による他種の圧制の現状を思えば、痛みや喜びに対する平等な配慮の原則だけで、動物たちにおよぶさまざまな搾取と虐待を発見し糾弾するには充分な基盤となるからである。とはいえ、動物殺しについて何も言わないとしたら、本章は中途半端になるだろう。

人間に同様の痛みを与えない場面で動物に痛みを与えることをためらわない点で、ほとんどの人間は種差別主義者であるが、それと同じく、人間を殺そうとしない場面で動物を殺すことをためらわない点でも、ほとんどの人間は種差別主義者である。ただしここはより慎重に議論をしなければならない。中絶や末期患者の安楽殺をめぐる議論が続いていることからも分かるように、人々は人間殺しが許される状況をめぐり、大きく見解を異にするからである。倫理学者も人間殺しを不正たらしめるものが厳密に言って何なのかに関し、合意に達することができない。

まず、罪なき人間の命を奪うことは常に不正であるという考え方をみてみよう。これはいわゆる人命を神聖不可侵とする考え方であり、中絶や安楽殺に反対する根拠として用いられる。[※22] この考え方を支持する層のうち、人間でない動物を殺すことに反対する者はほとんどいない。人命は神聖であり、人命だけが唯一神聖である、という信念は種差別の一種に数えられる。

これを理解するために、フロリダ州で一九九二年に生まれたベビー・テレサの事例を考えてみよう。彼女は脳の大部分を欠く無脳症だった。無脳症児は脳死状態ではなく、呼吸や心拍を司《つかさど》る脳幹は機能しているが、意識を持つことはなく、母親に笑顔を見せることもできない。通常、このような幼児を生かす努力はなされず、無脳症児は生後数時間で息を引き取る。しかしベビー・テレサの母であるローラ・カンポは、この悲劇的な出産に何らかの意義を与えたいと思い、他の子ども、おそらくは致命的な心臓欠損を抱える幼児向けに、テレサを臓器提供者にすると決めた(移植に使える幼児の心臓は滅多に手に入らないので、心臓欠損を抱える幼児は多くの場合、生きられない)。しかし医師はテレサが生きていることを理由に臓器摘出を拒んだ。カンポとその夫は裁判所へ出向き、テレサが生きているうちに臓器を摘出するための許可を求めた。心拍が止まると心臓移植の成功率は下がるから、と。判事は要請をしりぞけ、「いかに短く不満足な」生であろうと、人命を奪うことは認められない、と述べた。法的には、幼児の心臓を摘出することは殺害となりうるので、そうしてみると法律はあらゆる罪なき人間が不可侵の生命権を持つとの思想を反映している。

ベビー・テレサは数日後に息を引き取り、その臓器は誰の役にも立たなかった。[※23] しかし彼女を殺したら不正になったであろうと語る人々が、その同じ口で、人命を救うために健康かつ完全に意識のある豚やヒヒ、さらにはことによるとチンパンジーの心臓を奪うことに一言でも反対するとは思えない。かれらはその異なる判断をどう正当化するのか。一部の人々は宗教的思想に依拠し、ベビー・テレサは不滅の魂を持ち、神の似姿につくられているが、人間でない動物たちは魂を持たず、神の似姿でもない、というかもしれない。この考え方は、あらゆるホモサピエンスが不滅の魂を持ち神の似姿につくられている一方、他種の成員はそうでないという信仰に関し、何ら理に適った説明を行なっていない。そうした信仰が重要だった時代も過去にはあったのかもしれないが、今日それは広く支持されているわけではなく、いずれにせよ教会と国家が分かれた多元的な共同体では、法律が宗教信仰にもとづくようであってはならない。してみると、そうした社会においてテレサの心臓を抜き取ることが不正とされ、より意識があり生を満喫する可能性に恵まれた動物たちの心臓を抜き取ることが正当とされるのは、テレサがホモサピエンスという種に属し、豚やヒヒやチンパンジーは違うという事実にもとづく思考

のせいだと思われる。再び、単なる種差別にすぎない信念のお出ましである。[※24]

これはただし、種差別を避けたければ犬を殺すのは十全な機能を具えた人間を殺すのと同じ程度の不正だと考えよ、という意味ではない。唯一、弁解の余地なく種差別的といえるのは、生命権の境界線を私たちの種の境界線と完全に一致させる立場である。種差別を避けたければ、私たちはあらゆる有意味な側面が似通う存在に同様の生命権を認めなければならない。そしてただ私たちの種に属するというだけの事実は、この権利を基礎づける道徳的に有意味な特徴とはならない。この範囲において、例えば自己意識や未来の計画を立てる能力、および他者と有意義な関係を築く能力を持った成人を殺すのは、これら全ての特徴を具備してはいないであろうマウスを殺すよりも不正の程度が大きい、と考えることは可能である。あるいは人間にあってマウスには同程度にないものとして、長く続く親密な家族関係その他の個人的繋がりを引き合いに出してもよい。あるいは他の人々におよぶ帰結、すなわち他の人々が自分の命も奪われるのではないかとおびえるか否かに両者の決定的な違いを見出してもよい。が、どのような基準を選ぼうと、その線は私たちの種の境界線と一致しないことは認めなければならない。ここに挙げたものをはじめ、何らかの特徴ゆえに人間殺しは動物殺しよりも不正になる、と考えることは正しいかもしれない。しかし種差別を脱した基準でみれば、多くの動物たちはベビー・テレサのような人間やその他、認知能力が深刻かつ恒久的に損なわれた状態の人間よりも、それらの特徴をより高度な水準で具備している。よって、これらの特徴を生命権の根拠に据えるのであれば、くだんの動物たちには少なくともくだんの人間たちに与えられるそれと同じだけの強度を持つ生命権が与えられなければならない。

　この議論は、人間でない動物たちの多くが強力な、ことによると絶対的な生命権を持ち、私たちがかれらを殺せば、たとえそれが老いて苦しむ動物をその苦悩から解放するための行ないであっても、深刻な道徳的罪になる、と述べているように受け取られるかもしれない。あるいは逆に、生命権の必要条件である特徴を欠いた人間は、現在動物たちがそうされているように、至極つまらない理由で殺されてよい、という意味にとる者もいるかもしれない。そうした問題については別のところで詳しく論じてきた。[※25] 本書の主題は動物の扱いに関する倫理であって、人間の生命終了《エンドオブライフ》の決定に関する倫理ではないので、その問題をここで解決することは控え、ただ右に述べた二つの立場は種差別を回避しているがどちらも満足なものではない、と述べるにとどめたい。必要なのは何らかの中庸《ちゅうよう》の立場であり、それは種差別を回避しながらも、深刻な認知障害を抱える人間の命を現在の豚や犬の命のように軽くせず、かといって豚や犬の命を神聖ならしめるあまり、末期症状によるかれらの苦しみを終わらせる行為すら不正と位置づけられるような考えに陥らないものでなくてはならない。人間でない動物を私たちの道徳的配慮の範疇に含め、かれらの命をつまらない理由で浪費してよいものとみることをやめる、そして同時に、意味ある生や耐えがたい苦しみのない生が望めない場合であろうと、是が非でも人命を守る政策を考え直す——これが私たちの課題である。

痛みを与える問題と命を奪う問題の違いを理解するには、私たち自身が属する種の中で、どのような選択が行なわれるかを考えてみればよい。標準的な認知能力を具える人間と深刻な認知障害を抱える人間がいて、どちらかの命を救う選択を迫られたとしたら、他の条件が同じ場合、ほとんどの人々は前者の救命を選択するだろう。しかし標準的な認知能力を具える人間と認知障害を抱える人間がいて、どちらかの痛みを防ぐ選択を迫られたとしたら——どちらも痛みはあるが軽いケガを負い、痛み止めは一人分しかないとした場合——どのような選択がよいかは先の例ほど明快ではなくなる。

同じことは別の種について考える際にも当てはまる。痛みの害それ自体は、痛みを感じる者が有する他の特徴に影響されない。一方、命の価値と殺しの不正はそうした他の特徴に影響されうる。願望を持ち、計画を立て、未来の目標へ向けて励んでいた者の命を奪えば、それら全ての努力が実る機会を奪うことになる。自分に未来があると知る——まして未来のために計画を立てる——のに必要な精神能力がない存在から命を奪ったとしても、このような喪失は生じえない。遠い未来をはっきり展望している者を殺すことは、通常、現在だけに生きていて未来の展望が乏しい存在を殺すよりも悪いと考えるのが理にかなっている(これは奇しくも、動物擁護者に対する定番戦略、すなわち「人間と同じ生命権を蚊に与えるのか」という嘲笑への応答にも繋がるだろう)[※26]。もっとも私は、痛みなく動物を殺すのが不正になるのはどのような時か、という問いに対し、一般論的な答を示そうとは思わない。本書で唱えられる結論は、苦しみを最小化するという原則のみから導き出される。特記に値するのは、同じくこの原則一つから、私たちはほとんどの状況において動物性食品の消費を避けるべきである、という結論までが導き出されることである――一般層の理解では、動物殺しを不正とする信念こそがこの結論のもとにあると思われているが。

先を見据えて

読者はいくつかの疑問を抱いているかもしれない。

- 同様の利益に対する平等な配慮の原則を認めた場合、人間に害をなす動物はどう扱えばよいのか。
- 猫が鼠《ねずみ》を殺し、ライオンがシマウマを殺すのも止めるべきなのか。
- 植物が痛みを感じえないことはどうして分かるのか。もし植物が痛みを感じられるなら私たちは飢えなければならないのか。

これらはいずれも良い疑問だが、本題からずれることを避けるため、その回答は第六章までお預けにしたい。読者が反論の答を知りたくて我慢できないようであれば、早速そこへ飛ぶのを私が制することはできない。読者が待てるようなら、続く二つの章では実行に移された種差別の例を二つ、掘り下げることになる。

人間が動物に行なうあらゆる浅ましい所業の概要を書くつもりはないので、本書はスポーツハンティング、毛皮産業、異国産ペットの飼育、動物サーカス、ロデオの議論は含まず、人間が野生動物におよぼす影響についても多くは語らない。代わりに私は種差別の実行形を示す二つの中心的な例を詳しく扱った。これらは孤立した嗜虐趣味の例ではなく、一方は年間一億匹を超える動物たち、もう一方は年間一〇〇〇億匹をゆうに超える脊椎動物たちが巻き込まれる営為である。そして私たちはこれらに自分が関与していないと偽ることはできない。一方の動物実験は、私たちの政府によって奨励され、多くが私たちの税金によって実施されている。他方の食用動物飼養は、ほかでもなく多くの人々がその産物を買い、食べるおかげで回転している。これらの営為は種差別の中核をなす。両者は人間が行なう他のあらゆることにもまして、より多くの動物たちに、より多くの苦しみをもたらす。これらの行ないを阻止するには、私たちが食べるものを変え、私たちの政府が則る政策をも変えなくてはならない。この表立って推進される種差別の形態を阻止できるとしたら、他の種差別の営為も遠からず廃絶できるだろう。

第二章

研究のための道具

違う、これは人命を救うこととは何の関係もない

本章について

毎年、研究者らは実験において何千万もの動物たちに痛みと死をもたらしている。この行ないは通常、当の実験がおもな病気に対する治療法の進歩に寄与しているとの理由で弁護されるが、本章では多くの実験がそうした目標を置いていないこと、そして実験を行なう個人や企業を除き誰にも重要な便益をもたらす見込みがないことを明らかにする。

世界でどれだけの動物が実験に使われているかは誰も知らず、おおよその規模すら分からない。一因はアメリカにおいて実験での動物利用を管轄する公式の規制機関、農務省（USDA）が、利用される動物の数に関するデータを集めていないことにある。この驚くべき欠落は、農務省に動物実験の規制権限を与えるアメリカ動物福祉法が、実験に使われる動物の圧倒的大部

分を占めるラット、マウス、鳥類を対象外としていることに起因する。ゆえに農務省が実験を取り締まり、統計を集められるのは、実際に実験にかけられる動物たちのうち、ほんの一握りに関してのことでしかない。猿や犬や兎など、他の哺乳類については集計する。したがって二〇一九年には、ラット、マウス、鳥類を除き、七九万七五四六匹の動物が使われたと分かる。ここには一万八二七〇匹の猫、五万八五一一頭の犬、六万八二五七人のヒトでない霊長類が含まれる。しかし農務省の統計には、実験に使われる全動物のうち、どれだけの割合が含まれているのか。その答を探すために、一流大学で四〇年にわたり動物実験を行なってきた獣医、ラリー・カーボンは、アメリカ国立衛生研究所の資金を受ける研究施設トップ三〇のうち、一一の公共施設と五の民間施設からデータを入手した。それによると、これらの施設が利用していた動物は、農務省に数を報告しなければならない種が約三万九〇〇〇匹、マウスとラットが五五〇万匹以上にのぼった。よって、マウスとラットはこれらの施設が利用する動物の九九・三パーセントを占め、農務省はこの一六施設で実験にかけられる温血哺乳類のわずか〇・七パーセントしか集計していないことが分かった。農務省に動物利用を報告するアメリカの全研究施設に同じ割合を適用してカーボンが計算したところ、二〇一八年にアメリカで利用された動物の数は一億一二〇〇万匹を超えた。[※1] かたや全米生物医学研究協会は――具体的なデータなしに――ラットとマウスは利用される動物の九五パーセントを占めると主張する。それが正しければ、利用される動物の総数は約一五六〇万匹となる。[※2]

最も小さい数字を信じるとしたら、アメリカで実験に使われる動物の数は中国のそれよりも遙かに少ない。中国の事業相談会社、智研コンサルティングの発表では、二〇二一年、科学研究を目的とするラットとマウスの需要は四九八〇万匹、兎は二二〇万匹、ヒトでない霊長類は一二万九〇〇〇人、そして犬は六万四〇〇〇頭で、合計は五二〇〇万を超えた。全ての動物が現に実験で使われたかは判然としないが、ほとんどはそうであると考えられる。[※3] もう一つの利用大国である日本には、公式の統計が存在しない。日本実験動物学会の調査によれば、一〇〇八～二〇〇九年に研究諸機関が飼養・管理した動物は一五〇〇万匹超とされるが、調査の精度は不確かであり、数は当時から変わったとみて間違いない。[※4] EUの統計は全脊椎動物を対象とするもので、二〇一九年には約一〇四〇万匹が実験で使われたことを示している（当時EUに属していたイギリス、および加盟国ではないがEUにデータを報告しているノルウェーの数を含む）。[※5] より動物利用の規模が小さい国々を試算に含めると、世界で一年間に使われる動物の数は一億から二億の範囲となる。二億という数字はアメリカの状況に関するカーボンの計算にもとづき、一億は全米生物医学研究協会の試算にもとづく。カーボンの数字は限定的なデータからの外挿であり、ゆえに間違っている可能性もあるが、より信頼できるデータがない以上、実験では毎年およそ二億の動物が利用されていると結論したい。

以下ではこうした実験のいくつかを紹介する。この新版を書く際もそれ以前の版を書いていた際も、本章に向けての調査はひどく胸が悪くなる経験だった。本章を読むのも快い経験にはならないだろう。しかし動物たちがこうした実験に耐えなければならないのだとしたら、私たちにできる最低限の努力は、それについて知ることであり、まして多くの実験には私たちの税金が注がれているのだからなおさらである。私は大袈裟な表現を避けたが、動物たちになされる実験の記述を和らげる、あるいはごまかすことはしなかった。以下の記述の多くは実験者たち自身によって書かれ、査読付き科学ジャーナルに載った論文をもとにしている。それらの説明は一般に外部の観察者による報告よりも実験者たちにとって都合がよい。実験の性質や結果を伝えるために必要とされるのでもないかぎり、実験者は自分がおよぼした苦しみを強調しようとは考えない。したがって苦しみの大部分は報告に載らない。加えて、実験者は何らかの不備で動物を害したとしても、とりわけそれが実験そのものに関係なければ、論文にてその件に言及することはまずない。そうした事態は通常、動物擁護活動家が実験施設の潜入調査を行ない、内部の状況を記録した時にのみ発覚する。

科学ジャーナルが実験者にとって好都合な情報源である第二の理由は、そこに載る実験が、実験者とジャーナルの編集者からみて重要と判断されるものにかぎられているからである。多くの分野で、研究者らは「出版バイアス」を気にしだした――つまり、ジャーナルに載る報告は好ましい結果を出した実験のそれに偏りやすいという傾向である。このバイアスは公刊された研究知見の信頼性を損なう。というのも、仮に五つの研究グループがそれぞれ独自に同様の治療法を試験し、一グループだけが好ましい結果を得た場合、ジャーナルにはおそらくそれだけが載り、当の結果は実際以上の信頼性を帯びる、というようなことになってしまうからである。動物を使う研究にどれだけの出版バイアスがあるかを確かめるべく、オランダのユトレヒト大学に属する心臓学の研究者、ミラ・ファン・デル・ナールド率いるチームは、ユトレヒト大学医学センターにて動物を使う研究の申請を確かめ、それを申請後七年間の出版物と照らし合わせた。すると、出版物は利用された動物のわずか二六パーセント、五五九〇匹のうち一四七一四匹分にあたる実験について記載しているのみで、約四分の三を占める動物が使われた実験はおおやけにされていなかったことが分かった。[※6] ユトレヒト大学はオランダのトップ校で、世界ランキングでは五二位を占める。上位大学の研究者は下位大学の研究者よりも論文掲載率が高いはずなので、他のほとんどの施設では、未掲載のプロジェクトで使われている動物たちの割合がさらに大きくなると考えられる。[※7] したがって、以下の叙述を読み、実験の結果が動物たちに負わされる苦しみを正当化しうるだけの重要性を持たないと思えるようなら、それらの例はすべて氷山の一角にすぎないことを思い出してほしい――その実験結果はジャーナルの編集者が掲載に値すると考えたものにかぎられる。

私の言っていることを精査したい読者のために、ここでは筆頭著者の名を含む元の出典を記しておく。論文の著者らが特に悪い、または残忍な人々だと考えるべきではない。かれらは訓練で教えられた通りのこと、そして無数の同僚が行なうことをしている。私が実験について記すのは、被験動物たちの苦しみを無視または軽視しないかぎりありえない実験を研究者らが考え行なえる背景に、制度化された種差別の精神性があると示すためである。

猿の精神病質者をつくる

二〇一五年、四名のアメリカ議員が国立衛生研究所（ＮＩＨ）の理事であるフランシス・コリンズ博士に書簡を送り、精神疾患の猿モデルをつくるとの名目でスティーブン・スオミ博士が行なっている一連の実験に関し懸念を伝えた。「動物の倫理的扱いを求める人々の会」（ＰＥＴＡ）の報告によれば、スオミはＮＩＨの資金を受けつつ三〇年以上にわたり、数百匹の子猿を母との接触から隔て、小さな金属檻に閉じ込め、故意に不安・抑鬱《よくうつ》・下痢・脱毛の苦しみにさらし、自分の身を噛む、自分の毛をむしるなどの自傷に陥らせた――その社会的・感情的・肉体的損傷は猿たちが死ぬまで癒えなかった。ＰＥＴＡが入手したビデオでは、子猿たちが立つことも屈《かが》むこともできない小さな「驚愕房」に閉じ込められている様子が映っている。実験者らは大きな音を立てて猿たちを恐がらせる。恐怖した猿たちは叫びをあげて逃げようとするが、逃れるすべはない。別のビデオでは小さな檻に囚われた猿たちが繰り返し人間の接近によって脅かされる。猿たちは叫んで檻の奥に身を寄せ合い、可能なかぎり人間から離れようとする。また別のビデオでは、子猿が母と一緒にいることを許されるが、母は薬で寝かされ、乳首は子猿が吸えないようテープで覆われている。怯える子猿は幼い子どもが無反応な母親をみてそうするであろうように、母を起こそうと必死になる。

自由に生きるチンパンジーの研究で先駆者となったジェーン・グドールは、これらのビデオに「衝撃を受けて悲しみを覚えた」と語る。ジョン・グラックは猿から社会的接触の機会を奪う研究を行なってきたが、後年、剥奪実験にかけられた猿はヒトの精神疾患モデルとして不充分だと認めるに至った。彼は自身がかつて行なった実験とともに、スオミの実験もまた、「苦しみと痛みのコスト」ゆえに正当化できないと判断した。猿と霊長類の行動に関する専門家、バーバラ・キングは、自由に生きる子猿たちにとって母の体温と保護は重要であることを『サイエンティフィック・アメリカン』誌に記した。続けて、彼女はスオミの実験に触れながら付け加えた。

精神疾患と闘う二人の愛する家族を見守る者として、私はこの分野の研究が重要であることは理解する。しかし、複数のシステマティックレビューは動物モデルがヒトの精神的健康状態にうまく適合しないとの結論に至っている。ヒトの精神疾患を扱うのであれば、私たち自身の生活で経験する実際のストレス要因を直視することが求められる――アカゲザルの幼児に課す人為的なそれを観察するのではなく。[※8]

PETAによるキャンペーンののち、NIHはスオミの研究所が閉鎖されること、スオミはこれ以上の動物実験に関わらないことを発表した。[※9] これは人間にとって何ら重要な目的もなく動物たちに深甚な苦しみを課す行ないが、世論によって止められた稀有な事例である——ただしそれまでにこのような実験が五〇年も続けられた。そして本章が示すように、スオミのそれと並ぶ浅ましい動物実験はいまだアメリカでも他の国々でも続いている。

スオミは例外的な「ならず者の実験者」ではなく、子猿から母との接触機会を奪う着想の発案者でもなかった。彼の師匠にあたるハリー・ハーロウは霊長類を使う行動研究の実験施設をつくった。ウィスコンシン州マディソンの国立霊長類研究センターに属していたハーロウは、長年にわたり代表的な心理学ジャーナルの編集者を務め、一九八一年に没するまで、心理学研究における同僚たちから高く評価されていた。猿の母性剥奪効果に関するその研究は、多数の心理学基本テキストに肯定的に紹介され、心理学入門コースを履修する膨大な学徒によって読まれている。

一九六五年の論文で、ハーロウは自身の仕事を次のように叙述する。

過去一〇年にわたり、我々は猿をその出生時点から簡素な金網の檻で育てることにより、部分的な社会隔離の影響を研究してきた。これらの猿は完全な母性剥奪を経験する。より近年、我々は完全な社会隔離の影響を調べる一連の研究を始め、生後数時間の猿をステンレススチールの部屋で生後三カ月、六カ月、あるいは一二カ月まで育てた。この装置に入った指定期間中、猿はヒトもヒト以下も含む一切の動物と接触しない。

これらの研究から分かったのは、ハーロウいわく、「充分に深甚かつ持続的な早期隔離により、この動物群の社会的・感情的レベルは、社会的反応が主として恐怖に収斂するまでに落とされる」ということだった。[※10]

スオミは一九七一年に大学を卒業して以降、ハーロウと研究を続けた。スオミとハーロウが記すに、ある研究では子猿を精神病にしようと試みたが、その際の手法はうまくいかないように思われた。その後、イギリスの精神科医であるジョン・ボウルビーが二人のもとを訪れ、その苦闘の話を聞いてウィスコンシンの研究所を見て回った。不毛な金網の檻に一頭ずつ収容された猿たちを見たのち、ボウルビーは尋ねた。「なぜ猿たちを精神病にしようと頑張っているんだね？　既にこの研究所には精神病になった猿が地球上のどこよりも多くいるじゃないか」。[※11]

ハーロウは母性剥奪の深刻な心理的影響を突き止めた人物とされることもあるが、ボウルビーは数年前に、戦争孤児や難民や施設に入れられた子どもをはじめ、母を失った小児らの研究を行ない、同じ結果を明らかにしていた。早くも一九五一年にボウルビーはこう結論した。

証拠はレビューを経た。……その証拠により、いまや一般命題に関しては疑いの余地がないといえる――すなわち、幼い小児から長いあいだ母性ケアを剥奪すれば、その将来全体

にわたり人格に深刻かつ広汎な影響がおよびうる。[※12]

このような先行研究があっても、ハーロウとその同僚たちは一九五〇年代後期からそれ以降、実験の発案と実施をためらうことなく、子猿を母から引き離し、続く数十年ではさらに苛烈な剝奪形態を用いて鬱と精神病の猿モデルをつくろうとした。事実、ボウルビーの訪問に触れたその論文で、ハーロウとスオミは「怪物に変身する布製の代理母に子猿を密着させる」ことで鬱をつくりだすという「魅力的な着想」を語っている。

この怪物たちの一体目は布製の母猿で、決められた時刻や指令により、高圧の空気を噴射するものだった。これにより、猿の肌は実質的に代理母から離れる。子猿はどうしたか。それは単により強く母にしがみついた。怯えた幼児は何としてでも母にしがみつくからである。これでは何の精神病もつくれなかった。

しかし我々は諦めなかった。次につくった怪物代理母は激しく胴体を振動させるもので、子猿の頭と歯はガタガタと揺さぶられる。子猿はただ、より強く代理母にしがみつくだけだった。三体目の怪物は胴体に金網のフレームが埋め込まれ、これが前方に飛び出して子猿を腹部表面から突き放す。すると子猿は起き上がってフレームが布の体に戻るのを待ち、再び代理母にしがみついた。最後につくったのはヤマアラシの母である。指令を与えるとこの代理母は腹部一面から鋭い真鍮の棘を出す。子猿はこの手痛い突っぱねに悩んだが、ただ棘が収まるのを待ってまた戻り、代理母にしがみついた。

実験者らが記すには、負傷した子どもにできるのはただ母にしがみつくことだけなので、この結果はさほど驚くに値しなかったという。

最終的にハーロウとスオミは人工の怪物母親を放棄したが、それはより好みのものを見つけたからだった――怪物と化した本物の母猿である。そのような母親をつくるために、彼らは雌猿を孤独状態で育てたのち、子を身ごもらせようと試みた。この雌たちは雄猿と正常な性関係を築かないので、ハーロウとスオミがいうところの「レイプ枠」という装置を使って妊娠させる必要があった。子が生まれると彼らはその猿たちを観察した。何頭かはただ赤子を無視し、正常な猿のように泣く子を抱いて乳を与えることをしなかった。観察されたもう一つの行動パターンは違った。

他の猿群は残忍で破壊的だった。お気に入りの愚行の一つは、子猿の頭蓋骨を歯で砕くというものだった。しかし真に吐き気を催したのは、子猿の顔を床に叩きつけ、前後にこすりつける行動パターンだった。[※13]

一九七二年の論文でハーロウとスオミが述べるには、ヒトの鬱《うつ》は「無力感と望みの喪失、絶望の淵に沈んだ」状態を示すものといえるので、その「絶望の淵」を物理的・心理学的に再現すべく、両名は「直感にもとづき」ある装置を考案した。つくったのは垂直の容器で、ステンレススチールの側面がV字型に傾斜をなし、丸みを帯びた底部に至る。ここに四五日間、幼い猿を入れる。両名の観察によると、拘束から数日が経つと、猿たちは「容器の隅に身を寄せて大半の時間を過ごす」ようになった。拘束は「深甚かつ継続的な鬱状の行動」を引き起こした。解放から九カ月が過ぎても、猿たちは両腕で身を抱きしめてうずくまり、正常な猿のように動き回って周囲を散策することはなかった。しかし報告書は結論を出さず、不吉な言葉で締めくくられている。

「この結果が」容器の形状、容器のサイズ、拘束期間、拘束時の年齢といった変数に起因するのか、あるいはより高い可能性として、これらや他の変数の組み合わせに起因するのかは今後の研究課題である。※14

別の論文では、「絶望の淵」に加え、ハーロウとその同僚らが「恐怖のトンネル」を考案して怯える猿をつくった次第が述べられており、※15さらに別の報告書ではハーローウが「アカゲザルの心理的な死を再現する」ことに成功したと述べられている。後者はタオル生地に覆われた「母親代用物」をあてがう実験で、くだんの装置は華氏九九度（摂氏三七度）を常温とするか、急速に華氏三五度（摂氏一・五度）まで温度を下げ、ある種の母による拒絶を再現するというものだった。[※16]

ハーロウの死後、弟子たちは同様の実験を繰り返した。その一人、ジーン・サケットはワシントン大学霊長類センターで剥奪実験を続けたが、それで判明したのは、こうした研究の正当化根拠とされていたもの、つまりヒトの精神病治療に資する研究としての価値が、彼の実験により疑わしくなったということだった。サケットは三種の猿――アカゲザル、ブタオザル、カニクイザル――の幼児を完全隔離下で育て、単独行動・社会行動・探索行動の差異を調べた。結果、種による違いは「霊長類諸種における「孤独症候群」の一般性に疑問を投げかける」ことが分かった。[※17] 猿の種によって違いがあるなら、猿からヒトへの一般化は遙かに疑問の余地があるだろう。

コロラド大学のデボラ・スナイダーはボンネットモンキーとブタオザルを対象に剥奪実験を行なった。ジェーン・グドールは孤児になった野生チンパンジーの観察記録で「深刻な行動障害、そして悲嘆的・抑鬱的な情動変化が主要素」としてみられることを記しており、スナイダーはそれを知っていた。が、「猿の研究に比べ、大型類人猿の隔離実験については比較的論文が乏しい」との理由から、彼女は他の実験者たちともども、生後すぐに母から引き離した七人の赤子チンパンジーを養育環境に置いて研究することに決めた。七～一〇カ月の期間が過ぎたのち、幼児らの一部は五日間、各々隔離室に置かれた。隔離された幼児らは叫び、身をゆすり、部屋の壁に凭《もた》れかかった。「幼児チンパンジーの孤独には著しい行動変化が伴いうる」とスナイダーらは結論したが、将来的なこととして、さらなる研究が必要であると付け加えた。[※18]

六〇年以上前にハーロウが母性剝奪の実験を始めて以降、アメリカその他では何百もの同様の実験が行なわれ、無数の動物たちが鬱、絶望、不安、一般的な心理破壊、そして死に見舞われてきた。先の引用のいくつかが示すように、この研究はそれ自体が目的化している。スナイダーとその同僚らがチンパンジーの実験を行なったのは、猿に比べて大型類人猿の実験が比較的少なかったからにすぎない。この実験者らはそもそもなぜ動物の母性剝奪実験をしなければならないのかという根本的疑問に向き合う必要すら感じなかったらしい。かれらは当の実験が人々の便益になると主張してその正当化を図ろうとすらしなかった。その態度はこうである――これはさまざまな種の動物で行なわれてきたが、この種では行なわれていないからやってみよう。実験者らは、母性剝奪の結果が種によって違うのであればホモサピエンスのそれも違うだろうということを当然分かっていたはずでありながら、この態度を変えなかった。さらに膨大な動物たちを害する正当化論理は、心理・行動科学の全体においていくらでも顔を出す。

心理学の倫理的ジレンマ

動物を利用する心理学の研究者らは倫理的ジレンマに面している――動物たちの心が私たちのそれと似ていないのであれば、実験が私たちの便益になる見込みは小さく、資金を注いで行なう意義が薄れる。逆に動物たちの心が私たちのそれに似ているのであれば、人間を使った際に言語道断と思われるような実験を動物の身で行なうべきではない。非常に痛ましい動物実験を行なう心理学研究者らがこのあからさまな問題を見ないようにしている事実は、アプトン・シンクレアの言葉を裏づけている――「自分の給料はこれを理解しないでいることに懸かっている、というような事柄を理解するのは難しい」[※19]。

心理学研究その他、精神疾患の予防や治療に資するとされる研究でどれだけの動物が実験にかけられているかは容易に試算できない。NIHの検索サービス「RePORTER」を調べると、二〇二〇年にはアメリカ国立精神保健研究所が動物実験を含む三〇四件の研究プロジェクトに一億八五〇〇万ドルを投じたことが分かるが、これは各研究プロジェクトにどれだけの動物が利用されたかを伝えないうえ、他の機関から資金を得た研究を含まない[※20]。

学習性無力

心理学で長く続けられてきたもう一つの胸が悪くなる実験系統は「学習性無力」という題目で行なわれるもので、これはヒトの鬱を再現する試みとされる。一九五三年、ハーバード大学の実験者、R・ソロモン、L・ケイミン、L・ワインは、シャトル箱と呼ばれる装置に四〇頭の犬を入れた。シャトル箱は一つの空間を仕切りで二つの区画に分けた形状をしている。最初はその仕切りが犬の背の高さに設定されている。配電網が敷かれた床は犬の足に何百回もの強い電気ショックを与える。最初は、犬が仕切りを跳び越えてもう一方の区画へ移ればよいと知ればショックを逃れることができる。が、実験者らは犬に「跳ぶ気を起こさせなくする」ために、他方の床にも電気を流し、そちらへ移るよう一〇〇回の跳躍を犬に強いた。実験者らによれば、跳んだ犬は「鋭く不安げな甲高い声」を上げ、「電流が流れる床に着地するとそれが叫びへと変わった」。続いてかれらは二つの区画をガラス板でさえぎり、再び犬を試験にかけた。犬は「跳躍してガラスに頭をぶつけた」。犬は「排便、排尿、叫びや金切り声、震え、装置への攻撃」等々の症状を呈し始めたが、一〇日もしくは一二日にわたる試験の末、ショックから逃れるすべを奪われた犬たちは抵抗をやめた。実験者らはそれに「感動した」と言い、ガラス板と足への電気ショックという組み合わせは犬の跳躍をやめさせるうえで「極めて効果的」であると結論した。[※21]

この研究は、回避不能の強いショックを繰り返し与えれば望みの喪失や絶望の状態をつくりだせることを明らかにした。一九六〇年代に他の実験者らがこの発想を受け継ぎ、「学習性無力」の研究をさらに発展させた。代表格の一人はペンシルベニア大学のマーティン・セリグマンである。同僚のスティーブン・マイアー、ジェームズ・ギアと共同執筆した論文で、セリグマンはある研究に関しこう記している。

何も知らない正常な犬がシャトル箱での逃走／回避訓練を受けると、次のような典型行動が現れる。電気ショックを与えると狂ったように走り、排便、排尿、咆哮を呈したのち、仕切りを登ってショックを逃れる。次の試験では犬が走り吠えながらもより早く仕切りを越え、それを繰り返すと迅速な回避行動が生じる。[※22]

セリグマンとその同僚らはこのパターンを変え、犬をハーネスに繋いで逃げられない状態としてからショックを与えた。続いてその犬を逃げ場のある元のシャトル箱に戻すと、次のことが分かった。

このような犬は当初、シャトル箱のショックに対し、何も知らない犬と同様の反応を示した。しかし無垢な犬とは大きく違い、前者の犬はすぐに走ることをやめ、ショックが去るまでおとなしくしている。むしろそれは「諦めた」様子でショックを受動的に「受け入れている」ように窺える。続く試験でも、犬はやはり逃走行動を怠り、一試験につき五〇秒にわたる強力な痺れるショックを受け続ける。過去に回避不能なショックを受けた犬は、一切の脱走や回避を試みず、際限のないショックを受け入れるのかもしれない。[※23]

のちにセリグマンは研究の主軸を完全に変え、人生を最も有意義にする要素の研究、「ポジティブ心理学」の業績で著名になった。長年のあいだ、私は彼が遅まきながら動物たちに大きな苦痛を課す行ないに倫理的ジレンマを覚え、ゆえに専門の道を変えたのかと思っていた。彼が過去の行ないに対する自責の念を表明し、他の研究者らに同じ過ちを犯さないよう呼びかけることすら期待した。ところがその後、私は彼がスティーブン・マイアーと共同執筆した二〇一六年の記事「学習性無力の五〇周年――神経科学からの洞察」を見かけた。そこには次の一節があった。

犬実験の実施が我々二人にとってつらい経験だったことは一言しておかなければならない。我々は犬の愛好家であり、可能なかぎり早く犬の実験をやめたうえで、ラット、マウス、ヒトを学習性無力の実験に用い、全く同じパターンの結果を得た。[※24]

ラットも痛みを感じられる——でなければショックを与えて学習性無力の状態にすることがどうしてできようか。そして本書の第一章を経た読者であれば、ラットやマウスを犬ほど愛していないという事実が、苦しみへの平等な配慮を怠る正当な理由にはなりえない、と私が考えることは分かるだろう。

犬の利用を問題視する人々が増えたからであろうが、他の研究者らも学習性無力の実験で他の動物を使い始めた。犬、ラット、マウス、さらには金魚までがこの実験で使われてきたが、結果はさまざまだった。テネシー大学マーティン校では、G・ブラウン、P・スミス、R・ピーターズが特別設計のシャトル箱をつくり、四五尾の魚《うお》を対象に、ショックを浴びせるセッションを各々につき六五回繰り返したが、得られた成果といえば「本研究のデータは無力が学習されるというセリグマンの仮説を大きく裏づけるものではない」という結論だけだった。[※25]

スティーブン・マイアーは動物を学習性無力にすることでキャリアを築いた。しかし一九八四年にはそのような動物と鬱のヒトを比べることについて次のように述べざるを得なくなった。

鬱の特徴・神経生物学・誘発・予防/治療に関し、充分な統一見解がないため、このような比較が有意義にならないとの議論はありうる。……したがって学習性無力はいかなる一般的な意味においても鬱のモデルにはなりがたいと思われる。[※26]

マイアーはそれでもこの落胆すべき結論から何かを掬い出そうと踏ん張り、学習性無力は鬱ではなく「ストレスとストレス処理」のモデルにはなるかもしれないと述べたが、彼は三〇年以上にわたる動物実験が、それによってもたらされた動物たちの果てしない身体的激痛を度外視しても、膨大な血税と時間の無駄にすぎなかったことをはっきり認めたのだった。

学習性無力は鬱の適切な動物モデルにならないとマイアーが認めた以上、動物にショックを与えて学習性無力にする研究にそれ以上の資金が注がれることはなくなった、と読者は思うかもしれない。それは間違いである。一九九二年、ヒールケ・ファン・デイケンと他のオランダの研究者らは、ラットの足に回避不能なショックを与えると、環境が変わってもその後の行動に長く影響が残る次第を論じた。かれらはこのような事前ストレスを与えた動物が、心的外傷後ストレス障害（PTSD）その他の症状を調べるための動物モデルになりうると示唆した。[※27]いまや研究者らは動物たちを繰り返し回避不能な電気ショックにかける新たな理由として、PTSDのモデルをつくる、という目標を見つけた。この理由は今日でも使われている。

二〇一九年の論文「動物の心的外傷後ストレス障害モデルをつくる」において、ビビアナ・テレクおよびハンガリーとクロアチアの同僚らは、PTSDの動物モデルをつくるために研究者たちが用いるさまざまな手法をまとめた。[※28]最もよく使われる手法は「単一の持続的ストレス体系」で、そこでは連続する四種のストレスに動物たちがさらされる。最初は「拘束」で、二時間にわたり全ての運動を封じるチューブに閉じ込められる。次は「強制水泳」で、逃げ場のない深い水の中へ動物たちが入れられ、二〇分のあいだ泳がなければ溺れてしまう状態に置かれる。次は部屋の中でエーテルを吸わされ意識を失う。最後は配電網が走る床から三〇秒のあいだ、足に回避不能な電気ショックを浴びせられるか、場合によってはより短いショックを九〇分にわたり一定間隔ごとに浴びせられる。他のストレスモデルとしては以下のものがある。

- 足ショックのみ。
- 捕食者またはその体臭への近接強要。
- 持続的で深甚な拘束。捕食者の体臭を嗅がせることもある。
- 「社会的敗北」。動物たちは訓練された攻撃的な同種の動物と接することを強いられ、続いて攻撃的な動物との身体接触はないが近接した状態に置かれる。
- 「水中トラウマ」。強制水泳ののち、二〇秒のあいだ水中に沈められる。

これらの手法はいずれもテレクらが触れる研究者たちによって用いられてきた。しかしテレクらはそうした手法でPTSDの十全なモデルをつくれるかどうかについて疑問を呈する。人間でない動物たちはそのような痛みとストレスを伴う経験のあとに何を感じるかを私たちに伝えられないので、研究者らは動物たちがPTSD的なものを経験しているかどうかをさまざまな方法で評価しようとする。血液サンプルに含まれる特定のバイオマーカーの数値、抑鬱気分を示唆する行動、睡眠障害、社会的交流の減少、「驚愕反応」の増加など、検証される項目は多岐にわたる。こうしたさまざまな心的外傷により、動物たちのうちどれだけの割合がPTSDらしきものを呈するかは、種によって異なり、さらには同じ種の中でも品種によって異なる。テレクのチームによれば、ラットの中でもスプラーグ・ドーリー・ラットと呼ばれる系統では、三〇～五〇パーセントがそのような症状を呈するとされるが、ヒトは心的外傷を受けてPTSDになる割合が一〇～二〇パーセントにとどまるので、前者の値は非常に大きい。

心的外傷を受けたヒトのPTSD発症率が低い理由を説明しようと、一部の研究者らは「三ヒット理論」なるものを考えた。すなわち、PTSDに苦しむ人々は素因となる遺伝子を有し、人生の早期に逆境を経験し、続いて特定の困難に直面する。先に列挙した種々のストレスはこれらの「ヒット」のうち、三番目のみをモデル化する試みにすぎない。テレクのチームは動物にPTSDを発症させようとした過去の試みに関しこの問題を指摘するが、動物モデルの作成を放棄することはなく、むしろ右の三要因の全てを再現するよう推奨する。集団の遺伝的差異について調べられるよう、かれらは「研究者が大集団の処理方法にフォーカスを置く」ことを勧める――つまり、大集団を構成する動物の各々にストレスを与えるべきだということである。幼少期のストレスはPTSDの発症率に影響しうるため、テレクらはそうした初期のストレス要因を再現すべく、動物を生後一〇日間、一日三時間にわたり母から引き離すか、幼いうちに長時間の強制水泳を課すという方法を勧める。これに続いて成長後には心的外傷を負わせる経験をさせなければならない。

　要するに、この研究者らは先行者たちが有用な動物モデルの作成に失敗してきたことを認めながら、もう一度試してみたいと思い、より多くの動物たちにより長い期間、より大きなストレスを与えようとしている。かれらは自分たち自身でヒトのPTSDを引き起こすと考えられる原因を説き明かし、それゆえに有用な動物モデルをつくれる可能性自体に疑問を抱いたはずであるにもかかわらず、右のような提案をするのである。テレクらによれば、ヒトの場合は遺伝的リスク要因に加え、「ストレス前の変数として幼少期の家庭生活や教育期間……、および心的外傷後の生活ストレスや心的外傷後の社会支援」といった要因も勘案する必要があるという。一体、研究者らはいかにして動物モデルに幼少期の家庭生活やさまざまな教育期間を組み込むつもりなのか、謎というほかない。

　残念ながら、PTSDの動物モデル作成は膨大な苦しみを生み、応用可能性が疑われるにもかかわらず、流行分野となっている感がある。レイ・チャンとその同僚チームは医学研究の代表的索引であるPubMedを調べ、二〇一八年八月までに刊行されたPTSD動物モデルの論文が七九二本あり、そのほとんどが二〇〇七〜一八年に書かれていることを確かめた。テレクと同じく、かれらもこうしたモデルの作成で「学習性無力、足への電気ショック、拘束ストレス、回避不能な尾への電気ショック、単一の持続的ストレス、水中トラウマ、社会的隔離、社会的敗北、早期ストレス、捕食者ストレス」などが用いられていることを突き止めた。使われてい

た動物はマウス、ラット、豚、鳥、猿、犬、猫などだった。※29

一方、他の研究者らはいまだに動物の種やストレスの形態を変えて鬱の動物モデルをつくり出そうとしている。フロリダ州立大学のメーガン・ドノバン、ヤン・リウ、ツォシン・ワンは、アメリカの草原に暮らす小さな齧歯類《げっしるい》のプレーリーハタネズミをプラスチックの円筒に入れ、プラスチックのメッシュとマジックテープを使って「完全に被験体を動けなく」したうえで丸一時間そのままにした。これを行なったのは、先行研究により、同様の行動抑制がハタネズミにストレスを与えることが分かっていたからだと著者らはいう（ここまでは驚かない）。しかしなぜプレーリーハタネズミを使うのか。理由はかれらいわく、「ヒトは社会的生物であり、絶えず社会的結び付きに頼って生存と成功を確かなものとしてきた」から、そしてそのような結び付きが不安・抑鬱・その他のネガティブな状態に対する防御になるからだという。従来、こうした防御効果を動物でモデル化する試みは失敗に終わってきた。ほとんどの動物モデルは「ヒトにみられる複雑な社会構造」を欠くからである。しかしドノバンらによれば、プレーリーハタネズミは基本的に一夫一婦制で夫婦の結び付きを形成する。この研究では、パートナーがいると動けなくなったハタネズミのストレス徴候が抑えられることが明らかになった。実験に同意したヒトの被験者でも同様の結果を得られたと思われるが、ハタネズミたちは試験終了後に首を落とされ、脳を切り開かれたので、その部分をヒトで行なうことは不可能だった。研究者らは結論する。「社会環境は私たちの生活で決定的な重要性を持つため、社会的結び付きが私たちの健康と幸福を究極的にどう形成するかを理解するには、この研究分野を引き続き探究する必要がある」。

ハタネズミは基本的に一夫一婦制という点でヒトに似ているかもしれないが、それは深甚なストレスを一時間にわたっておよぼすことの充分な理由にはならない──そしてもしもハタネズミの夫婦の結び付きが本当にヒト同士の関係と近いのだとしたら、動けなくなった相方を観察するパートナーも極度のストレスを経験するとみて間違いない。この研究はNIHの資金を受けたもので、ストレスにさらしたハタネズミを使うさまざまな研究者が手がけた数ある実験の一つにすぎない。ハタネズミの社会環境は私たちのそれとは大きく異なり、この動物モデルもまた、膨大な苦しみを生んで何百万ドルもの公的資金を投じたのち、最終的にはしりぞけられ放棄されるものと思われる。※30

中国で実施されたがアメリカの研究者らが関与した実験の一例として、T・テン率いるチームは、ノースカロライナ州ウェイク・フォレスト大学のキャロル・シャイブリ、バージニア・コモンウェルス大学のグレッチェン・ネイ、および重慶医科大学の研究者たちからなり、猿たちを生後一年まで大きな社会的集団で育てたのち、七〇日のあいだ檻に一匹ずつ閉じ込めた。檻の猿たちは各々、七日にわたり一日二種類のストレスを加えられるサイクルを五回経る。各サイクルのあと、猿たちは四日間のインターバルを与えられ、次のストレス・サイクルが始まるまでに測定にかけられる。ストレスを加えられる日は計三五日で、その一日ごとにこの単頭飼育される思春期の猿たちは次の中から二種類を経験する——一二時間にわたる騒音、一二時間にわたる断水、二四時間にわたる絶食、四時間にわたる空間制限、一二時間にわたる閃光点滅、一〇分間にわたる摂氏一〇度（華氏五〇度）の低温、四時間にわたるさらなる空間制限、一〇～一五秒にわたる回避不能な足への電気ショック三～四回。論文の題はこれが「軽度」のストレスにすぎないと述べているが、猿たちの行動を変えるにはそれでも充分に苛烈だった。対照群に比べると、ストレスを与えられた猿たちは実験者らがいうところの「縮こまり姿勢」——頭を肩の高さからそれ以下に落とし、身を抱きしめる姿勢——で過ごす時間が有意に長くなった。実験者らは右のストレスを課すことで「抑鬱様《よう》・不安様の行動を引き起こせる」と結論した。[※31]

中国の他機関でも研究者らは同様の手法を使って猿を鬱にしている。二つの例を追加しよう。ウェイシン・ヤンと広州市の南方医科大学所属者を中心とする大々的な研究者チームは、床面積四二×三〇センチメートル、高さ五〇センチメートルの単頭ケージに、一匹ずつ計一〇四の猿を閉じ込めた。予稿——ジャーナルに受理される前のオンライン掲載記事——で、かれらはこの空間制限がどれだけのものかを記述した。いわく、「猿の活動は制限され、方向転換はほぼできない。……互いを見ること、触ることもできない」。

この極度の監禁状態に置かれたまま、猿たちは一〇種のストレス要因にさらされる。実験者らによれば、それらは「九〇日間、昼夜を通しランダムに配分される。ストレス要因の内訳は

（1）食事剥奪、（2）水分剥奪、（3）夜間の照明点灯、（4）終日の光剥奪、（5）冷水、（6）社会的隔離、（7）拘束、（8）棒での刺激、（9）棒ケージ、（10）ケージ・ディストピア、からなる」。ストレス要因のいくつかはどのようなものか分からず、予稿はこれ以上の詳細を記していない。実験はその後、代表的な医学ジャーナルに掲載され、のちに撤回された。論文の撤回にあたり、ジャーナルは「カニクイザル鬱モデルの不備」に触れ、「用いられた隔離環境、ならびに行動分類手法の欠陥および動物モデルを使った実験期間の不充分さにより、本論文の結論は正確さを欠く」と付言した。要するに、一〇匹の猿が九〇日にわたり極度の苦しみに苛まれたのは無駄だった、ということである。[※32]

北京毒物薬物研究所のヨン・ユー・インと他の中国の研究者らは、一〇匹の猿を八週間にわたり、以下の計画に沿って毎日二種のストレスにさらした。

第一週のストレス要因と予測不能な持続的ストレス

曜日	ストレス要因（日中 7:30-19:30）	ストレス要因（夜間 19:30-7:30）
月	食事剥奪	ストロボ閃光
火	水分剥奪	騒音
水	脅迫	空間制限
木	騒音	食事剥奪
金	空間制限	ストロボ閃光
土	脅迫	騒音
日	水分剥奪	空間制限

論文によると、「毎日二つのストレス要因を課し、各々は基本的に一二時間を単位とした」。脅迫は猿が怖がる蛇の模型で行なった。[※33]

以上三つの実験に関し、ＰＥＴＡはジョージア大学で神経科学の博士号を得たエミリー・トランネルにレビューを依頼した。トランネルいわく、「つまるところ、猿たちはこれらの実験で拷問された」。しかし猿たちに課されたストレスはヒトの鬱や他の精神疾患を引き起こす一般的原因とは大きく異なる。後者は性的・身体的虐待、人間関係の問題、経済的困難、依存症、病気や負傷、およびこうした問題のさまざまな組み合わせからなる。よって、トランネルはヒトでない霊長類の動物モデルがヒトの鬱に応用できる見込みは薄いと結論した。[※34]

ここまで、鬱やＰＴＳＤの動物モデルをつくるためにさまざまな手法を凝らす心理学実験を見てきた。その全てが持続的でしばしば深甚な苦しみを動物たちにおよぼしていた。これらの研究で苦しめられた動物たちは、来る年も来る年も心理学実験で苦しめられる膨大な被験動物たちのほんの一部にすぎない。しかしデータをみれば、私が本書の元となる一九七五年の初版に記した動物たちの惨状と痛苦が過去のものとなっていないことは明らかである。動物たちに多大な痛みをおよぼしながら、重要な新知識を生む見込みはほとんどない実験が、いまだ壮大に行なわれている。実験者らの常識では今なお、動物たちは単なる研究の道具でしかない。ハーロウとスオミが「レイプ枠」で雌猿に望まぬ妊娠を強いた方法について書きつづっていた頃に比べれば、今日の研究者らは公衆に与えるイメージに関し、より注意を払うようにはなったかもしれない。しかし公衆に示す善人的装いの裏で、多くの心理学研究者らは今もなお、動物たちの苦しみなど実際にはどうでもよいといわんばかりにかれらを扱っているのである。

毒物投与、失明化、その他の動物実験手法

動物実験のもう一つの主要分野は、ヒト用として流通させる前の物質を動物の体で試験するよう求める規制のもと、毎年何百万もの動物たちを毒で冒す部門である。EUでは二〇一九年、一七八万八七七九件の「動物利用」が規制にしたがった物質試験で行なわれた。[※35]研究者らはそのうち九パーセントを「重度の痛み」を伴うもの、三三パーセントを「中度の痛み」を伴うものに分類した。つまりこの年、「軽度」を超える痛みをもたらした実験はおよそ七五万件を数え、うちおよそ一六万件は重度の痛みを伴ったことになる――そしてこれは研究者らが実験のもたらした痛みを正確に報告したと想定しての話である。[※36]イギリスでは二〇一九年、規制にしたがい物質を試験する目的で四三万七一二四件の動物実験が行なわれた。研究者らの報告によれば、このうち中度の痛みを伴う実験は八万三七一件、重度の痛みを伴うそれは四万七五七四件を数えた。[※37]

アメリカでは既に述べたように、研究で使われる動物のうち政府の規制対象となるのはごく

少数のみで、しかもその動物たち（犬、猫、猿など）に関してすら、研究者は痛みの大きさを評価する義務を負わない。したがって規制下の試験を含め、科学目的で利用される動物の数と、重度の痛みを伴う実験の数はただ推測するほかない。二〇一九年のEUでは、科学目的で利用された全動物のうち一七パーセントが規制下の試験にかけられ[※38]、同年のイギリスでは二五パーセントがそれだった。アメリカの割合も同程度だとして、仮に二一パーセントと想定し、さらに規制下の研究で年間一億一二〇〇万匹の動物が使われるというカーボンの試算が正しいとすると、規制下の物質試験で利用される動物の数は二四〇〇万匹前後となる。このうち、再びEUとイギリスの中間点となる数字をとると、一〇パーセント、すなわち二四〇万匹が重度の痛みを被ることになる。ただしアメリカではこの分野の研究開発が遥かに盛んなうえ、食品医薬品局（FDA）が新物質の流通に先立ち広汎な試験を求めるので、実際の数字はゆうにこの二倍にも三倍にもなるだろう。命を救いうる薬剤に関し動物実験を課すことは正当とみなされるかもしれないが、同様の試験は食品の着色料や床の洗浄剤といった商品の開発でも実施される。例えばEUでは規制による試験のうち、六一パーセントが医薬品の開発目的、一八パーセントが動物用医薬品のそれである一方、残る大きなカテゴリーは「産業用化学物質」が占め、そこで一五万四三九七件の動物実験が行なわれている。新しい着色料や洗浄剤を市場に出すために何万もの動物たちが苦しまなければならないのだろうか。

医薬品試験での動物利用にしても、当の薬が私たちの健康を高めるとはかぎらない。製薬会社は巨額を投じて「後発」薬〔ジェネリック医薬品〕を開発し、競合他社の特許薬に支配された儲かる市場のシェアを獲得しようと目論む。これらの企業がつくる薬は、規制当局の承認を得るために偽薬との比較を経る——既製品の薬剤と比較するわけではないので、競合他社の薬よりも勝っている必要はなく、場合によってはその改悪になっていることすらある。オックスフォード大学のジェフリー・アロンソンとノッティンガム大学のリチャード・グリーンは、世界保健機関の必須医薬品リストを検証し、その六〇パーセントを後発薬に分類した。そこにはリピトールをはじめ、有名なスタチン〔高コレステロール血症治療薬〕のブランドも含まれる。両名は一部の後発薬がそれと競合する元の薬に勝ることもあると認めるが、多くは「先発品に比べ、大きく勝るものではない」と結論した。一例として彼らが挙げるのは血圧を抑える薬のアンジオテンシン変換酵素（ACE）阻害薬である。国内の必須医薬品リストには一五種のACE阻害薬が登録されていたが、両名の報告によると、そのうち重要な利点が付加されたのは最初の二つのみで、残り一三種は、プリニビルやゼストリルの名で流通するリシノプリルなども含め、「何も重要な改良点」がみられなかった。[※39]

物質の毒性を確かめるうえでは「急性経口毒性試験」が行なわれる。これらの試験は一九二〇年代に考案され、さまざまな物質の毒性を比較する基準を設けた。最大一〇〇匹の動物が使われ、グループに分けられて異なる量の薬を与えられる。異なる物質の毒性比較で基準とされるのは、当該物質を消化した動物の半数が死ぬ量である（体重一キログラム当たりのミリグラムで計算）。これは「半数致死量」試験、略してＬＤ50試験の名で知られるようになった。それから数十年のあいだ、物質のＬＤ50を確かめることはさまざまな物質の毒性比較をしたがる科学者たちの方法論となったばかりでなく、企業が新製品を流通させる前に満たしておかなければならない条件となった。さらに、この試験は通常、最低でも二種の動物で行なう必要がある。この条件が採用されだした結果、一九八〇年代までにアメリカだけでも毒殺される動物数が年間数百万匹へと膨れ上がった。※40

多くの動物は食物中の多様な毒物を感知・回避することに長けている――野生界で生き残るにはそれができなければならない。そこで、試験にかけたい物質を動物たちが食べようとしない場合は、実験者がその喉に管を差し込んで強制投与を行なう。この手法はガヴァージュと呼ばれ、フォアグラ生産で家鴨《あひる》や鵞鳥《がちょう》に用いられることで悪名高い。ガヴァージュの繰り返しがマウスにおよぼす健康影響を調べるために、ある研究が行なわれた。実施者らによれば、ガヴァージュを行なう人物は経験を積んだ技術者で、ストレスと不安を減らす特別の取扱い手技を用いたのに加え、ガヴァージュは動物たちがおとなしくなっている時にのみ行なった。全ての技術者が同程度の経験を積んでいるわけではなく、動物にストレスを与えないよう同程度に気を配っているわけでもないと考えるのが妥当である。しかしガヴァージュを受けた集団では死亡率が一五パーセントを示した。死んだマウスたちは食道に穴が開き、経験を積んだ当の技術者がマウスを落ち着かせながらガヴァージュを行なっても、致命的でおそらくは非常に痛む傷を負わせない保証はないことを示唆していた。同じ環境に置かれ、ガヴァージュを受けなかった対照群では一匹のマウスも死ななかった[※41]。

標準的な試験では毎日の被験物質投与が一四日間続けられるが、場合によっては一年間続けられることもある——それだけ動物たちが長く生きられるとすればであるが。通常、半数が死を迎えるまでに全てもしくはほぼ全ての動物たちは重い症状を抱え、あからさまな苦悩を呈するようになる。基本的に無害の物質に関しても研究者らはやはり半数の動物が死ぬ濃度を確かめようとする。ゆえに膨大な量を強制投与する必要が生じ、単に投与量の過多や高集中が死因となることもある——そのような集中はヒトが当の製品を使う際の状況とは何の関係もないにもかかわらず。この間、動物たちは嘔吐・下痢・麻痺・痙攣・内出血など、典型的な中毒症状をきたすことが多い。実験の肝《きも》はどれだけの物質量が半数の動物を毒殺するかを確かめることにあるので、不正確な結果を出さないためにも、死にゆく動物たちの安楽殺は行なわない。

急性毒性試験に加え、多くの物質は目に与えうる刺激を確かめるべく、兎への点眼によって試験される。兎が使われるのは、目が大きく、扱いやすく、安いからである。これに関しても長いあいだ、標準的な試験が存在した。ドレイズ眼刺激性試験がそれで、一九四〇年代、アメリカFDAに勤めるJ・H・ドレイズが、兎の目に対する物質の刺激性を評価する尺度として考案したものだった。目を掻いたり擦ったりしないよう、兎たちは普通、首から上だけが晒される固定器に置かれる。続いて被験物質がその各々に点眼される。方法としては、下瞼《したまぶた》を引っ張って小さな「カップ」をつくり、そこに物質を置いたうえで、目を閉じた状態にする。時にはこの過程を繰り返す。兎たちは眼球の腫《は》れ・潰瘍《かいよう》・感染・出血を観察される。実験は最大三週間続けられる。反応の測定に使われる一般的な尺度としては「疼痛《とうつう》評価（動物の反応）」という項目があり、最大の反応はこう記される。

> 角膜と内部構造の深刻な損傷による完全失明。動物は即座に目を閉じる。金切り声を上げ、目を掻き、跳び上がり、逃げようとすることもある。[※42]

物質によっては深刻な損傷をおよぼすあまり、兎の目からあらゆる識別可能な特徴を消し去る――虹彩、瞳孔、角膜は一つの大きな感染部位のようになっていく。何十年ものあいだ、ドレイズ試験において実験者らは麻酔の使用を義務づけられていなかった。物質の点眼時に使われることもあったが、その場かぎりの麻酔使用は点眼から時に三週間以上も続く痛みを緩和する役には立たなかった。

多くの物質の毒性を確かめるため、動物たちは他の試験にも使われてきた――そして場合によっては現在も使われる。ＬＤ50が物質の消化を強いられた動物のうち半数を死なせる量を確かめるのと同じく、ＬＣ50は密室の動物にスプレーやガスや蒸気を吸わせ、その致死濃度を確かめる。皮膚への毒性を調べる研究では、被験物質を肌に塗れるよう兎の毛を取り除く。兎は拘束されるので刺激が生じている部位を掻くことができない。肌は血を流し、水ぶくれになり、皮が剝けることもある。希釈した物質を湛えた容器に動物を入れる浸透研究では、時に試験結果が得られる前に動物が溺死する。注射研究では被験物質が直接動物の皮下、筋肉、もしくは内臓に注射される。

毒物学者はある動物種から別の種への外挿が極めて危険な試みであることを昔から認識していた。イギリスにおいてオプレンの名で売られ、製造元の製薬大手イーライリリーが関節炎を治す新たな「魔法の薬」と喧伝するオラフレックスは、一九八〇年にイギリスで発売されるまでにあらゆる慣例的な動物実験を経た。ところがそれから二年のあいだにこの薬が原因で三五〇〇件の有害反応と九六件の死亡が生じた。一九八二年五月にこの薬を発売したアメリカでは四三件の死亡が報告され、同年八月には全市場でその販売が中止された。マウスはこの薬への耐性がヒトより遥かに強く、多く投与されても悪影響を受けないことが判明した。[※43]動物実験を経たもう一つの有名な関節炎治療薬バイオックスは、一九九九年に発売され、二〇〇四年には市場から回収されたが、アメリカFDAの調査官デビッド・グラハムによれば、それまでにこの薬は六万人を死亡させた。[※44]バイオックスの製造者メルクに対する訴訟で、「責任ある医療のための医師会」は、この薬を摂取したヒトの研究で心臓発作のリスク上昇が示されていたにもかかわらず、メルクが動物実験をもとにバイオックスの販売継続を正当化していたと主張した。[※45]二〇一一年、メルクはバイオックスの取引で違法の販売促進活動を行なっていた罪を認め、自

社に対して起こされた民事・刑事訴訟を処理するために九億五〇〇〇万ドルを支払うことに合意した。[※46]

人々に被害をもたらすのに加え、動物実験は動物にとって危険だがヒトにとってはそうでない貴重な製品を排することにも繋がりうる。例えばインスリンは幼い兎やマウスを畸形にするおそれがあるが、ヒトに対してその効果はない。[※47]モルヒネはヒトを落ち着けるがマウスは興奮させる。そしてある毒物学者が述べたように、「もしペニシリンがモルモットに対する毒性で評価されていたら、これは決してヒトに使われなかったでしょう」。[※48]

何十年も考えなしに動物実験が行なわれてきた末の一九八〇年代に、一部の科学者は再考を始めた。アメリカ科学衛生審議会の専務取締役を務める科学者のエリザベス・ウィーランは指摘した。「科学の博士号を取得していなくとも、ソーダ水一八〇〇本に相当するサッカリンを毎日齧歯類に与えた結果が、一日二、三杯分のそれしか摂らない私たちの健康状態とうまく重ならないことは分かります」。ウィーランは環境保護庁の役人らが農薬や他の環境化学物質のリスクに関する過去の試算を低評価したことに喜びを表し、動物からの外挿による癌リスク評価は「あまりに単純」な想定にもとづくもので、「信憑性を歪める」とコメントした。この動向は、「規制機関が動物実験の無謬《むびゅう》性を否定する科学論文に注意を向け始めた」ことの表れだとウィーランは述べた。[※49]『王立医学協会ジャーナル』に載った二〇〇九年の論文で、イェール大学医学大学院・公衆衛生大学院のマイケル・ブラッケンは種による違いの例を列挙し、サリドマイドはヒトの先天異常を引き起こすが多くの種に対してはその効果がないこと、かたやコルチコステロイドはヒトではない動物の多くに先天異常をもたらすがヒトに対してはそうでないことに触れた。さらに、ヒトでない霊長類の実験でもヒトの命を脅かす反応は予測できない、という点も指摘した。[※50] 生物化学工学の開拓者でコーネル大学の名誉教授、マイケル・シューラーは、ある大手製薬会社から聞いた言葉を引用する。いわく、「動物試験のうち、真にヒトの反応を予測できるものは六パーセントにすぎない」。[※51]

一九八〇年代までに、毒性試験での動物利用に対しては、興隆する動物の権利運動の活動家からも批判の声が向けられだした。アメリカでは人種隔離に抗議すべく南部の黒人たちとともに行進した公民権活動家ヘンリー・スピラが、情報公開法を利用し、公的機関や大手企業が組織内の動物実験について記し提出した政府文書を入手した。続いて、当時アメリカの化粧品産業を牽引していたレブロンが兎の目に化粧品を入れて試験を行なっていたとの情報を武器に、スピラは同社へ赴き、粗利益の一パーセントの一〇〇分の一をドレイズ試験の代替法開発に投じてほしいと提案した。しかしレブロンは何の措置も講じなかったので、スピラは支援者から充分な資金を集め、『ニューヨーク・タイムズ』紙に全面広告を載せた。「レブロンは美のためにどれだけの兎を失明させるのか」という見出しのもと、[※52] 読者には目を包帯で覆った白兎とその傍らに置かれたガラスのフラスコの写真が示された。写真の下にはこう書かれている。

あなたの頭が何者かによって晒し台に固定されると想像しよう。なすすべもなく無防備に前を見つめていると、頭を後ろに引っ張られる。続いて下瞼が目玉から離れるまで引っ張られる。そして化学物質が目に注がれる。痛みが走る。あなたは叫び、身をよじるがどうにもならない。逃げ道はない。これがドレイズ試験である。意識ある兎の無防備な目に生じた損傷をもとに、化学物質の有害性を測定する試験である。レブロンや他の化粧品会社が、製品を試すために何千もの兎たちに強要する試験である。

当時レブロンの投資家向け広報部長だったロジャー・シェリーはのちに振り返った。「あの記事が載った日は株価が落ちるだろうと分かっていましたが、より重大だったのは会社が非常に大きな問題を抱えていると分かったこと、それは一日の株価下落だけにとどまらず、会社の中枢にまで達しうる問題だったことです」。シェリーは正しかった。レブロンのニューヨーク本社前では相次ぐ抗議が行なわれ、その様子はテレビでも報じられた。兎の格好に扮した人々がレブロンの年次総会に現れた。レブロンは訴えを聞き入れ、要望された額の資金を動物実験の代替法研究に割り当てた。エイボンやブリストルマイヤーズなど、他社も後に続いた。[※53] これらの資金はボルチモアのジョンズ・ホプキンス動物実験代替法センター設立に寄与した。

エイボン、ブリストルマイヤーズ、プロクター・アンド・ギャンブルなどの企業は自社の研究所で代替法を使い始め、ひいては利用する動物の数を減らした。一九八九年にはエイボンが、ドレイズ試験の代わりとして、特別開発した合成素材アイテックスを使う試験の有効性を確かめたと宣言した。続いて同社とレブロンは、今後一切の動物実験を行なわないと発表した。[※54]

化粧品業界は特に公共性が高く、ゆえに比較的世論の影響を受けやすいことから、最も劇的な進展がみられたが、反動物実験の運動はより広い産業界にも影響をおよぼしつつあった。一九八七年の『サイエンス』誌に載った報告書は述べる。

> 動物福祉運動に押されて、化粧品・農薬・日用品の製造大手は近年、毒性試験で使う動物の削減を目標に、大きな前進を遂げた。細胞・組織培養やコンピュータモデリングといった代替法は、単に良いPRになるというだけでなく、経済的・科学的にも望ましいと認識されつつある。[※55]

報告書は続けて当時のFDA毒物学部長ゲイリー・フラムの言葉を引いた。いわく、LD50は「ほとんどの場合、代替可能なはずである」。『ニューヨーク・タイムズ』紙はG・D・サール・アンド・カンパニーに属する古参の毒物学者の言葉を引くが、その人物は「動物福祉運動の指摘はどれもこれも極論だが正しい」と認める。[※56]

この毒物学者は規制にしたがう目的だけで行なった数々の無情でバカげた所業を思い出していたのかもしれない。積極的な動物の権利運動が進められるまで、動物実験の規制を管轄する者たちは動物たちの苦しみについて真剣に考えてこなかった、と結論せざるを得ない。でなければ、例えばアメリカの連邦機関が一九八三年まで、アルカリ液やアンモニアやオーブンクリーナーのように、腐食性刺激物と分かっている物質について、意識ある兎の目で試験する必要はない、と告げる気にならなかった事実が説明できない。[※57]

一九九〇年代初頭までに、動物運動の圧力は代替実験法開発の進展と相まって、多くの動物たちを実験施設における苛烈で時に耐えがたい苦しみから救ってきた感がある。アメリカ国立癌研究所は、薬の抗癌作用を調べるために使っていたマウスを、培養したヒト細胞で置き換え、実際のところそれでより正確な反応を検出している。他の政府機関も動物実験の義務規定を減らした。EUの前身である欧州経済共同体は、可能な場合は常に動物に代わるものを使うことを法制化し、そのような代替物が使われるべき場面を画定するために欧州代替モデル検証委員会を設立した。[※58]ＬＤ50、ＬＣ50、それにドレイズ試験は過去のものとなりつつあるかに見えた。

一九九〇年代に経済協力開発機構（ＯＥＣＤ）は、世界の試験を規格化するプログラムに着手した。長い目で見ると、これは各国がそれぞれの相異なる規制にしたがって同じ試験を繰り返す過程を不要とするため、利用される動物の数を削減する。現在はしかし、ＯＥＣＤのガイドラインは依然として動物利用を求め、時にその数は膨大になる。例えば農薬を登録するには多くの試験を行なわなければならず、それには約三年の歳月と合計八〇〇〇～九〇〇〇匹の動物を要する。現在使用されている化学物質は推計五万種におよび、その九五パーセントはいまだ完全には評価されていない。それら全てを現行の方法で評価しようとすれば四億匹の動物が必要となる。[※59]ＯＥＣＤは目下、試験で使われる動物の削減、および試験による苦しみを減らす洗練化に取り組んでいるが、これは長く緩慢なプロセスとなる。

アメリカの動物保護運動は工場式畜産場の動物利用よりも実験でのそれに注目してきたが、一九九〇年代に変化が生じ、ＰＥＴＡや全米人道協会などの組織は工場式畜産とそれが動物たちにおよぼす苦しみを問題化した。私はこの変化を支持した。なぜというに、食用として育てられ殺される動物の数は、実験施設で使われる動物の数より何百倍も大きいからである。私は工場式畜産場の動物たちについて多数の文章を書き、もはや実験施設の動物たちに起こっていることはしっかり追わなくなった。もっとも、動物たちにひどい痛みを負わせる試験の漸次撤廃を進める動きは一九九〇年代に始まり以後続いていると思われ、それを裏づけるように、いくつかの瞠目すべき前進もあった。二〇〇二年、アメリカ環境保護庁（ＥＰＡ）は化学物質の試験として従来のＬＤ50試験を行なうことはやめ、代わりに、動物は使うがその数も苦しみも抑えられる洗練された試験方法を用いると発表した。[※60]ＥＵは動物を使う化粧品試験に関し一連の禁止法を敷き、二〇一三年には施行日以降に世界のいずこかで動物実験を経た化粧品や化粧品成分に関し、販売を禁じる法律を設けた。そしてアメリカでは二〇一五年、ＮＩＨがチンパンジーを使う侵襲的研究への支援を打ち切った。これに先立ち、生物医学研究のために所有していた五〇〇人近くのチンパンジーは保護園《サンクチュアリ》で余生を送ることを許されたが、ＮＩＨはとうとう緊急の依頼に応える予備として残していた五〇人の集団も保護園に譲ったのだった――緊急の依頼は一件もなかった。[※61]さらに二〇一九年にはEPAが哺乳類の実験を伴う研究を二〇二五年までに三〇パーセント削減し、二〇三五年には（場合により認可することもあるが）哺乳類を使う研究の実施とそれへの資金提供を廃止すると宣言した。EPAは主だった動物利用形態の漸次撤廃に関し、期限を明言した初のアメリカ連邦機関となる。[※62]

それゆえに私が落胆したのは、最近になってまだLD50試験がなくなっていないと知ったことだった。生体外実験はいまや細胞に有害な物質をふるいにかける手法として広く使われ、そうして弾かれた物質はもはや動物の体で試験されない。おかげでLD50試験に使われる動物の数は減った。が、細胞に有害ではない物質も、系全体、例えば神経系に対し有害であることは考えられるため、そうした物質はなお、一種のLD50を指標に動物群を使って試験される。[※63]EUでは二〇一九年（本書執筆時かつ数値が得られる最新年）に、LD50とLC50の試験で三万一六五四四匹の動物が毒殺された。[※64]イギリスも二〇一九年の数字を公表しているが、それによればこの試験で一万五五八四匹の動物が使われた。[※65]アメリカは先述した通り、特定の動物利用について数字を記録していないため、この試験に使われた動物の数は分からない。

洗練化と削減の取り組みはドレイズ試験に関しても見受けられる。ここでも私はショックを受けた。スピラがレブロンとエイボンに対し、代替法の模索に投資するよう説得をしおおせて四〇年が過ぎた今日、なおも物質を兎の目に入れて刺激性と腐食性を調べることが行なわれていたからである。目を傷つけうる製品の試験について二〇一三年に調査を行なったレアンドロ・テクセイラとリチャード・ドゥビールジグは、動物擁護者がドレイズ試験に強く反対してきたこと、さらに毒物学者からも「大きな批判」があり、ドレイズ試験は慢性毒性反応を予測するうえで頼りにならず、その評価体系には客観的な定量化の尺度がないとの主張が唱えられてきたことを指摘する。テクセイラとドゥビールジグは生きた動物を使わない眼刺激性試験の方法を列挙するが、その一つであるアイテックスを使うシステムは、両名いわく、定量的かつ再現性があり、ドレイズ試験と強い相関性がある。にもかかわらず「ドレイズ試験はいまだ世界で眼刺激性・毒性研究の公式モデルとされている」[※66]。しかし近年、より急速な進歩が起こっている様子もある。EUの統計によれば、「眼刺激／腐食」の試験で使われる動物の数は二〇〇五年の四二〇八四から、二〇一五年には一五一八四、二〇一九年には四七四四へと減少した[※67]。アメリカで被験物質を目に入れられる動物の数については、やはり情報がない[※68]。しかし二〇一七年にOECDは眼刺激性試験のガイドラインを採択し、生きた動物を使う物質試験に関しては痛み止めの使用を求めることとした。二〇二一年にこのガイドラインはさらに更新され、利用する動物の数を最小化するよう求める内容となった[※69]。

毒性試験に関するこのような進展の結果、不必要な痛みと苦しみは大幅に削減された。具体的にどれだけ削減されたかは明言しにくいが、いまや実施されなくなった試験が行なわれていれば、毎年何百万もの動物たちが苦しんでいたに違いない。これは大きな達成であり、動物運動に負うところが大きい。ただしこれらの残忍な試験が世界的に廃止されるまでにはなお取り組まなければならない課題が残っている。人々が本気で望めば、この動物たちの命と痛みの浪費をなくすことは難しくないはずである。動物を使うあらゆる毒性試験について、全く不満のない代替法を開発していくには長い時間がかかるが、それも可能には違いない。そうなるまでは、かような試験による苦しみの量を減らす簡単な方法がある。満足な代替法が開発されるまで、私たちは第一歩として、目新しいが危険かもしれない生活必需品ならぬ物質を、なしで済ませればよいのである。

医学実験

動物実験が「医学」の名を冠すると、私たちは当の研究が人間の長寿と苦しみ緩和に資するとの理由で、それに伴うあらゆる苦しみが正当化されると考えがちになる。しかし既にみたように、新たな治療薬をつくる製薬会社は万人の便益を最大化するよりも自社の利益を最大化するために操業しているのが普通であり、研究者らが新しい実験を考案し続けるのも、人々の健康を改善するためというよりは、より多くの研究助成を受け、より多くの論文を世に出して業績上の成功を収めるためという側面が強い。

人々の健康を高めるためでなく研究者を利するために実験が行なわれていることを示すもう

一つの例として、動物に実験的ショックを与える試みを考えてみよう（今度は電気ショックではなく、深手を負ったあとにしばしば生じる精神的・肉体的ショック状態である）。遙か昔の一九四六年、この分野の研究者であるコロンビア大学のマグナス・グレガーセンは論文を調査し、実験的なショックを研究を扱った八〇〇以上の公表論文を特定した。彼はショックを誘発させる方法を書き留めている。

四肢の一本または複数に対する止血帯の使用。粉砕。圧搾。軽いハンマーの打撃で打撲傷を負わせることによる筋肉損傷。ノーブル・コリップ・ドラム［動物を中に入れて回転させる円筒型の装置で、動物は何度も底辺に打ち付けられ傷を負う］。銃撃。血流停止または腸管結紮《けっさつ》。冷却。焼灼《しょうしゃく》。

さらにグレガーセンによると、出血させる処置は「広く使われて」きたうえ、「これらの研究は結果に影響しうる麻酔の使用なしに行なわれる傾向を強めてきた」。彼はしかし、この多様な方法が存在する状況を好ましく思わず、方法が統一されていないと異なる研究者の結果を評価することが「極めて困難」になると批判する。したがって、常に一定のショック状態を生む標準化された処置が「切実に求められている」とグレガーセンは論じた[※70]。

ここで一九七四年に飛ぶと、実験者たちはなおも、適切な動物モデルを作成するために満足な「標準的」ショック状態を生むにはどのような損傷を負わせればよいかで頭を悩ませていた。出血によって犬をショック状態にする実験を三〇年近くも続けた末に、新しい研究では出血による犬のショックがヒトのショックとは異質であることが示唆された。それらの研究を踏まえ、ロチェスター大学の研究者らは豚を出血させた。この方面では豚のほうが犬よりもヒトに近いだろうと考えてのことである。すると今度は、どれだけの血液喪失が豚に実験的ショックを与えるうえで好適かを特定しなければならなくなった。[※71]

さて、さらに四〇年後の二〇一三年に目を向けてみよう。グレガーセンが標準化されたショック誘発処置の欠如を嘆いた時から約七〇年が過ぎている。ブダペストのセンメルヴェイス大学に属するA・フィーレープと同僚らのチームは出血ショックの動物モデルを概観して次の結論に至った。

研究者はさまざまな動物種と実験モデルを利用できるが、出血ショックを研究するための理想的動物モデルを作成することは難しい。研究者にとっての大きな課題は、単純で容易に再現できる標準化されたシステム、かつ臨床の場面を正確に模したそれをつくることである。……異なる種の異なる遺伝的組成は、同じ傷害に対し異なる全身反応を生むことがある。したがってその結果がヒトに当てはまるとは決して断言できない。[※72]

依存症もまた、遠い昔から動物モデルが模索されてきた分野で、その歴史はアメリカの禁酒法が廃されたあとのアルコール依存症研究、そして個々の新たな依存症に対する研究の急増へとさかのぼる。一九八〇年代の例を挙げよう。

ケンタッキー大学ではバリウムおよびそれに似た精神安定剤ロラゼパムの禁断症状を観察するためにビーグル犬が使われた。犬たちは薬の依存症にされ、続いて二週間ごとにそれを奪われた。禁断症状では引きつり、引きつけ、全身の震え、痙攣、急速な体重減少、恐怖、萎縮がみられた。バリウムを抜いて四〇時間後、「九頭中七頭の犬は頻繁な強直間代発作をきたした。……二頭は全身の間代発作を繰り返した[訳注1]」。四頭の犬は死亡した――二頭は痙攣中、二頭は急速な体重減少のあとだった。ロラゼパムも同様の症状をもたらしたが、痙攣死は生じなかった。我々はレビューのために一九三一年の実験にまでさかのぼったが、それらの実験ではバルビツール剤と精神安定剤の禁断作用がラット、猫、犬、霊長類に見て取れた[※73]。

さらに奇怪な薬剤研究の事例として、同じく一九八〇年代に、カリフォルニア大学ロサンゼ

訳注1　間代発作は一定間隔で四肢が痙攣する発作。強直間代発作は体がつっぱる強直から痙攣に至る発作。

ルス校のロナルド・シーゲルが二頭の象を納屋に繋いだ実験がある。雌の象は「LSD〔幻覚剤〕投与の処置と投薬量を調べるため」の範囲測定試験に使われた。彼女は経口投与とダート銃で薬を盛られた。その後、実験者らは二ヵ月のあいだ二頭の象に毎日薬を与え、行動を観察した。大量の幻覚剤を盛られた雌象はくずおれて横たわり、一時間にわたり息も絶え絶えになって震えた。雄象は大量の薬を盛られて攻撃的になり、シーゲルに突進した。その繰り返される攻撃行動をシーゲルは「不適切」と記述した。[※74]

この浅ましい薬剤実験物語のあるエピソードは、少なくとも抗議行動の力を証明した。一九七六年に公刊された論文で、コーネル大学医学校の研究者らは外科的処置で猫の胃に差し込んだチューブから大量のバルビツール剤を投与した実験について書き記した。投与後、かれらは不意にバルビツール剤を断《た》った。以下が禁断症状の記述である。

数匹は立てなくなった。最も深甚な禁断症状、および最も頻繁な大発作の痙攣を呈した猫には「大の字姿勢」もみられた。ほぼ全ての猫は継続的な痙攣の最中または直後に死亡した。……禁断症状が最も著しい時には早い呼吸や激しい呼吸が観察された。……体力が落ち込んだ時、特に持続的な発作のあとで死が近づいた時には低体温が確認された。[※75]

バルビツール剤の濫用はこの数年前には深刻な問題だったが、一九七〇年代中期までにその利用は厳しく取り締まられ、濫用は減っていた。このコーネル大学の猫の実験が続けられていた一四年間にも濫用はさらに減り続けていた。一九八八年、動物の権利活動家たちがこの研究の拠点である実験施設にピケを張り、資金提供者の機関や報道機関、大学、議員に書簡を送り届けたのち、コーネル大学は資金提供元の国立薬物濫用研究所に、本校は向後三年の研究費用として受け取るはずだった新たな五三万ドルの研究助成金を放棄すると伝えた。※76

アルコール研究は依存症研究における一つの大きな分野をなす。まず問題になるのは、ヒトを除くほとんどの動物は自発的にアルコール依存症にはならないという点である。そこで動物たちを依存症にすべくさまざまな手法が用いられる。例えば、アルコールを混ぜた完全流動食を与え、飢えたくなければアルコールを摂取するしかない状態に置く。アルコール蒸気を吸わせる。それにガヴァージュもあるが、これは既にみた通り、しばしば痛みを伴う悲惨な体験で、時には死に至る傷を負う。動物をアルコール依存症にしたら、研究者らはそれを断って禁断症状を調べ、場合によってはさらなるストレスを加える。

ノースカロライナ大学チャペルヒル校のキャスリン・ハーパーと他の研究者らは、青年期ラットと成体ラットに流動食を介しアルコールを摂取させた――この餌は二〇一七年に公刊された著者らの論文によれば、「不安様の行動に対するアルコール断ちの効果を確かめる目的から数十年にわたり」実験施設で用いてきたものだという。アルコールを断ったのち、「半数のラットにはプラスチック製の断頭コーンで一時間の拘束ストレスを課した」（断頭コーンは先に穴の開いた柔らかいプラスチック製の漏斗《じょうご》で、ケーキを飾るクリーム用の漏斗に似ている。一般に殺処理で首を切る際に齧歯類を固定する目的で使うことからこの名が付いている。通常、このコーンで長く拘束されたラットやマウスはストレスを抱く）。実験者らはラットたちのストレスレベルを測定し、アルコールを断たれているあいだにストレスを付加すれば、成体ラットの不安は高まるが、青年期ラットは逆にアルコール依存症になっていない時の行動を取り戻すことを発見した。しかし実験者らはいう。「これらの行動影響は中等度であったため、本知見を再現して最適条件を特定するためにさらなる研究が待たれる[※77]」。

本当にさらなる研究が待たれるのだろうか。青年期ラットと成体ラットをアルコール依存症にして、アルコールを断ち、続いて両者を柔らかいプラスチック製コーンに入れて一時間動けなくしたあと、その行動と扁桃体反応の違いを観察するための最適条件を特定することが、必要なのだろうか。一体なぜ、これが高度な訓練を受けた賢い科学者の時間と労力を割くに値するのか。なぜ、これが国立アルコール濫用・中毒研究所から注がれる資金の最も賢明な使い方といえるのか。そしてなぜ、これが動物たちを苦しめる行為の正当な理由になるのか。シェフィールド大学の心理学部と健康・関連研究学部に属するマット・フィールドとインゲ・カースベルゲンは、依存症の動物モデル利用を痛烈に批判し、ヒトの便益となる治療法の模索と開発に資する同モデルの役割は「一貫して虚偽を含み誇張されて」きたうえ、そのせいで「膨大な資源の浪費」が行なわれてきたと論じる。両名いわく、依存症はヒト独自の現象と思われ、言語および環境・社会ネットワークに影響されるが、それらは動物を使ってモデル化することができない。おそらくより深刻なのは、依存症動物モデルへの信頼が「ヒト依存症の本質に関し誤った理解を生んできた」ことである。[※78] これらの主張が決定的に反駁されないかぎり、依存症動物モデルをつくる一世紀近くの試みは、動物たちに痛みと苦しみをおよぼし、資源を浪費してきただけでなく、依存症の人々にも便益より害悪をもたらしてきた、と考えるのが道理である。

条件付けられた倫理的無分別

なぜかようなことが行なえるのか。なぜ嗜虐趣味でもない者たちが日々の仕事で幼い猿を恐がらせ、マウスに回避不能な電気ショックを与え、猫を薬物やアルコールの依存症にするのか。なぜかれらはその後、白衣を脱いで手を洗い、家に帰って家族と快適な夕食を楽しめるのか。なぜ納税者たちはこのような実験を支えるべく自分の金が投じられることに耐えられるのか。

私が思うに、これらの問いに対する答は、疑問の余地もなく種差別が受け入れられていることにある。私たちは、自分が属する種の成員に対してなされれば激怒するであろう残虐であっても、それが他種の成員におよぼされるのであれば容認する。種差別のもと、研究者らは自分が実験にかける動物たちを生きた苦しむ生命ではなく、備品の一つや研究の道具とみることができる。

実験者が他の市民と共有する一般的態度の種差別に加え、これまで紹介してきた実験を可能とするにはいくらかの特殊な要因も関わっている。その最たるものは、人々がいまだ科学者に抱く大きな尊敬の念である。思考する人々のほとんどはいまや科学と技術に暗部があると認めるが、多くの人々はなお、白衣をまとい博士号を持つ者に畏敬の念を抱く。有名な実験で、スタンリー・ミルグラムは一般の人々が白衣をまとう研究者の指示にしたがい、質問に正しく答えられない人間被験者に「罰」として本物のそれと見まがう電気ショックを与えること、被験者が叫びを上げて激痛を装ってもその作業を続けることを実証した。近年行なわれた追試でも同様の結果が確認されている[※79][訳注2]。実験参加者が人間に痛みをおよぼしていると信じていてもこうなるのであれば、教授から動物実験を行なうよう指導された学生が最初に抱いた良心の呵責を脇に追いやるのはどれほど簡単なことだろうか。

ドナルド・バーンズはアメリカ空軍航空宇宙医学校で数年にわたり主任研究者を務めた。テキサス州サンアントニオのブルックス空軍基地で彼に任されたのは、猿に霊長類平衡プラットフォーム（PEP）という装置の操作方法を教え込むことだった。装置の椅子は飛行機のように縦横に傾けることができ、猿たちはそこに拘束される。続いてかれらは操縦桿《そうじゅうかん》を使ってプラットフォームを水平に保つ訓練を受ける。訓練は数段階にわたって行なわれ、猿たちは自分が何をすればよいか理解するまで電気ショックを浴びせられる。四〇日間の訓練で各々の猿は数千回の電気ショックを浴びることになる。訓練を終えたら、猿たちは放射能や化学兵器に曝露され、プラットフォームの位置を保つ能力を評価される。目的は放射能や毒性化学物質に曝露されるパイロットが任務を続行できるかを確かめることにある（この実験に聞き覚えがあるとしたら、それはおそらくマシュー・ブロデリックとヘレン・ハントが主演を務めた一九八七年の映画『プロジェクトX』〔邦題『飛べ、バージル』〕を観たからだろう。同作はバーンズが手がけた実験をおおまかになぞっている）。

PEPの扱い方を訓練された猿の実験として、一九八七年に刊行されたアメリカ空軍航空宇宙医学校の報告書『ソマン曝露後の霊長類平衡パフォーマンス――低濃度ソマンへの連口曝露による影響』[※80]から一つだけ例を引こう。ソマンは神経ガスの別名で、第一次世界大戦では部隊にひどい苦しみを広げた化学兵器であるが、幸いその後の戦争ではほとんど使われなくなった。報告書はまず、「短期的なソマンへの曝露」がPEPのパフォーマンスにどう影響するかを調

訳注2　ミルグラムの実験では、懲罰が学習におよぼす効果を調べるという名目のもと、本物の被験者が偽の被験者に電気ショックを与えることを求められた。電気ショックはハッタリで、偽の被験者は苦しむ演技をしているにすぎないが、本物の被験者はその事実を知らされず、自分が人を苦しめていると思わされる。実験の本当の目的は、そのような認識を持ちながら、人々がどれだけ権威の指示にしたがって他者への蛮行におよぶかを調べることだった。結果、六割以上（条件を変えた後年の実験では八割）の被験者が最後まで白衣の権威にしたがって電気ショックのボタンを押し続けた。

べた同じ研究者チームの先行報告に触れる。しかし今度の研究では低濃度のソマンを数日間与えた際の影響を調べる。猿たちは最低二年間、「少なくとも週一回の割合で」プラットフォームを操作してきたのに加え、これ以前にさまざまな薬剤や低濃度のソマンを与えられてきたが、実験前六週間は何も投与されていない。実験者たちは猿のプラットフォーム操作能力を落とすのに充分なソマンの量を計算した。無論、この計算を行なうために、猿たちがプラットフォームの位置を保てず電気ショックを受けてきたことは疑えない。報告書は主として神経ガスが猿のパフォーマンスにおよぼす影響に焦点を当てるが、化学兵器による他の影響についてもいくらかの洞察を示している。

最後の曝露の翌日、被験体は完全に能力を失い、顕著な協調運動不能、衰弱、企図震顫（きとしんせん）などの神経症状を呈した。……これらの症状は数日のあいだ継続し、その間、猿はPEPの作業をこなせなかった。[81]

バーンズは一四年間の任期に放射能を浴びせた訓練済みの猿が、およそ一〇〇〇匹にのぼるだろうと試算する。その後、彼が振り返るには、何らかの変節があった。

数年のあいだ、私は自分たちが集めるデータの有用性について疑念を抱いていた。刊行し

110

た研究報告書がどこへ行って何に使われるかを確かめるために形ばかりの調査も幾度か試みたが、今になって分かる――私は自分たちがアメリカ空軍のために、ひいては自由世界の防衛のために、真のサービスを提供している、というお墨付きを指揮官たちから貰いたかったのである。私はそのお墨付きを目隠しに用い、実験現場の戦場で目の当たりにしたものの現実を避けた。目隠しはいつでも快適にフィットするわけではなかったが、〔実験が役立たずなせいで〕自分は地位と収入を失うかもしれない、という不安感を遠ざける役には立った。……ところがある日、目隠しは滑り落ち、私はアメリカ空軍航空宇宙医学校の指揮官ロイ・デハート博士と非常に深刻な対立をきたすことになった。私は、核戦争が起こった際に兵力と反撃能力の試算を欲する作戦指揮官がアカゲザルのデータにもとづく図式と数値を参照することは極めて考えにくい、と言おうとした。デハート博士はデータが非常に貴重だと言い張り、「彼らはこのデータが動物研究にもとづくとは知らんさ」と答えた。[※82]

心理学を修めたバーンズは後年、学習中の自分に起きたことを、レバー操作で餌の報酬を得るよう条件付けられたラットに起こることになぞらえた。

私は言うなれば「条件付けられた倫理的無分別」の古典的な実例を演じていたのだった。

私の全生涯は、動物を利用し、かれらを人間の向上もしくは娯楽の資源として扱うことで報酬を得る経験から成り立っていた。……実験施設で過ごした一六年のあいだ、実験用動物を使うことの倫理や道徳は公式の会合でも非公式のそれでも決して言及されず、私は動物実験者としての在任期間が終わりに近づいた頃、初めてこの問題を提起した。[※83]

ハーバード大学の心理学教授スティーブン・ピンカーは、同じような倫理的無分別の話を振り返る。学生だった彼は夏休みのアルバイトで、動物行動実験施設の研究助手を務めた。ある晩、責任者の教授は彼に、ラットを使う新しい実験をしてみるよう言った。指示されたのは、床に電気が流れる箱にラットを入れることだった。箱にはタイマーがあり、六秒ごとにラットを感電させるが、ラットがレバーを押せばショックは一〇秒間停止する。ラットはすぐに要領を得るので、ショックを避けるために遅れずレバーを押せるようになるまでに時間はかからない、とのことだった。つまりピンカーはラットを箱に入れてタイマーを押し、家に帰るだけでよかった。しかし翌朝ピンカーが実験施設に来てみると、ラットは「背骨がいびつに曲がり、体が震え続けていた」。そして数秒の内にショックが走り、ラットは跳び上がった。ラットはレバーを押すことを学ばず、一晩中六秒ごとにショックを受けていたのだとピンカーは悟った。彼はラットを箱から出して実験施設の獣医に見せたが、ラットは絶命した。ピンカー自身の言葉によれば、「私は拷問で動物を死に追いやった」。彼はこれを「自分がしてきたことの中で最悪の所業」だったと語るが、実験の説明を受けた時点で自分はそれが悪事だと直感していた、と付け加える。よしんばレバーを押すことを学んでも、ラットは一二時間、絶えず不安に悩まされるはずだからである。だが、と彼は打ち明ける。「いずれにせよ私は実験を行なった。これは普通の作業なんだという、倫理的には間違っているが心理的には安心できる原則になだめられて[※84]」。

条件付けられた倫理的無分別に囚われているのは実験者だけではない。研究機関は時おり批判者に対し、実験用動物の面倒を見るために獣医を雇っていると答えることがある。獣医は動物たちを気にかける人々で、不必要に動物を苦しめることはその職業倫理に反する、という信仰が広く行き渡っているため、こうした言明は安心感を与えるものとされる。あいにく、その信仰は常に当たっているとはかぎらない。多くの獣医が動物を気にかけてその分野に進んでいることは疑えないが、真に動物を気にかける人々は、その動物の苦しみに対するいたわりを鈍らせるのでもなければ獣医学の課程を終えるのは難しい。大抵、人一倍思いやり深い者は課程を修了できない。元獣医学生のある人物は動物福祉団体にこう書き送った。

獣医になりたいという昔からの夢と志は、いくつかのトラウマになる実験を経て霧散してしまいました。内容は標準的な実験手続きで、私が通う州立大学のプレ獣医学校では冷徹な指導教官らがそれを採用していました。教官らは利用した動物を実験後に一斉殺処分するのは何ら問題ないと考えていましたが、私は自分の道徳観に照らして、とても受け入れられませんでした。この無情な動物実験者たちと何度も争った末に、つらいことでしたが私は別の道を歩もうと決めました。[※85]

アメリカでは一九六五年後期から六六年初期にかけ、時の人気雑誌『ライフ』と『スポーツ・イラストレーテッド』が、一連の記事を通し、家庭で飼われる犬の窃盗と実験施設への売却を報じた。市民からは大きな反響があり、それを受けて実験用動物を保護する法整備の動きが始まった。[※86]アメリカ獣医師会は議会委員会を前に、実験施設への売却を目的とするペット窃盗の防止法を設けることには賛成だが、研究施設を許可制にして規制することについては研究のさまたげになるので反対だと主張した。業界の基本的態度は『アメリカ獣医師会ジャーナル』の記事が述べる通りだった——「獣医の存在理由は人《マン》の総合的幸福にある——劣等動物のそれではない」。[※87]このイデオロギーを踏まえるなら、本章で取り上げた実験の多くに獣医が一員として加わっていた事実も驚くには当たらない。例えば霊長類平衡プラットフォームの報告書を読むと、「動物の日常ケアはアメリカ空軍航空宇宙医学校の獣医学科により提供された」とある。

動物実験のパターンがある分野の一般的研究様式になると、そのプロセスは自己永続化の道をたどる。動物実験で業績を築いた教授陣が支配的な地位を占める研究分野では、出版や振興だけでなく、研究資金となる褒賞や助成金も動物実験に向けられる。研究助成金申請を審査する者は、新たな動物実験の提案を支援しようと考える。かたや動物を使わない新手法は人気も得られず支援を受けられる見込みも小さい。

もちろん、全ての科学者が倫理的に無分別なわけではない。わずかながら、研究の思わぬ結果をきっかけに被験動物についての考え方を新たにする人々もいる。野生動物の行動を研究する生態学者はGPS追跡装置などの技術発達に助けられてきたが、そうした装置はいまや鳥に装着できるほどの小型化と軽量化を遂げた。クイーンズランド州のサンシャインコースト大学で生態学の上級講師を務めるドミニク・ポトビンはチームと共同で、研究していたカササギフエガラスに装着できる軽量の小型追跡装置付きハーネスを開発した。続いて彼女らは予備研究を通し、装置の実地試験を行なった。一〇週間をかけてチームはフエガラスの集団が餌場へ訪れるよう習慣付けを行ない、そのうち五羽を捕らえてハーネスと追跡装置を取り付け、再び放った。放たれた鳥たちは自身のハーネスをつつき始めたが取り外すことはできなかった。するとハーネスを付けていない若いフエガラスが近寄り、仲間のハーネスをつついた。これもうまくいかなかったが、数分後に雌の成鳥がやって来て若い鳥のハーネスをつつき始めた。およそ一〇分後、ハーネスは外れた。別の二羽についても同じことが起こった。ハーネスを付けた残り二羽は翌日になってもそのままだったが、三日目には全てのハーネスが取り除かれた。

この研究の目を引く結果は、追跡装置から得られた鳥の行動に関する情報ではなく、ハーネスを付けていないフエガラスが仲間のそれを外す手伝いをしたという協力的な利他行動にあった。ポトビンとその同僚たちいわく、ここには「複雑な認知的問題解決」がみられる。結論として、チームは「これらの反応が倫理的な生態学研究に関し意味するもの」を考える必要があると述べた。[※88]

この研究を読んだのち、私はポトビンに問い合わせ、フエガラスが研究への参加を明確にいやがっていることを踏まえたうえで、外せない追跡装置を取り付ける再度の試みを予定しているのかと尋ねた。彼女の答はこうだった。「動物たちが追跡装置にどのように反応するかは決して知りえないように思われます。だからこそまずは少数を対象に予備試験を行ないます。フエガラスたちが喜んでいないのは明白でした。したがって同様の装置で引き続き追跡を試みるのは倫理的とも科学的に妥当ともいえないでしょう[※89]」。

良質な科学ですらない

動物たちに痛みをおよぼすにもかかわらず、真に重要な結果を生むためとも思えない実験群の報告書を読んでいると、まず真っ先に、行なわれていることには私たちの理解を超える何かがあるはずだと考えたくなる――科学者たちはその行ないについて、刊行物で述べている以上の真っ当な理由を持っているに違いない、と。しかしながら、この主題に深く立ち入ってみると、一見くだらないと思えることは現にくだらないことが多い。時に実験者たちは気を緩めてそれを認めることがある。ハリー・ハーロウが手がけた猿の母性剝奪実験は本章の初めに見た通りだが、彼は痛ましい動物実験の報告を数多く載せてきたジャーナル、『比較・生理心理学ジャーナル』の編集者を一二年間務めた。在任期間が終わる時、ハーロウは自分の審査した掲載希望論文がおよそ二五〇〇本にのぼると見積もったが、その半《なか》ばユーモア漂う編集後記でこう語った。「ほとんどの実験は行なう価値がなく、得られたデータは世に出す価値がない」[※90]。

ハーロウは一九六二年にこれを書いた。その後、どれだけの生物医学研究――一般のそれと動物を使うそれ――が実施に値するのかを確かめる真面目な調査が行なわれた。結果は、動物の苦しみを減らすことに無関心な者まで含め、全ての人々を呆然とさせるものである。いまや生物医学と行動科学は「再現性の危機」に面していることが広く認知されている。再現できない科学的結果は私たちの知識に加算されない。しかし生物医学や心理学の発見を再現しようと試みる研究では、五〇〜九〇パーセントは再現できないことが明らかにされてきた[※91]。著名な医学者であるC・グレン・ベグリーとジョン・P・A・ヨアンナイデスは、自身らの領域で行なわれる研究の手厳しいレビューを書き、生物医学研究の八五パーセントは無駄であると認めた。両名は神経系疾患の動物研究を含む四四四五件超のデータセットを分析し、「これはど良好な結果ばかりが出版されることはありえない」との見解に至った。この原因に関するベグリーとヨアンナイデスの説明は、ユトレヒト大学のファン・デル・ナールド率いるチームのそれと重なる。後者は出版された報告書が、研究で利用される動物のわずか二六パーセント分にしかならないことを発見した。良好な結果の出版に偏るバイアスである。ベグリーとヨアンナイデスは、資金提供組織が研究の承認に際し、今よりも数段厳正な態度で臨む必要があると提言した。[※92]別の研究は、再現不可能な前臨床研究のためにアメリカだけで毎年二八〇億ドルが費やされていることを突き止めた。[※93]

これが生物医学研究全体の真実なのだとすれば、ヒトを利する動物研究はさらに小さな割合となる。なぜというに、動物に対し有効だったものがヒトに対し有効でないことは少なくないからである。アメリカ国立癌研究所の所長だったリチャード・クラウスナーは吐露した。「我々は何十年ものあいだマウスの癌を治してきました――そしてそれは人の役には立たなかったのです」。[※94]動物に関する知見をヒトに応用できないという点は癌だけにかぎらない。アメリカとカナダの一流機関から集まった科学者たちの共同研究チームは、炎症性疾患の治療法開発におけるマウスの利用について調べた。炎症性疾患は深刻な傷や火傷を負った人々、あるいは感染から肺血症に至った人々にとって命取りになりうる。チームが検証したのは一五〇〇件近くの臨床試験の結果で、これらはいずれもマウスの実験を通し、危篤状態にあるヒト患者の炎症反応を抑える点で有望と思われた治療法を確かめるものだった。結論はこうである。「これらの試験はことごとく失敗に終わった」。チームはこの研究をもとに、「ヒトの炎症性疾患を研究するには、マウスモデルに頼るよりも、より複雑なヒトの健康状態に焦点を当てるべきことが分かる」と論じた。[※95]

フランシス・チェンはアメリカの権威ある生物医学研究拠点、ケース・ウェスタン・リザーブ大学で動物実験を行ない博士号を取得した研究者であるが、動物実験の慣行に対し若い研究者が異を唱えることの難しさを語ってきた。彼女が一員だったチームは、ラットに心疾患を引き起こす実験で助成金を受けた。実験の目的は高脂肪食が心臓機能におよぼす影響を調べることで、これはヒトの食事と心疾患の関係について理解を深めるものと想定されていた。実験が行なわれ、ジャーナルに提出されたあとになってようやく、チェンはラットの代謝過程がヒトと異なること、ゆえに自分の発見がヒトに適用できないことに気づいた――チームの助成金申請を審査した者たちが看過した点である。

チェンの顧問らは、彼女が書いた論文は単にラットの研究から得られた知見を報告したのみであり、それがヒトの健康改善に資するとは一言も述べていない、と理解していた。しかしチェンは、本人の言葉によれば「誤解を招く論文を出版したうえに無用な研究で動物たちを害した」と悟って落胆を覚えた。博士号委員会には何があったかを話したが、驚いたのはかれらが平然としていたことである。「誰かがいつか何らかの形であなたの研究に有用性を見出してくれますよ」と一人は言った。もう一人は「博士課程の学生であるあなたの務めは卒業すること。そういった問題を考えるのはあなたの務めではありません」と説いた。三人目は「動物を使わないなら」ほかに何ができるんだね？」と質問で返した。動物のデータがヒトに適用できない問題をどう克服するのかという点について、チェンは何の答も得られないこと、先輩の科学者たちも一人としてその答を知らないことを思い知った。「かれらはただずっと動物を使う訓練を受けていただけです」と彼女は言った。「自分を騙してそれを信頼するか、あるいはそれがいつか何らかの形で人助けになるという最後の希望に固執するんです」。

ＮＩＨの元所長、エリアス・ゼルフーニは、動物モデルの利用がヒト疾患の予防と治療を模索する最良の方法だという想定に関し、こう述べた。「そこについては私も含め、誰もが無批判に信じ込んでいたんです」。さらに彼は付け加えた。「実りはなかったのですから、もう問題をもてあそぶのはやめる時です。……ヒトの疾患生物学を理解するためにヒト用の新しい方法論を再考・採用する必要があります[※96]」。残念なのはゼルフーニが過ちを認めたのが二〇一三年で、もはやＮＩＨの方向性を変える力を失っていたことである。かたや動物研究産業は推進力を得て、果てしない苦しみを動物たちにもたらし、何百億ドルもの研究資金を無駄にしている——その金をより良い用途に回せば私たちを悩ませるいくらかの病気を治すこともできただろう。

イギリスでは生物医学界隈が動物重視の姿勢を考え直そうとしている徴候がみられる。ＵＫバイオ産業協会と医薬品発見カタパルト（生物医学研究の革新を促す目的を持った政府後援組織）の共同報告書は、前臨床研究が「患者不在で、ヒトへの近似性が乏しい動物の疾病・毒物学様態に頼って」きたと結論する。イギリスのバイオ産業が中国やインドと競うのであれば、薬剤の発見法を「ヒト化」すべく、患者から始め、「動物ターゲットではなく厳密に定義された患者下位集団の確かなヒト疾患ターゲットに対して選択性が高い」候補薬をつくるべきだと報告書は述べる。そこで推奨されるのはヒトの試験管内モデルを開発し、動物ではなくヒトへの毒性と有効性について証拠を集める方針である。[※97]

効力のない規制

何百億ドルもの浪費を告発してもほとんどの動物研究をなくせなかったと知って、こう考える人がいるかもしれない――動物を守る法律があれば、少なくとも本章でみてきた苦しみの中でも最悪の部類は取り締まれるだろう、と。もちろん法律は国によって異なるが、アメリカでは動物実験者たちが研究用の動物を生産・利用する主要産業と結託し、一般の動物虐待防止法が研究用の動物に適用されることを巧妙に防いできた。カリフォルニア州技術研究所で二〇〇六年まで代表を務めたデビッド・ボルチモアはかつて、アメリカ科学振興協会の全国大会で、同僚たちとともに「長い時間」をかけて研究の規制と闘ってきたことを語った。[※98] そうした規制に反対する彼の根本的な考え方はこの数年前、ハーバード大学の哲学者だった故ロバート・ノージックおよび数名の科学者とともにテレビ出演した際にはっきり示された。ノージックは、多数の動物が殺されることを理由に科学者が実験を踏みとどまった例はあるのかと尋ねた。一人の科学者は「私の知るかぎりない」と答えた。ノージックは念を押した。「動物には全く価値がないのですか？」。ある科学者が返した。「なぜあるんです？」。ここでボルチモアが割って入り、自分は動物実験が道徳問題を提起するとは全く思わないと言った。[※99] あいにく、科学に秀でていることは倫理観が健全であることの保証にはならない。今日、少なくとも英語圏の哲学界でボルチモアの主張に賛同する専門哲学者を見つけるのは難しい。

アメリカの科学者らはこれまで、自分たちが動物に行なうことに関し、市民の監視を異常なまでの頑なさでしりぞけてきた。かれらは実験の苦しみから動物たちを守るための最低限の規制すら潰しおおせた。アメリカでは研究に使われる動物たちを守る点で唯一有効たりうる連邦法は動物福祉法に限られる。伴侶動物〔いわゆる「ペット」〕の窃盗と実験施設への売却が告発されて先述のような騒ぎが起こったことを受け、一九六六年に可決された同法は、ペットとして売られる動物、展示される動物、研究用とされる動物の移送・収容・取扱いに関し基準を設ける。しかし目下、実際の実験についていえば研究者は文字通り何をしても許される。これは完全に意図的であり、同法が可決された際、アメリカ議会の両院協議会はこう説明した。

〔本法の目的は〕実際の研究もしくは実験の際にあらゆる動物を規制から除外し、この件に関し研究者を保護することにあります。……いかなる形であれ、研究もしくは実験をさまたげることは委員会の意図するところではありません。[※100]

同法のある箇条によれば、この法律のもとに登録する民間企業その他の組織は、痛みを伴う実験を痛み止めなしに行なう際、それが研究事業の目的達成に必要であると記した報告書を提出しなければならない。が、その「目的」が痛みをおよぼすのも致し方なしといえるだけの重要性を持つかは決して検討されない。それゆえ、要求されることといえば追加の書類作成程度しかない——実験者が不満を漏らすのは主にそこである。無論、動物に麻酔をかけておきながら持続的電気ショックで無力の状態をつくることはできない。また、猿たちを幸福な状態や薬と無縁な状態でいさせながら鬱病にすることもできない。したがってそのような場合、実験者は鎮痛剤を使うと実験の目的を達成できない、と事実を主張することができる。そうすれば法律施行前と同じように実験を行なえる。

こうした次第なので、例えばソマンを使ったＰＥＰの実験（一〇八頁参照）に関する報告書が次のような緒言で始まるのも驚くには当たらない。

本研究で用いた動物は動物福祉法ならびに全米研究評議会実験動物資源研究所の策定する「実験動物ケア・利用ガイド」に沿って調達・保管・利用された。

同じように、テンとその同僚らが中国で行なった実験、すなわち猿たちを七〇日間ケージに単頭隔離して鬱を引き起こそうとした実験についても、公刊された報告書には次の声明が含まれている。

動物は重慶医科大学倫理委員会が承認した実験計画書（承認番号：20180705）のもと、「研究におけるヒト以外の霊長類利用」の勧告および「実験動物ケア・利用ガイド」に沿って保管された。[※101]

しかしおそらく、こうした声明の語弊を最も如実に表す例としては、北京毒物薬物研究所のインのチーム（八三頁参照）による論文、すなわち猿を鬱病にすべく隔離してストレスを与えた様子をつづった論文の、「倫理宣言」末尾の言葉に勝るものはないだろう。

全ての処置は国立衛生研究所の実験動物ケア・利用ガイド（NIH刊行物No．80―23、一九九六年改訂）に厳しく準拠し、動物研究は国立動物研究局（中国）および北京毒物薬物研究所の審査と承認を経た。使用する猿の頭数抑制と苦痛の最小化にあらゆる努力を投じた。[※102]

動物たちをひどく苦しめて鬱病モデルにするのが実験の主眼である以上、右のような声明がこの実験で動物に加えられる苦しみの大きさを物語るものでないことは容易に分かる。

有効な規制が何一つないアメリカの状況は、他の多くの先進国の状況と著しい対照をなしている。例えばイギリスでは内務大臣の許可なしに実験を行なってはならず、一九八六年の動物(科学的処置)法は、許可証の発行を検討するに際し、「大臣は利用される動物への負の影響と期待される便益を比較衡量する」よう明確に指示している。オーストラリアでは主要な政府の科学機関(アメリカのNIHに相当)が設けた実施規則のもと、全ての実験は動物実験倫理委員会の承認を得なければならない。委員会には実験を行なう機関に属さない動物福祉の推進者と、動物実験に関わらない独立した第三者を置くことが求められる。委員会は一連の細かい原則と条件を定めるものとされ、実験の科学的・教育的価値と動物の福祉におよびうる影響を比較することもそれに含まれる。さらに、実験が「医療や獣医療で通常麻酔が使用される種類・程度の痛みをもたらしうる」場合は、麻酔の使用が義務づけられる。オーストラリアの実施規則はもともと政府の助成金を受ける研究者のみに適用されるものであったが、今では各州や各準州の法律に織り込まれ、動物実験を行なう全ての者に法的義務を課している。[※103]スウェーデンでも実験は一般人を含む委員会の承認を得なければならない。一九八六年、アメリカ議会の技術評価局(OTA)は、オーストラリア、カナダ、日本、デンマーク、ドイツ、オランダ、ノルウェー、スウェーデン、スイス、イギリスの法律を調べ、こう結論した。

この評価で検証した国のほとんどは、アメリカよりも遥かに充実した実験用動物の保護法を有する。にもかかわらず、動物福祉の支持者はさらに強い法律を求めて大きな圧力をか

けてきたうえ、オーストラリア、スイス、西ドイツ、イギリスなど、多くの国々は大々的な変革を検討している。※104

より強い法律は、事実、この報告以降にオーストラリア、イギリス、EUで可決された。この比較が誤解を生まないことを願いたい。ここで示したかったのは、イギリスやオーストラリアやEUの動物実験には何の問題もない、ということではない。それは真実からかけ離れている。これらの国々でも、期待される便益と動物におよぶ危害の「衡量」では依然として人間の利益が動物のそれよりも常に数段重要とみなされている。アメリカの状況と他国のそれを比較したのは、この問題に関し前者の水準がどん底であること、それも動物解放活動家の尺度からみてそうというだけでなく、他の主要先進国の科学コミュニティが認める尺度に照らしてもそうだということを示したかったからにすぎない。訳注3 この原因は私が思うに、アメリカの政治システムが他の民主主義国家にましてロビイストの影響を受けているからであり、この件では動物研究者や動物研究で利益を上げる諸企業、そして恥ずべきことにアメリカ獣医師会などがその黒幕となっている。

動物実験の規制に失敗してきたアメリカの歴史からは学べるものがある。一九七〇年に、動物福祉法は実験で使われる全ての温血動物を含めるよう修正を施された。ところが同法の担当省を統括する農務大臣は、アメリカの実験施設で利用される全温血動物の少なくとも九五パーセントを占めるラット、マウス、鳥類に係る規制を一度も設けたことがない。農務省の視察局に対しても当の視察に充分な資金が割り当てられたことはないため、実験施設は放置されていた。技術評価局（OTA）は一九八六年に報告した。「法執行のための資金と人員は、現行法の主たる役割が実験用動物の苦痛の防止もしくは緩和にあると考える人々の期待に応えることができていない」[※105]。OTAのスタッフは一一二の試験施設を挙げたリストを調べ、三九パーセントは実験施設を視察する農務省の担当部局に届出すらしていないことを突き止めた。さらにOTAの報告書いわく、これはおそらく未登録の、したがって視察も管理も受けていない動物実験施設の数としては控えめな見積もりにすぎない[※106]。

一九九八年、アメリカ動物実験反対協会は農務大臣を訴え、実験施設で利用されるラット、マウス、鳥類を保護対象としないことには法的根拠がないと主張した。協会は勝訴し、農務省はくだんの動物たちを対象に含める新規制を立案した——が、その制定前に研究業界のロビイストらは新たな修正案を議会で通過させることに成功した。驚愕すべきことに、この修正案によれば動物福祉法において「動物」という語は「研究用に育種された鳥類、ラット（クマネズ

訳注3　日本には動物実験を具体的に規制する法律が一切存在しない。実験者や実験施設の登録制・免許制もなく、政府機関による査察も動物実験の実施者に対する罰則もない。したがってアメリカよりも充実した法律を有する「他の主要先進国」に日本が含まれないことは確かである。

ミ属)、マウス(ハツカネズミ属)」を除くという。これがいまだ、本書執筆時におけるアメリカの現状である。実験で最も広く利用される動物を保護対象にしないという事実は、アメリカの科学者と動物実験業界が自身らの利用する圧倒的大半の動物たちに対する最低限の状況改善すら妨害する者たちであることを証明している。[※107]

一九八五年、アメリカ動物福祉法の修正によって施設内動物管理利用委員会(IACUC)が設けられた。スティーブン・ピンカーは先に触れた通り、教授の指示にしたがって動物実験を行ない、のちにそれはラットを拷問して死に至らせた行為だと認めた人物であるが、彼はこの委員会ができたことで動物に対する科学者の態度が変わり、「実験用動物の福祉に無関心な科学者は仲間から軽蔑される」までに至ったと述べる。[※108]それが本当であればと願うが、アメリカの大学における動物への態度が彼の学生時代から見違えるほど変わったというピンカーの主張は、本章で紹介した実験群、すなわちIACUC設置から何年もあとにアメリカの研究者らが行なってきた実験群を思えば受け入れがたい。まず、スオミによる母性剝奪の実験は二〇一五年まで続けられ、さらにプレーリーハタネズミにストレスを与えるドノバン、リウ、ワンの実験があり、猿に不安と鬱行動を起こさせる重慶医科大学の研究チームに加わったシャイブリとネイの関与があり、ラットとアルコールに関するハーパーと同僚らの実験がある。

猿の鬱病モデルをつくる研究について評価を行なったエミリー・トランネルを先に紹介したが、彼女は研究で動物を利用するアメリカの大学の学科に行き渡った態度について別の見方をする。彼女がジョージア大学の大学院に入学したのは二〇一二年で、ＩＡＣＵＣがアメリカの大学に組み込まれてから四半世紀以上が過ぎていた。家族の中で初めて大学に入学した彼女は、大学院への進学が認められたこと、それも自分が選んだ神経科学の道に進めることを喜んだ。どのような研究をするかはまだはっきりしていなかった。指導教官は動物実験を勧め、そのほうが生体外の研究よりもジャーナルに載りやすいと言った。彼女は助言にしたがった。最初は動物たち「と」仕事をすることに興奮し、マウスやラット、特にラットと過ごす時間を楽しんだ。『被験体』という短編ドキュメンタリーのインタビューで、トランネルはのちに振り返った。「毎日実験施設へ向かいながら、これは重要なこと、とだけ感じていました。……そう、これは重要な実験で、時おり少数の動物を使うけれど、科学のためなんだ、と」。しかししばらくすると、自分のしていることがおぞましく思えてきた。特に最後の実験の一つは、激しい腹痛をおよぼすと思われる物質をラットに注射するものだった。自分はより大きな便益のため、病気を治すためにこれをしているのではない、とはっきり悟った。「この動物を使う実験を設計した私の目的は学位を得るため、それだけだったんです。課程を終えて「エミリー博士」になるという」。それは二〇〇匹前後の動物の命を奪うに値することではない、と思ったが、彼女は実験を最後まで続けた。学位論文を書く段になって求められたのは、自分の実験がいかに人間の便益となるかを示すことだった。ピンカーと違い、彼女ははっきり動物に痛みを与えようと指導されたわけではないが、ラットに痛みを与えてその命を奪う実験が、それによってもたらされる便益の面で極めて正当性の乏しいものであったにもかかわらず、構想・実施とも、あっさり認められたことに問題意識を抱いた。ドキュメンタリーで彼女は語った。

自分がしたことを話すのはどこか気が引けました。もっと見抜けなければいけなかったんです。もっとも、その時は実際のところそのすべがなくて、実験をする人はみんなそれをこなしていました。暗黙のルールは、もし疑問でも抱こうものなら――この実験を行なうのは広い意味で正しいといえるのか、などと思ったら――それはまさに禁忌だということです。疑問を抱くことは許されません。どんな科学も善い科学。私たちは何かを学ぶ。杜《ず》撰《さん》な設計でもそこから何かを学ぶんです。ただ私からすると、そのせいで誰かが苦しんでいるのなら、一歩引いてみる必要があります。

学位論文を書き上げたトランネルは献辞を添えた。

本研究を、究極の犠牲となった者たちに捧げる。二〇〇匹を超える動物たち、マウスたちとラットたちは、以下に記す一次研究データを集める過程で安楽殺された。

その後、彼女はキャリア変更を決め、動物擁護活動家になった。結果、主任指導者は卒業式で学位授与のために彼女を舞台に上げることを拒んだ。「彼は裏切られた気分だと言っていましたから、バツが悪かったのでしょう」。誰も不愉快にしたくなかった彼女は式に参加しないことにした。[※109]

動物実験が正当化されるのはどのような時か

多くの実験の内容を知り、全ての動物実験は禁止されるべきだと反応する人々もいる。このように道徳を白黒で判断するのは、グレーゾーンを排し、どこで線を引くかを言わなくてよくなるので魅力的に思える。しかし「絶対に」というのはいただけない。私たちの要求をそこまで絶対的にすると、実験者は定番の答を返す――一匹のマウスを使う一度きりの実験で数千の人々を救えるとしても、私たちはその人々を見殺しにするのか、と。この純粋に仮定的な問いに答えようと思えば、別の問いを投げかければよい。数千の命を救う唯一の方法が、一人の人間を実験にかけることだとしよう。そしてたまたま車の衝突事故で両親を亡くした人間の幼児が救出されたとする。ただし幼児は大きな脳損傷を負い、検査によればその認知能力と苦しみを感じる能力はマウス以下であると判明し、回復の見込みは一切ない。こうした状況で動物実験の擁護者が人間幼児を使う気にならないのであれば、人間でない動物を使いたがるその態度は、種にもとづく正当化不可能な差別形態の表れにほかならない（ここで両親が事故死していると仮定したのは、実験で子が使われると親が苦しむ、との反論をさせないためである。この仮定を設けることは人間でない動物を使う実験の擁護者にとって、むしろ気前が良すぎるとすらいえる。実験で利用される哺乳類は通常、早期に母から引き離され、その隔離は母も子も苦しめるからである)。

誤解を防ぐために言っておくと、これはもちろん仮定的な例であり、動物実験の代替法として提案しているものではない。そうではなく、これは動物実験の擁護が人間特有の能力を根拠としているのか、それとも単にヒトという種に属することを根拠としているのか、そこを確かめる手段である。しかし突飛な例でもない。不幸にも、この世には大勢の知的障害を抱える人々がいて、中には何年も前に親や親類から捨てられた人々、そして悲しいことに誰からも愛されていない人々もいる。そうした人々の身体と生理はほぼ全ての面で健常な人間と変わらない。したがってもしもその人々に大量の床磨き剤を強制投与したり、その人々の目に日用品の濃縮液を注入したりすれば、現在のようにさまざまな種の試験結果を外挿するよりも、そうした製品のヒトに対する安全性に関し、遙かに信頼できる情報が得られるだろう。LD50試験、ドレイズ眼刺激性試験、その他、この章で挙げた実験は、犬や兎やマウスの代わりに深刻な脳障害を抱えるヒトの体で試験すれば、物質に対するヒトの反応について、より多くの知識をもたらしたに違いない。

同意能力のない人間を使った医学実験には時おり光が当てられる。例えば一九五六年に始まり、一九七一年にようやく終わった一連の医学実験では、ニューヨーク州スタテンアイランドの施設、ウィローブルック州立学校に収容された知的障害児らに対し、研究者たちが故意に肝炎を感染させた。これは「アメリカの児童に対して行なわれた最も倫理に背く医学実験」であると評された。[※110] ウィローブルックに収容された子どもの九〇パーセントはいずれにせよ肝炎に罹《かか》りそうな状態だったうえ、この研究は肝炎の広がり方について理解を深めたにもかかわらず、非難の声が上がった。このような人間に害をなす実験が明るみに出ると実験者への激しい抗議が巻き起こる。それは正しい。研究者らは知に資するとの理由で自分の仕事を正当化するが、人体実験は往々にしてかれらの傲慢を示す例となる。が、私たちの種に属する者を使った実験がこのように咎められる一方、より小さな便益のためにより極度の苦しみを課す実験——ただし人間ではなく動物を使って行なわれる実験——が受け入れられているという対照性は甚だしく、とても理性的には擁護できない。コロナウイルスが世界的に猖獗《しょうけつ》を極めた二〇二〇年ですら、効果的なワクチンの開発を速めるために有志の者らが十全な情報を与えられたうえでウイルスを貫い被験体になろうと申し出た際、それを受け入れることに対しては大変な——私にいわせれば余計な——ためらいがみられた。[※111] かたや情報を与えられることもありえず、志願することもない動物たちを利用する行ないについては何のためらいもみられなかった。

研究におけるこの露骨な種差別は、露骨な人種差別が他人種を使った痛ましい実験に結び付いてきたこと、それが支配者人種にとっての有用性を理由に擁護されてきたことを想起させずにおかない。ドイツのナチス政権下では医学界の権威だった者も含む二〇〇人以上の医師が、ユダヤ人やロシア人やポーランド人の虜囚を使う実験に参加した。ほか何千人もの医師がこれらの実験を知っており、そのいくつかは医学校の講義でも取り上げられた。しかし記録によれば、医師らはこのような「劣等人種」の人々に加えられる恐ろしい危害を語る口頭報告を黙って聞き通し、そこから得られる医学的教訓を議論するのみで、実験の内容については穏やかに疑問を呈する者すらいなかった。当時も現在と同じように、被験体には恐ろしい危害が加えられ、結果は感情を排した科学的専門用語で書きつづられたあげく研究者らによる冷静な議論の題材となった。[※112]偉大なユダヤ人作家アイザック・バシェビス・シンガーが道破しように、「動物たちへの仕打ちにおいて、全ての人《マン》はナチスだった[※113]」。

実験者が属する集団の外にいる者を被験体とする実験は、犠牲者を変えて何度も繰り返されてきた。アメリカでは最も悪名高い二〇世紀の人体実験として、チフスの自然経過を観察するためにアラバマ州タスキギー研究所の黒人チフス患者を故意に未治療の状態で放置した例がある。この実験はペニシリンがチフス治療に効果的であると判明したのちも長く続けられた。[※114]ニュージーランドの大きな人体実験スキャンダルは一九八七年に注目を浴びたもので、この時はオークランドの一流病院に勤める評判の医師、ハーバート・グリーン博士が患者にみられる子宮頸癌《しきゅうけいがん》の初期症状を放置した。それらの初期症状が侵襲性ではないという独自の異端説を証明するためであったが、患者にはそれが実験の一環であることを伝えなかった。彼の説は誤りで、二七名の患者が死亡した。犠牲者はもちろん、全員女性だった[※115]。

実験が正当化されうるのはどのような時かという問いに戻ると、絶対主義者の答は常に行き詰まる。人間を拷問するのはほぼ常に不正だが、絶対に不正ではない。もしもニューヨーク市の地下に核爆弾が隠され、人々を避難させる前に爆発するとなった時に、そのありかを知る唯一の方法がテロリストを拷問することだとしたら、拷問は正当化されるだろう。同じく、もしもある一つの実験が癌の克服に繋がるのだとしたら、その実験は正当化されるだろう。しかし現実生活では、便益はより不確かで達成しがたいのが常である。ではどうすれば実験が正当化される状況を決定できるのか。

これまでみてきたように、実験者はたとえ深刻な脳障害を抱える者であれ孤児であれ、人間に対して行なえば決して正当化されない実験を人間でない動物に対して行なう時、自身が属する種を優遇するバイアスを露呈している。ここに問いの答がある。種差別のバイアスは人種差別のバイアスと同じく正当化されないのであるから、実験は深刻な脳障害を抱える人間に対して行なっても正当といえるだけの重要性を持たないかぎり、正当化できない。これを非種差別的な倫理指針と称することができる。

ある人々は、全ての人間はその認知能力によらず、いかなる便益のためであれ侵害されてはならない権利を持つと考える。そうした人々は、インフォームド・コンセントなく危害を加える人体実験は常に不正だと捉える。その立場からすると、非種差別的な倫理指針には、動物に危害を加える実験は常に不正だという原則も含まれるだろう。

私は非種差別的な倫理指針を受け入れるが、深刻な脳障害を抱える人間もしくは動物に危害を加える実験が常に不正だとは考えない。もしも本当に一人または一匹に危害を加える実験で大勢の被害を防ぐことが可能であり、かつ大勢の被害を防ぐ方法がほかにないのであれば、その実験を行なうのは正当といえるだろう。

二〇〇六年、動物実験に関するBBCのドキュメンタリーを撮影していた際に、私はそうした擁護可能かもしれない研究の実例に対峙した。オクスフォード大学の神経外科医で、パーキンソン病と似た症状のパーキンソン症候群を専門とするティプ・アジズは、約一〇〇匹の猿を使って四万人のパーキンソン症候群患者の症状を劇的に改善した自身の実験の倫理について、私の見解を尋ねた。私は仮定的な回答として、もしもそれだけ多くの人々を回復させることに役立った知見が他の方法で得られないのだとしたら、その研究は正当化できるだろうと言った。一部の人々はこれが本書の以前の版で私がとっていた強硬な反動物研究の立場を弱めたものだと考えたが、先のページで読者が目にした一文――「「絶対に」というのはいただけない」――は初版にも書かれている。

二〇一八年、アジズと二人の共同執筆者は、猿を使った研究からさまざまな脳深部刺激療法が生まれ、論文執筆時までに一〇万人の患者がその治療を受けたこと、くだんの療法はパーキンソン病を治しはしないがその症状を大幅に抑えるうえで極めて効果的であることを論じた。

一方、実験で使われた猿の数は増えたと思われ、現に著者らは将来の開発へ向け、ヒトに近似する霊長類の利用が今後も要されると述べている。さらに、著者らは多くの研究者が看過する重要な点をはっきり認めている。すなわち、ヒトと他の霊長類の近似性ゆえに「研究者には大きな倫理的責任が課される」[※116]。この開発が猿を被験体とすることなしに不可能だったという主張について、私は正否を判断できるだけの専門知を持たないが、もしもそれが本当で、かつ苦しみが最小限に抑えられていたとするなら、この研究でもたらされる苦しみを猿と同等かそれ以下の認知能力しか持たない人間におよぶ同様の苦しみと同じ重さに見積もったところで、当の研究は害以上に便益を生むと思われる。

ここで再び、どこで線を引くかという問題が浮上する。本章で示した通り、無数の動物たちに加えられる恐ろしい苦しみはあらゆる公平な目からみて明らかに正当化できない。それらの実験は明らかに線を越えている。そのような実験をやめて初めて、個々の実験が線のどちら側となるかを個別具体的に議論できるようになる。

アメリカでは目下、管理体制の欠如ゆえに先述のような諸々の実験が許されているので、まずは最低限として、期待される便益が動物の被害に勝ると思われない場合に実験の承認を拒否できる倫理委員会を設け、事前にその承認を得ないかぎり実験を行なってはならないと義務づけるところから始めるべきだろう。確認した通り、そうした制度は既にオーストラリア、スウェーデン、その他の国々に存在し、一般人のみならず科学界からもそれが公正かつ妥当なものとして受け入れられている。本書の倫理的議論に照らせば、それらの制度も理想からは程遠い。委員会の動物福祉担当者は大抵、さまざまな見解を持つ組織の所属者たちからなるが、明白たる理由により、動物実験の倫理委員会に招かれそれに応じる人々は、運動内でも急進性の薄い組織の者たちとなりがちである。かれら自身、人間でない動物の利益が人間の利益と同等の配慮に値するとは考えていないこともありえ、よしんばそう考えていたとしても、動物実験の申請を通すか通さないかという時にその前提で判断を下すのは、他の委員の同意を得られないので不可能だと悟るだろう。代わりにそうした人々が求めるのは、代替法のしかるべき検討、痛みを最小化するための真摯な努力、それに実験から取り除けない痛みや苦しみに勝るだけの重要な便益が見込まれる旨の証明などになると思われる。現存する動物実験倫理委員会のほとんどは種差別的態度のもとにこれらの基準を用い、動物の苦しみを人間にもたらされうる同等の便益よりも軽く見積もる。しかしそうだとしても、このような基準を前面に出せば、現在許されている多くの痛みを伴う実験をなくし、他の実験による苦しみを減らすことに繋がるだろう。

種差別が深く根づいた社会では、倫理委員会を設けてもこのような問題をすぐに解決することはできない。ゆえに一部の動物の権利擁護者はそうしたものに関与しない。代わりにかれらはあらゆる動物実験の即時全廃を求める。そうした要求は過去一世紀半にわたり、反動物実験活動で何度も唱えられてきたが、いかなる国でもそれが多数派の投票者に支持された様子はなかった。一方、実験施設における動物たちの苦しみを減らす点で最大の前進を形にしてきたのは、本章で先に触れたヘンリー・スピラやＰＥＴＡなどの活動家たちによるキャンペーンだった。この現状打破は、動物たちにとって実質的に無益な「全か無か」の考え方に囚われなかった人々の取り組みによるものである。

前に伸びる道？

仮定として、啓蒙の進んだ国々に現時点でみられる最低限の改革よりも、さらに私たちが先へ進めると考えてみよう。動物たちの利益と人間の同じような利益が本当の意味で平等に配慮されるところまで達しうると考えてみよう。そうなれば、今日のような大規模な動物実験産業は終わりを迎えるに違いない。世界中で檻は空になり、実験施設は閉鎖されるだろう。しかし医学研究が途絶える、あるいは試験を経ない製品が市場を埋め尽くすと考えるのは正しくない。新しい製品に関していえば、私たちは既に安全と分かっている成分を使い、より少ないもので間に合わせることができ、それで特段不便が生じるでもなく、むしろいくらかの便益すらあると思われる。しかし本当に重要な製品を試験する、あるいはその他の研究をするとなったら、動物を要さない代替法、あるいは少なくとも大きな苦しみをかれらにおよぼさない代替法が模索され発見されるだろう。

動物実験の擁護者は動物を使った研究のおかげで私たちは寿命を延ばすことができたと語り

たがる。例えばイギリスでは動物実験に関する法改正が議論されていた時、イギリス製薬産業協会が『ガーディアン』紙に「人生は四〇歳からと言うけれど、つい最近までそれは人生の終わりだった」と題する全面広告を載せた。広告はさらに続けて、いまや一人の男性が四〇代で死ねば悲劇とされるが、一九世紀には平均寿命が四二歳だったので、四〇代男性の葬式に参列するのは普通だった、と語る。「私たちの多くが七〇代まで生きられるのは、動物を使う研究によって成し遂げられた飛躍的前進に負うところが大きいといえます」。この広告はあまりにも露骨に人を惑わす内容だったので、地域医療の専門家であるデビッド・セントジョージは『ランセット』誌への寄稿で「この広告は統計の解釈で生じる二つの大きな過ちを体現している点で好適な教材となっている」と書いた。何より明らかな過ちは、平均寿命が四二歳でも、その齢での死亡が普通であることにはならない、という点にある。平均寿命が四二歳だった時代には、死亡年齢がゼロ歳に集中していたのであって、幼少時代を生き抜いた人々は七〇代まで生きられる見込みが大きかった。

セントジョージはトマス・マッケオンの有名著作『医療の役割』[※117]を参照する。同書は一九世紀中期以降の死亡率改善に関し、どこまでが医療介入によるもので、どこまでが社会や環境の変化によるものかを議論する。セントジョージいわく、「この議論は片付いており、現在広く認められているところでは、医療介入は人々の死亡率に関し極めてわずかな影響しかおよぼしてこなかった。それも主としてごく最近の、死亡率が既に激減したあとの時代のことである[※118]」。

J・B・マッキンリーとS・M・マッキンリーも、アメリカの十大感染症の減少に関する研究で同様の結論に達した。両名によれば、ポリオを除く全ての例において、死亡率は新たな医療処置が導入される以前に激減していた（衛生状態と食事の改善によると推測される）。一九一〇年から一九八四年のあいだにアメリカで四〇パーセントの死亡率低下がみられたことに着目し、両名は「好意的」な見積もりとして、この死亡率低下のうち三・五パーセントが主要感染症に対する医療介入によるものと説明できると論じた。事実、これらの病気に対する介入は、医療が死亡率低下の面で最も貢献した部分といえるので、三・五パーセントはおそらく、アメリカにおける感染症死亡率の低下に寄与した医療全体の貢献度としては最大値の見積もりと考えられる。[※119] なお、この三・五パーセントは全ての医療介入を含めた数字である。動物実験自体の貢献はよくてこの微々たる数字の一角にすぎない。

もちろん、実験に使われる動物たちの利益に配慮することでさまたげられる科学研究の分野もあるだろう。動物実験を擁護する者らがよく言及する重要発見は一七世紀におけるハーヴェイの血液循環に関する研究までさかのぼり、バンティングとベストによるインスリンおよびその糖尿病における機能の発見、ポリオがウイルスに由来することの発見とそれに対するワクチンの開発、開心術や冠動脈バイパス術の実現に寄与したいくつかの発見、ヒト免疫系の理解ならびに移植臓器に対する拒絶反応の克服法発見などにおよぶ。[※120] ただし、動物実験がこれらの発見に不可欠だったという主張は実験反対派によって否定されている。[※121] ここではこの論争に立ち入らない。ただ今しがた確認したように、動物実験から得られたあらゆる知見は、私たちの寿命を延ばすうえではよくてごくわずかしか貢献していない。生活の質向上における貢献度はさらに測りがたい。

より根本的なことをいえば、動物実験の便益をめぐる論争はもとより決着がつかない。なぜなら仮に動物を使うことで重要な発見がなされたとしても、現在動物研究に投じられている膨大な資源をヒトの臨床研究や代替試験法の開発に向けた場合にどれだけ医学研究が実りあるものとなるかは未知数だからである。いくつかの発見は遅れたか、ことによるとなかったかもしれない。が、多くの間違った研究方針は避けられたであろうし、医療が今とは全く違った、より良い方向に発展した可能性もある。

いずれにせよ、動物実験の正当性はその私たちに対する便益を指摘するだけでは証明されない。その便益を裏づける証拠にどれほどの説得力があっても、である。知識探究の権利は何ら神聖なものではない。先にみた通り、これまでにも科学事業に対しては多くの制限を設けることが認められてきた。科学者は一般に同意していない人間に痛みや死をもたらす実験を行なってよい、などということは誰も信じない。同意を得ない有害な実験の制限はヒトという種の外にまで拡張される必要がある。それと同時に、場合によっては慎重に吟味された例外的実験を行なうことが許され、充分な情報を与えられ自由意志で同意した有志の者を被験体とすることがより広く認められるべきだろう。

最後に、最も多くの人命を奪っている健康問題は、病気を防ぎ人々を健康でいさせる方法が分かっていないからではなく、既に分かっているその方法を実行するために金を投じる人々が少ないせいで続いている、という事実を認識する必要がある（ゲイツ財団は最も注目すべき例外だが）。下痢、マラリア、肺炎など、世界の貧困地帯をさいなむ病は、予防法も治療法もほぼ分かっている。それらは栄養・衛生・健康ケアが充実しているコミュニティではみられなくなった。五歳以下で死亡する子どもは年間五〇〇万人、一日に一万三八〇〇人と試算されるが、その大半は低所得国の子どもたちに安全な飲み水やマラリア蚊を防ぐ蚊帳、充実した栄養源、ワクチンを提供することに私たちが尽くせば克服しうるものである。※122

以上を踏まえたうえで、なお実践的な問いが残っている。この広く行き渡った動物実験の慣習を変えるために何ができるか。政府の政策を変える何らかの行動が必要なのは疑えないが、具体的に何をすればよいのか。その変化をもたらすために一般市民ができることは何か。

立法府議員は科学・医学・獣医学業界の強い影響下にあるので、動物実験に対する有権者の抗議を無視する傾向がある。アメリカではこれらの業界が登録済みのロビイストをワシントンに置き、かれらが動物実験規制の提案に反対する強力なロビー活動を行なう。議員はこれらの分野に精通する暇がないので「専門家」の言葉を頼りとする。しかしこれは道徳の問題であって科学の問題ではない。そして「専門家」は通常、実験が続けられることを利益とするか、あるいは知識増進の倫理に染まりきっているため自身をそこから切り離せない。

加えて改革の足枷となるのが大企業の存在、すなわち動物の繁殖や研究機関への販売、動物用のケージや飼料や実験機材の製造・販売といった儲かるビジネスに関わる諸企業の存在である。これらの会社は儲かる市場を奪う法律に反対すべく大金を投じる備えがある。これらの経済的利益集団が医学と科学の威光を懸けて手を組んでいる以上、実験施設の種差別を終わらせる闘いは困難で長期的なものとならざるを得ない。では何が前進を遂げるための最良の道なのか。

いかなる西洋の主要民主主義国家においても、動物実験が一撃で廃されるとは考えにくいが、二〇二一年、ヨーロッパ議会は欧州委員会に対し科学者と共同で動物実験の漸次撤廃計画を立てるよう求める決議案を通した。この目標が達成されるのは間違いなく数年先の未来となるが、毎年合計一〇〇〇万匹の動物を実験にかけている二七カ国の人々を代表する議会がこの決議案を通したことは、ヨーロッパの議会が動物たちの利益を真剣に考えるほうへ向かいだした証にほかならない。[※123]

動物実験がヨーロッパで政治問題となるまでには長年にわたる根気強い取り組みが要された。幸い、同様の動きは今や複数の国でみられ、国会議員も含む政治的手腕に長けた動物擁護者たちは、充分に大きな支持を後ろ盾に、右派・中道・左派を問わず主要政党に対し、動物福祉を改善するための政策を立てるよう迫っている。ゆえに選挙キャンペーンの際に、これらの政党は投票者の気を引く明確なコメントを打ち出す必要を感じている。

実験用動物の搾取は大きな種差別という問題の一角にあり、種差別自体がなくならないことには全廃できそうにない。しかしいつか、私たちの子孫の子孫は、この時代に実験施設で行なわれていたことについて読み、私たちがローマ時代の闘技場における暴虐や一八世紀の奴隷貿易について読んだ時と同じ感覚で、他の方面では文明化していた人々がこれを行なえたのかと、その所業におぞけ立ち、信じられない思いを抱くに違いない。

第三章　工場式畜産に抗して

あるいは、あなたの晩餐が動物だった時に起きたこと

アメリカの獣医らはなぜ二四万三〇一六頭の豚を故意に熱死させたのか

二〇二一年八月、『アメリカ獣医学会ジャーナル』に載った五人の獣医による論文は、冷静かつ正確な言葉で、図表を示しつつ、自身らが二〇二〇年四月から六月にかけ、アメリカ中西部の諸州を出身とする二四万三〇一六頭の豚を殺害する計画を立て、その指揮に当たった次第を書き記している。獣医らの手配により、豚たちはこの目的に合わせて特別に改装され密室と化した納屋に運ばれた。作業員は一つの納屋につき、成獣の豚一五〇〇頭または幼獣の豚三七〇〇頭を閉じ込めた。続いて作業チームは換気を切り、ヒーターと蒸気発生装置を使って室内の温度を華氏一三〇度（摂氏五四度）、湿度を九〇パーセント以上に高めた。ところによっては室温が華氏一七〇度（摂氏七六・七度）にまで達した。獣医らは豚が納屋に閉じ込められて

から予定の温度になるまでの時間、そしてそこから「沈黙までの時間」——つまり豚たちの叫びや動きがやむまでの時間——を記録した。その報告によると、多くの場合、室温が華氏一三〇度に達するのは約三〇分、それから豚たちが沈黙して動かなくなるまでが六五分であるが、あるサイクルは二時間半以上を要した。幼い豚が死ぬのはやや早かった。この処置は全ての豚を絶やすまで、一三八回にわたり繰り返された。※1

獣医らの指揮によって殺された豚たちはいずれもアイオワ州最大の養豚業者であるアイオワ・セレクト農場の所有下にあったが、他のアメリカの大手生産者も同様の仕方で豚たちを殺した。獣医らの試算によると、アメリカでは二〇二〇年に一〇〇万頭の豚が（婉曲語を使えば）「削減」された。なぜこの豚たちは熱処理によって一斉処分されたのか、と読者は思うだろう。この時、通常豚たちが送られる屠殺場はCOVID‐19の流行を受けて閉じられていた。獣医らによれば、ほかに屠殺を行なえるところはなく、かといって屠殺場が再開するまでのあいだこの豚たち（獣医らにいわせれば「過密畜舎に収容」された豚たち）を生かしておける場所もなかった。熱射病を引き起こすよりも迅速に死をもたらす安楽殺の方法、例えば二酸化炭素を使う方法などは使えなかったという。

COVID‐19の流行を生き抜いた人々であれば、当時サプライチェーンに生じた問題は知っているだろう。しかしここで注目する産業が取り扱っているのは感覚意識を持つ動物たちであってトイレットペーパーではない。生産者は動物たちの生死を完全に掌握している以上、その運命に対し全面的に責任を負わなければならない。クルーズ船が異例の大嵐によって沈み、船主が救命ボートを用意していなかったせいで乗客が全員溺死したら、これほどの大嵐は想定外だったとの理由で船主が責任を免れることは許されないだろう。同じく、何十万頭もの動物を囲う生産者が、支障を見越した計画を立てていないこと、そして支障が生じた際にその計画(代わりの場所に豚を置いておくなり、人道的に豚を殺すなり)を実行するための訓練済みスタッフや器具機材を揃えておかないことは、あってはならない。この豚たちに降りかかったことは、現代畜産の根底をなす動物たちへの態度を浮き彫りにする。本章でみるように、工場式畜産場を管轄する企業は、屠殺場が完全に機能していたCOVID-19の流行以前も以後も、何百万という動物たちを熱処理で殺している。非常時の計画を立てない畜産業界は、生産対象である感覚意識を持つ生きものらの福祉に無関心であることを露呈してきた。

集約畜産

ほとんどの人々、特に現代の都市や都市郊外の地域住民にとって、人間でない動物たちと最も直接的に接するのは、食事という形を通してのことである。つまり、私たちはかれらを食べる。この単純な事実は、他の動物に対する私たちの態度を知る鍵であり、その態度を変えるために一人一人ができることを探る鍵でもある。食用で飼養される動物たちの利用と虐待は、影響される動物の数だけでいえば、他のあらゆる虐待を遙かに凌駕する。毎年、アメリカだけで三四〇〇万頭の牛、一億二八〇〇万頭の豚、二〇〇万頭の羊、二三〇〇万羽の家鴨《あひる》、二億一六〇〇万羽の七面鳥、そして九三億羽の鶏が食用で殺され、その合計は陸生脊椎動物九七億匹となる。※2 無論、世界規模でみれば数字は遙かに大きくなる。国連食糧農業機関の試算では、毎年食用で屠殺される鳥類と哺乳類は八三〇億匹を超える。※3 読者が本書を一ページ読むのに二分を要するとしたら、その間に約三一万六〇〇〇匹の感覚意識ある生きものたちが屠殺されたことになる。

私たちが他種の動物に対する前代未聞の果てしない搾取に直接関与するのはここ、食事の席と近所のスーパーマーケットにおいてである。普通、私たちは自分が食べる食品の裏に隠れた生きものたちの虐待について知らない。店やレストランで食品を買うのは長い工程の最終地点であり、その工程については最終産物を除き全てが視界から丁寧に隠されている。私たちが買うのは綺麗にビニール包装された食肉や家禽肉である。血はほとんど流れない。このパッケージを、生きて息をして歩いて苦しむ動物と結び付ける理路はない。私たちが使う言葉そのものも、少なくとも大型の哺乳類については、元が何であったのかを包み隠す。私たちが食べるのは「牛肉」であって「雄牛」「若牛」「雌牛」ではなく、「豚肉」であって「豚」ではない――もっとも何らかの理由により、私たちは子羊腿肉《ももにく》の正体にはさほど抵抗なく向き合えるらしく、鶏や魚《うお》はごまかさずとも消費できてしまうが。「肉（meat）」という言葉自体も人を惑わす。これはもともとあらゆる固形食品を意味する語で、必ずしも動物の肉体を指すものではなかった。一四世紀に至ってようやくこの語は一般にそれまで「禽獣肉」と呼ばれていたものを指すようになった。それから一世紀のあいだ、野菜は引き続き「緑の肉」と称され、一部の乳製品は「白い肉」と称されることがあった。興味深いことに、フランス語の viande はもともと「食品」を意味し、それから時間をかけ、食用とされる動物の肉を指す用法へと限定されていった。※4 総称的な「肉」という語を用いることで、私たちは自分の食べているものが「肉体」であるという事実から目を背ける。いくつかの国では食肉産業が現在、死んだ動物由来でないものに「肉」の呼称を与えることを禁じようとしている。正確を期すというなら、かれらが自社製品を「禽獣肉」と宣伝し、それ以外の形態が「植物肉」や「培養肉」と称されるのがよいだろう。

このような言葉上のごまかしは食品の由来に関する遙かに根深い無知の表層にすぎない。「農場」という語から思い浮かぶ光景を考えてみよう。家が立ち、納屋があり、雌鶏の群れが胸を張った雄鶏に見守られながら農場のあちこちをつつき回り、牛の群れが放牧場から集められて乳を搾られ、もしかすると雌豚がはしゃぐ子豚たちを連れて果樹園を歩き回っているかもしれない。

この伝統的イメージをもとに私たちが信じているほど農場の現実が牧歌的だったことはほとんどないが、伝統的農場は少なくとも目に快《こころよ》いもので、利益に動かされる産業的な都市の生活スタイルからは遠く隔たっていた。一九七五年に本書の初版が刊行された時、現代における動物飼養の方法について多くを知る人は少なかった。一般的な思い込みでは――それを私も二四歳まで信じていたが――、農場動物は野生動物が生存を懸けた闘いで負うような苦労を知らずに動物的生活の自然な楽しみを満喫できるとみなされていた。

今日ではそうした心地よい想定が現代畜産の現実とほとんど重ならないことに気づく人々が増えている。まず前提として、農業ではもはや独立した農業一家の仕事が主流ではなくなっている。過去七〇年に大企業と流れ作業ラインの生産方法は農業をアグリビジネスへと変えた。今日、アメリカでは各部門の最大手四社が、家禽産業の五四パーセント、豚肉市場の七〇パーセント、牛肉市場の八五パーセントを占めている。[※5] 採卵業をみると、一世紀前には大手生産者が三〇〇〇羽の卵用鶏を所有することもあったが、今日ではアメリカで売られる鶏卵の九〇パーセント近くがたった六七社の生産者に由来し、その各々は五〇万羽以上、最大手は八〇〇万〜四七〇〇万羽の雌鶏を所有する。[※6] 大手企業やそこと競わなければならない業者は、植物、動物、自然との調和感などに関心を寄せない。畜産物生産は競争的であり、用いられる手法はコスト削減と生産増の目標にしたがう。大企業は生き残っている生産者の条件を支配するため、倒産したくない者にとって選択肢は少ない。[※7] 畜産は工場式畜産の名で知られる工業プロセスとなり、動物たちは低価格の飼料をより儲けになる血肉へと変換する機械のように扱われる。そしてこの飼料変換効率を上げるためにあらゆる革新技術が用いられる。本章の大部分はその方法ならびにそれが動物たちにもたらす影響についての記述からなる。

ただしここでも、言いたいのはそれらに携わる人々が特に残忍あるいは悪質だということではない。それどころか、これから示す畜産手法は本書全体で論じている支配的な態度や偏見の論理的応用にすぎない。私たちが人間でない動物たちを道徳的配慮の枠外に置き、かれらを私たちの欲望充足のために利用するモノとして扱うならば、どうなるかは目に見えている。イギリスの集約畜産手法を告発した画期的著作『アニマル・マシーン』を著したルース・ハリソンが見事に言い表した通り、「残忍性は収益性がなくなった時に初めて認知される」[※8]。言い換えれば、これから挙げるいくつかの例で証明するように、動物の福祉はそれが損なわれると利益が減るという場合にしか問題とされない。

儲かる畜産システムを営むことは、戦慄すべき動物たちの苦しみと両立し、競争市場ではその苦しみを必要としさえする。特にアメリカでは、工業的畜産業者が力のかぎり強硬に変革を拒み、被畜産動物たちの状況改善を図る法案に対し、打倒を狙って大金を注いできた。さらに投票で負けようものなら法廷に訴えて新法の施行を防ごうとする[※9]。

叙述を可能なかぎり客観的にするために、以下では私自身が見てきた農場やその状況についての観察を下敷きとはしない。代わりに以下では、全てではないまでも大部分にわたり、畜産業界にとって最も好意的と考えられる情報源――ウェブサイト、雑誌、畜産業界自体の業界誌、それに補い役として、畜産関連分野を専門とする科学者らの査読済み研究論文――を参照する。

アグリビジネスの鶏

伝統農場の比較的自然な環境から最初に引き離された動物は鶏だった。人間は二つの用途で鶏を利用する。肉めあてと卵めあてである。今日ではこの両者を得るための標準的な大量生産手法がある。アグリビジネスの推進者たちは、養鶏産業の隆盛を農業の偉大な成功物語の一つと考える。第二次大戦末期、食用の鶏肉はまだ比較的珍しかった。それは主として小さな独立農家を出所とするか、卵用鶏の群れに生まれる不要な雄の肉だった。現在のアメリカでは、毎年八〇億羽を超える「ブロイラー」——若いうちに食べられる品種としてつくられた鶏をこう呼ぶ——が屠殺されている[※10]。この鳥たちの各々は社会的動物で、独自の個性を具える。動物行動学の開祖、コンラート・ローレンツは、飼われる群れが比較的小さく農家が個々の鳥を覚えていた時代にこう書き記した。

> 動物たちはこうして互いを見分けているのだろうか。明らかにそうである。……全ての養鶏農家が知っているが、……そこには極めて厳格な序列があり、各々の鳥は自分より上の鳥を恐れている。乱闘とはかぎらないが、多少の争いを経て、各々は自分がどの鳥を恐れるべきで、どの鳥が自分に敬意を払うべきかを学ぶ。体の強さだけでなく、各自の勇気、活力、さらにはそれぞれの自信が、つつき順位を維持する決定的要素となる[※11]。

鶏を庭の鳥から製造品へと変えた決め手は、屋内への監禁だった。通常、生産者は大手家禽《かきん》会社の一つと契約し、孵《ふ》化《か》場で生まれた生後一日の雛《ひな》五万羽以上とその飼料を渡されるとともに、飼養方法の指示も受ける。生産者は二万～三万羽を収容できる窓のない巨大鶏舎《けいしゃ》にこの鳥たちを入れる。雛は食欲旺盛で急成長するよう選抜育種されている。鶏舎内ではより少ない飼料でより速く鳥たちを成長させるよう全面的な環境統制がなされている。飼料と水は自動で供給される。照明は農業研究者の助言にしたがって調整される。例えば最初の一、二週間は一日二三時間、さらには二四時間にわたって照明が灯り、雛たちの早い増量が促される。その後、消灯時間が伸びて一日最大六時間程度になる。鶏たちが成長して密度が増してくると、過密を原因とする攻撃を抑えるために照明は消されたままとなる。最後に鳥たちを集めて屠殺のために送り出すまでの数日間は、再び消灯時間を減らし、さらに餌を食べさせて増量を促すことが行なわれる。[※12]

ブロイラーは生後五～七週で殺される――ヨーロッパでは小さい鳥が好まれるので通常五週ほど、アメリカでは七週ほどである[※13]（鶏の自然な寿命は約七年）。この短い期間に、鳥たちは平均六・五ポンド、つまり三キログラム近くになる。これは七週齢未満の鶏としては驚くべき成長率である。一九二五年には平均的な鶏が二・五ポンド〔一キログラム超〕の体重に達するまでに一六週を要した。[※14]成長につれ、鳥が占める面積は大きくなり、鶏舎は過密になり、ついには一羽あたりの空間が〇・五平方フィート〔約四六〇平方センチメートル〕、つまり一般的なコピー用紙の大きさ以下にまで狭められる。

アメリカでは全米鶏評議会が一羽につき〇・七平方フィートを与えるよう推奨しているが、この推奨はまさにそれだけ、つまり推奨であって、法的な力を持たない。そして収容密度に関し法的拘束力を伴う上限を設けている国々でも、生産者はそれを踏み越えることがある。収容密度が生産性におよぼす影響を調べたカナダの研究で余談的に触れられているところによれば、同国における収容密度の上限は一平方メートルあたり三八キログラムであるが、収容密度の調査を快諾した商業生産者――よって秘密裡に操業する悪党生産者ではなく外部の研究者を歓迎する生産者――の農場でも、時に密度は一平方メートルあたり四一キログラムを超え、一羽あたりの面積は〇・五平方フィートをやや上回る程度だった。[※15] EUでも収容密度は法的に規制されているが、一平方メートルに二キログラムの鳥を二五羽も詰め込むことができ、それをすると一羽あたりの面積は〇・四三平方フィート〔約四〇〇平方センチメートル〕となる。[※16] 収容密度を上げることは収益が膨らむことを意味する。ある産業マニュアルが述べる通り、「床面積を制限すれば一羽ごとの成績は落ちるが、これまでもこれからも問題となるのは次の点である――投資に対するリターンを最大化するために、一羽あたりの必要面積はどこまで小さくできるか[※17]」。

鶏舎に入った者がおそらく最初に気づくのは凄まじい悪臭である。そして間もなく、それは無害な悪臭ではないことが分かる。空気は目にきて涙が流れるかもしれず、肺も焼かれる。[※18] 鳥たちの排泄物から生じるアンモニアのしわざである。排泄物は通常、床の敷料《しきりょう》の上に溜まっていくままにされるが、それも一つの群れがいる六、七週間だけでなく、新しい敷料のコストと古い敷料の処分に費やす労力を節約する意図から、しばしば数年にわたりそうされる。ジョージア大学の家禽普及科学者らによれば、「多くの家禽会社やブロイラー生産者は一年か二年、あるいはそれ以上の生産年にわたり敷料を再利用する慣行を取り入れている」。アメリカ環境保護庁（ＥＰＡ）は大気中アンモニアに対するヒトの曝露限界値を定め、一五分の曝露なら三五ｐｐｍ、最大八時間で二五ｐｐｍまでとしている。しかしジョージア大学の科学者らが話題にしているのは五〇〜一一〇ｐｐｍという濃度であり、しかも鶏たちは鶏舎の中、毎日、一生にわたり、その空気を吸って生きている。アンモニアが充満した空気を吸うことで鶏たちは慢性呼吸器疾患になり、アンモニアの腐食性ゆえに踵《かかと》は爛《ただ》れ、湿気を帯びた敷料の上で休めば胸には水泡ができる。曝露量が高まれば失明することもある。[※19]

かつてであれば、病気になった鳥やケガをした鳥は看病され、必要であれば速やかに殺された。しかし現在では一人が数万羽から数十万羽もの面倒を見る——もっとも、これほどの数になると実際には到底「面倒」など見ていられない。その昔、一九七〇年には、アメリカの農務大臣が当時斬新だった鶏の屋内飼育によって一人の人間が六万〜七万五〇〇〇羽の鶏を「世話」することができるようになったと浮かれた文章を書いていた。[※20] このありえないほど大量の鳥を

「世話」するという見方はいまだ存在する。「動物福祉」という見出しのもと、オハイオ州の農業新聞『ファーミング・アンド・デイリー』の二〇一八年の記事は、ハンナ・マームズベリーが一〇万羽以上もの鶏を「養育」していると報じた。彼女が個々の鳥を見ていないのは明らかで、なんとなれば一羽の点検に一日一秒を使うだけでも二四時間を超えてしまうからである。[※21]ジョージア大学の家禽科学者いわく、現代の鶏舎では一〇〇〇羽につき四〜六分の労働時間しか割けず、一羽あたりではおよそ三分の一秒しか割けない。[※22]

ハンナ・マームズベリーの主要業務の一つは、『ファーミング・アンド・デイリー』によると、出荷体重に至るまでの四五日間すら生きられなかった三〜四パーセントの鳥の死体を除去する作業だという。ということは三〇〇〇〜四〇〇〇羽、一日およそ七七羽であるが、これでも成績は良いほうで、業界全体をみると二〇二一年の平均死亡率は五・三パーセントにのぼった。[※23]公式の数字によると、同年アメリカで屠殺工程まで進んだ鶏は少なくとも九二億一〇八八万九〇〇〇羽を数えた。[※24]とすると生産者の元には当初、最低でも九七億二六三八万七五三九羽の鶏がいて、生後七週までに五億羽以上が死んだ計算になる。

ブロイラー鶏舎の鶏たちは急成長に関係するさまざまな病気に倒れる。よくある死因の一つは「急死症候群」「ひっくり返り病」「健康体での死亡」など、さまざまな名称で知られる。獣医学教本に書かれているように、この病気に襲われた鳥は「末期の痙攣でしばし羽ばたいて突然死する」。発症したブロイラーの多くはただ「ひっくり返り、仰向けの姿勢で死亡する」。[※25]この病気がどれだけ生じるかはブロイラー鶏舎の環境や鳥の系統によるが、ある研究によるとその発生率は〇・五〜九・六二パーセントとされる。生産者は鳥たちが急成長することを望むので、その増量速度を落とすよりも数パーセントの死を受け入れる。[※26]

アーカンソー大学の研究者たちいわく、ヒトの幼児が今日の鶏と同じ速度で成長すれば、生後二カ月で六六〇ポンド、つまり三〇〇キログラムに達する![※27] この成長率は他の問題も引き起こすが、それらは動物福祉の観点からみると、急死よりも深刻なものである。印象に反し、ブロイラー鶏舎で早期に命を落とす鳥たちは実のところ幸運といえる——かれらは集められ、トラックに押し込まれ、屠殺場に送られる災難を免れるのだから。より不幸なのは急成長によって直接的かつ持続的な苦しみに苛まれる鳥たちで、その最も明らかな困難は、脚の骨が未発達なうちに体の重みを支えなければならないことである。既に一九九〇年代初期にはある研究により、ブロイラーの九〇パーセントがそれと分かる足の問題を抱え、二六パーセントが足の疾患に起因する慢性痛に苦しんでいることが判明していた。研究者らはこれらの問題が急成長へ向けた遺伝子選抜によると考えたが、選抜は過去三〇年のあいだも続けられたため、今日ではさらに成長が加速している。[※28] 被畜産動物の福祉を専門とする最大の権威の一人、ブリストル大学獣医学部のジョン・ウェブスター教授は述べた。「ブロイラーは家畜の中でも、生涯最後の二〇パーセントにあたる期間、慢性痛に悩まされる点で類を見ない。ブロイラーが動き回らないのは過密ゆえではなく、関節の痛みが甚だしいからである」[※29]。ブロイラーは座ることで痛みを和らげようとするが、座るものはアンモニアに満ちた敷料のほかになく、それは先にみた通り、腐食性によって体を焼く。その状況は脚の関節炎に悩まされる人物が立ったままでいろと言われるのに等しい。ウェブスターいわく、現代の集約養鶏は「その規模と凄惨さにおいて、他の感覚意識ある動物に対する人《マン》の非情さをこの上なく苛烈かつ組織的に体現した例といえる」[※30]。

ウェブスターは集約養鶏のシステムに組み込まれた苦しみに言及したが、潜入調査官の撮影した動画は、時に鶏たちの苦しみがその生殺与奪を握る者たちの冷淡さによってさらに増すことを明らかにしている。例えば二〇一四年、動物擁護団体コンパッション・オーバー・キリングの調査官は、アメリカ最大手ブランドの一つ、ピルグリムズの傘下で鶏を肥育するノースカロライナ州の生産者に対し、潜入調査を行なった。動画では、生きているが病気や障害を負った鶏たちが拾われ、プラスチック製のバケツに放り込まれていく。バケツが一杯になると外に運び出され、鶏たちは床のハッチから下へ投げ捨てられる。「ここは露天掘りになってる」とスタッフの一人が説明する。「深い穴だがパレットが敷いてある。玄関口みたいに。ここに捨てれば後は母なる自然がやってくれるから」。そして笑いながら付け加える。「見下ろしてみな、肉汁みたいに煮立って蠢《うごめ》いてるだろ」。動画ではある職員がまだ歩いて羽ばたける鶏たちの上からハッチを閉じる様子が映っている。「この鳥はまだ生きてるけど、殺すべき？」と調査官は尋ねるが、返ってきた答はこうである。「いや、穴に落っことす。こいつらと同じで」。首をひねれば殺すことはできる、と言いつつ、彼は続けた。「でも要はだ、バケツに次ぐバケツがあるんじゃ一日中ここを離れられないだろ。それに……［と、両手で首をひねる動きを見せて肩をすくめ］これをやんなきゃいけないわけだが……」。

もちろん、ピルグリムズはこの件を知って肥育業者との関係を切ったと言うだろう。しかし勇気ある潜入調査官がこれを暴露するまでにどれだけこの慣行が続けられてきたか、そして体が壊れた鶏に対する同程度に残忍な処分方法がこのほかにどれだけ多くの生産者によって用いられているかは知るすべがない。そして年収三一〇億ドルの養鶏産業もそれを調べる気はない。むしろかれらは所有者の許可なく農業施設の写真や動画を撮ることを犯罪化する「畜産さるぐつわ」法の可決へ向け、ロビー活動をしている。[※31]

大手ブランド向けに飼養されている鶏たちの驚愕すべき苦しみが暴露されると、当該ブランドを所有する会社は毎度、そのような虐待を防ぐために厳正たる措置をとると宣言する。ところが同じことは繰り返し繰り返し発覚する。よって案の定、私が本章を書き直していた二〇二二年二月、またも一連の動画が公開された。今度はヨーロッパで大手第四位の生産者AIAに鶏を供給するイタリアの施設が舞台である。最も衝撃的な場面は、多くの鳥たちが畸形を抱え、歩くことも水飲み場へ達することもできなくなっている光景だった。鳥たちは床に横たわってなすすべもなく羽ばたくか、動こうと頑張りながらも七転八倒することしかできない。イギリスのザ・ヒューメイン・リーグと提携するスペインの動物保護団体イクオリアは、この調査に関して声明を発表し、動画で見られる問題の多くは業界から「生産病」と称されるものだと指摘する——その呼称はまるで、これが旺盛な食欲と可能なかぎり急速な成長能力を持つ鳥を遺伝子選抜する過程の一環であるから許されると言っているようでもある。[※32]

動画に映る鳥たちの一部は、「遺伝的背景と成長率」が原因とされる脊椎すべり症、あるいは養鶏業界の通称でいう「背骨よじれ」に苦しんでいたと思われる。権威ある獣医学教本は、こうした鳥は「歩行できず、餌や水を摂取できず、飢餓や脱水で死亡するので」淘汰〔殺処分〕したほうがよいと勧める。[※33]しかし既に確認したように、一人の人間が一〇万羽もの世話を受け持つ（かつアンモニアが充満する鶏舎で余分な時間を過ごしたいとは思いがたい）となれば、この鳥たちは人の手で惨状に終止符を打ってもらうよりも時間をかけて死んでいく可能性が高い。

工場式畜産の擁護者らはしばしば、もしも鳥や他の動物が幸せでないなら元気に育つはずはなく、儲けも生まないだろうと主張する。養鶏産業の恐ろしい真実は、この無垢な神話に対する明確な反駁を提供する。どうすれば鶏たちの苦しみをなくせるかは誰もが知っているが、それでもそれがなくならないのは儲けが生まれているからこそである。屠殺前に鶏が死ねば肥育業者の損になるが、損得は一群の鳥たちがどれだけの売れる製品になるかで決まる。アーカンソー大学の研究者たちは、成長が遅く死亡率が低い品種の鳥を育てることで生産者の儲けが上がるかを確かめた。すると、答は具体的な発生コストによるが、結論としては大抵の場合「死亡率を無視して体重をつけさせるのがよい」と判明した。[※34]

急成長へ向けた育種によって苦しめられるのは、食用として売られる幼い鳥たちに限らない。スーパーマーケットで売られる鶏たちの親鳥、業界のいう「種鶏」は、無論その子孫に求められる遺伝子を持つよう育種されている――その遺伝子が与えるのは、尽きない食欲と、食べたものを体重増加に回す能力である。今しがたみたように、これは肉用に育てられる幼い鶏たちの脚にさまざまな問題を生じさせるが、かれらのほとんどは慢性痛を抱えながらも六～七週齢で屠殺されるまで生き続ける。殺されず、食べたいだけの餌を与えられれば、かれらはさらに体重を増し、週ごとにより多くが命を落とすだろう。しかし鶏は一八～二〇週齢まで繁殖できず、その週齢に達したら生産者は可能なかぎり長く繁殖させたがる。食べたいだけ食べさせれば性的成熟を待たずして鶏たちは死んでしまう可能性が高く、成熟できたとしても太り過ぎているせいで交尾はできそうにない。そこで養鶏業界は独特な解決策を用いる――親鳥には腹の容量の六～八割しか餌を与えないのである。[※35]

急成長する鶏の親鳥への給餌を扱った論文で、ジョージア大学の家禽専門家たちはアメリカの種鶏農家が給餌を隔日にする「一日おき（ＳＡＤ）給餌計画」を取り入れていると語る。[※36]カナダの科学者らはこの給餌法の影響に関する複数の研究をまとめたが、それを読むとＳＡＤという略称〔英語で「悲しい」の意〕は言いえて妙と分かる。ＳＡＤ給餌下の鳥たちは空《から》の給餌器をつつく行動に一日の二五パーセントを費やす。さらに木くずや羽といった消化できないものを含む敷料をも食べ始める。満たされない食欲が強まるあまり、攻撃行動あるいは右の研究者らがいうところの「自身や他の幼鳥や機材や物体に向け直された口部行動」[※37]に至ることもある。言い換えれば、この鳥たちはあまりの空腹から、あらゆるものを食べようとする。

二〇一七年、業界団体の全米鶏肉協議会はウェブサイトで閲覧できる「全米鶏肉協議会編・ブロイラー種鶏の動物福祉ガイドラインおよび監査チェックリスト」という文書を発行した。[※38]「栄養と給餌」の項目にはこう書かれている。「増量率を緩和する決定（生産や健康に関する理由によるもの）は容認できる。食物摂取の緩和は、適正な体格・身体組成・体重増加を維持するためであれば行なわれてよい」。ガイドラインは「給餌緩和計画が原因で水の過剰摂取が生じれば、福祉に悪影響がおよびうる」と指摘してはいる。が、「容認できる」対処法は、より多くの食物を与えることではなく、水の摂取量も制限するという措置である。このガイドラインが本当に鶏の福祉に対する配慮からのものであれば、こう述べるだろう。「鶏を選ぶ際は、遺伝的な親鳥が生涯の大半にわたって腹を空かせることなく性的成熟を迎え繁殖できるように成長する品種のみを候補としなければならない」。しかし全米鶏肉協議会の動物福祉ガイドラインは決してそうは言わない。

締めは通称「マクドナルド名誉毀損裁判」を担当したイギリスの判事に委ねたい。一九九七年、マクドナルドは二人のイギリス人環境活動家、ヘレン・スティールとデビッド・モリスを訴えた。二人はこのバーガー大手が、他のことと並んで動物虐待も犯していると糾弾するチラシを配っていた。スティールとモリスが提出した証拠を吟味した末に判事が出した結論は、マクドナルドが動物虐待を行なっているとの主張は事実なので名誉棄損に当たらない、というものだった。マクドナルドは最高の弁護団を揃えることができ、かたやスティールとモリスは弁護士を雇えなかったにもかかわらず、法廷の判断はこの通りだった。親鳥の惨状について判事は述べた。「とりわけ空腹を覚える食欲旺盛な種鶏を育てたうえでその餌を制限し、種鶏を空腹状態にしておく慣行は残酷であると結論する。これは鳥の苦しみを犠牲に利益を上げる計算高い仕組みである※39」。

奥行きが長く窓がなく、混雑してアンモニアが充満する粉塵まみれの鶏舎に暮らすことがストレスである一方、鳥たちが日の光を拝む最初で唯一の経験はさらに災難となる。屠殺の頃合いと判断されると、労働者たちが入ってきてかれらの脚を摑み、逆さの形で運び出してトラック後部に積まれたケースにすぐさま詰め込んでいく。鳥たちの損傷は経済的コストとなるので、これを減らすために一部の農機具メーカーは機械化されたシステムをより良い選択肢として宣伝してきた。オランダの製造者ピア・システムはいう。「捕鳥はいまだ手作業で行なわれることが多く、職員にとって大変な重労働になるうえ、動物にも多大なストレスを与える状況となります。動物はパニックを起こし、容易にケガを負います」。この説明に間違いはない。が、ピア・システム作成の宣伝動画で機械化された代替装置が動いている様子を見ると、これもまた鳥たちにとってひどくストレスの大きな経験となることが分かる。鳥たちは大型機械にかき集められてベルトコンベヤーに載せられ、トラック後部に嵌め込まれた容器に投げ捨てられて

屠殺場へと連れて行かれる。ピア・システムはこの捕獲システムが一時間で九〇〇〇羽の鶏を回収できると自慢する。[※40]

婉曲語で「処理工場」といわれる屠殺場に着くと、鳥たちはトラックから降ろされ、通常は足を掛け金に嵌められてコンベヤーに逆さ吊りにされる。鶏の脚には痛覚受容器があり、完全に意識を保ったまま金属製の掛け金に脚を掛けられ逆さに吊るされれば、それだけで痛みを伴う経験となる。続いてコンベヤーに運ばれる鳥たちは刃で喉を切られる。ほとんどの産業化諸国ではその前に失神処理があることになっている。アメリカとヨーロッパの双方で行なわれる最も一般的な失神処理は、コンベヤーの流れで鳥たちを電流の走る浴槽に沈める手法である。ただし電流の設定が強すぎると、鳥たちの筋肉は激しく収縮し、肉質に悪影響をおよぼす。かといって電流が弱すぎると鳥たちは痺れるだけで失神しない。強すぎと弱すぎの境は極めて微妙であり、商業的意向としては肉質が損なわれないことを確実としたいので、多くの鳥は適切な失神処理を経ていないと考えられる。一部の鳥は完全な意識を持ちながら喉を切られうるが、他の鳥は刃をも逃れうる。コンベヤーは次に羽を取り除く目的で鳥たちを熱湯の浴槽へと運ぶ。失神処理もされず、喉も切られなかった鳥たちは熱湯に沈められて死ぬことになる。[※41]

羽をむしられ捌《さば》かれた鶏たちの死体はその後、信じられない安価で何百万世帯もの家庭向けに売られ、毎晩夕食の席に供される。かつては贅沢だった食べものがどうしてこれほど安価になったのか、と立ち止まって自問する消費者は滅多にいない。そして仮に立ち止まって問うたとしたら、かれらはどこにその答を見つけるだろうか。全米鶏肉協議会は断言する。「消費者は食用で育てられる全ての動物が敬意をもって扱われ、生前適切に世話をされていたことを確かめたいと思います」。そして、協議会は独自作成の動物福祉ガイドラインが「専門動物監査人認証組合」から監査を受けたと豪語する。要するに「消費者と顧客の皆さまは鶏肉を買う時や食べる時、鳥たちがよく世話をされ人道的に扱われたと確信していただいてよい」のだと協議会はいう。[※42]この監査にどれだけの価値があるかは、先にみてきた事実から判断してよい。協議会のガイドラインは、親鳥を半飢餓状態にしなければそもそも存在しえない鶏品種を利用してよいと定める。それを別にしても、協議会がみずからの情報発信においてすら、監査人は実際の鶏たちが置かれた状況を検証していない、と述べていることは重要である。監査人は協議会のガイドラインに目を通したにすぎない。したがって消費者に食べられる鳥たちが実際に人道的に扱われたことをそれが保証できる余地はない。商業的に飼養される鶏たちに関し、協議会が本当に福祉を保証したいと考えているのであれば、人望と由緒がある全国的動物福祉団体に掛け合い、養鶏農家への抜き打ち訪問を行なって鳥たちが人道的に扱われているかを判断してほしいと依頼するだろう。

二〇二一年、一五〇カ国で操業する国際的外食チェーンのKFC〔旧ケンタッキーフライドチキン〕は、提供する鶏肉のイメージを改善すべく、ユーチューバーのニコ・オミラナを雇って「チキンバケツの裏側」と題した販売促進映画を作成した。視聴回数が一〇〇万回を超えたこの映画で、ニコはKFCに鶏を売るヨーロッパの大手養鶏業者モイ・パークの施設を訪れる。映画の撮影時には鳥たちが非常に幼く、可愛らしい外見で、鶏舎の空間にはまだそれなりの余裕があった。カメラの前で、群れの管理者であるトニーは藁《わら》の束を抱え、鳥たちが遊んだり座ったりできるよう新鮮な藁を撒くんだと語る。さまざまな環境充足物もあり、例として天井からぶら下がる止まり木もみられる。ニコはトニーに、「それじゃあこの鶏たちを心から世話しているんだね？」と尋ね、「そう、その通り」との答を得る。ニコは檻がないことに驚き、鶏たちが急成長を促されてステロイドを与えられるのか否かを問う。しかし動物福祉運動の従事者で、肉用に育てられる鶏が檻に囚われていると主張する者はおらず――それは採卵業界の話である――、鶏がステロイドを与えられていると主張する者もいない。現代の鶏が急成長するのは先述の通り選抜育種による。

映画の公開後、ビーガン食品ブランドVFCフーズの調査官が同じ生産施設を抜き打ち訪問した。かれらが作成した動画では、止まり木のほとんどがなくなり、鶏にとどかない天井まで巻き上げられている――調査官は五万二〇〇〇羽を収容した鶏舎に一つだけ止まり木が残っていたと語る。動画に映る床には新鮮な藁が一本もない――調査官はそこにあるのが木片と糞便の混合物だと述べる。鳥たちはニコが見た集団よりも週齢が進み、中には尿で湿った敷料に座っていたせいで肌に傷口が開いている鳥もいる。鶏舎で死んだ鳥、間もなく死にそうな鳥たちも映される。後者は急成長する体の重みに未熟な骨が耐えられず、もはや立って餌や水のところまで歩いていくこともできない。

VFCフーズの動画が公開されてメディアに注目されると、モイ・パークの広報担当者は、スタッフが鶏舎に一日最低三度は訪れるが、「各チェックのあいだに多少の鳥が死ぬことはあり、その場合は次の視察時に発見され取り除かれる」と認めた。ニコ・オミラナを代理する企業の広報担当者は「弊社のクライアントが参加した映画は氏がその日に目視・体験した状況を正確に伝えています」と述べた。それは事実に違いないだろうが、この件で明らかになったのは、抜き打ち調査にこだわらず、業界についての知識不足ゆえに適切な質問もできない人々を、広報活動で騙すのがいかに簡単かということでしかない。ニコ・オミラナはその後、自身のソーシャルメディア・チャンネルから当の映画を取り下げた。※43

本章で養鶏産業について学び、今後は鶏肉ではなく七面鳥の肉を買おうかと考えている読者は、この感謝祭の晩餐で主役を務める伝統食材も、今ではブロイラー鶏と同じ手法で飼養されていることに留意されたい。生まれたての七面鳥は孵卵器で餌を与えられ、肥育のために生産者のもとへ送られるに先立ち、嘴《くちばし》と足先を切り落とされる。雄の前頭から育つスヌードという肉質の隆起物も同じく切り落とされる。嘴と鉤爪の先を切るのは鶏の場合と同様、残りの生涯を過ごす場所である混雑する畜舎で共喰いが起こる事態を防ぐためであり、スヌードを取り除くのはそれが他の鳥からつつかれる標的となりやすいからである。これら全ての切断処置は何らの麻酔も使われずに行なわれる。七面鳥は鶏のおよそ三倍の期間にあたる四〜五ヵ月を畜舎で過ごし、その排泄物は生涯にわたり床に溜まっていくので、空気はアンモニアに満たされる。
七面鳥は鶏よりもさらに多くの脚の問題を抱える。原因の一つは、やはり急成長するよう育種されているからであるが、それに加え、今日アメリカで最も人気の品種「ブロードブレストホワイト」〔「広い胸の白七面鳥」の意〕はその名から察せられる通り、大きな胸に育つよう育種されているからである。この鳥たちは「生理学的にバランスを欠いている」と記述される。おそらくは脚に重みが加わることで痛みを感じるがゆえに、かれらは往年の品種よりも歩きたがらず、立ちたがらない。一三施設の異なる屠殺場で七面鳥を調べた研究では、六〇パーセントの趾蹠《しせき》に腫脹《しゅちょう》が、四一パーセントの趾蹠にひどい皮膚炎が、二五パーセントに関節炎がみられた。この鳥たちは痛みに苛まれていたと思われる。さらに、三〇パーセントの七面鳥には「胸ボタン」がみられた――すなわち胸骨周辺の肌に水疱《すいほう》その他の傷が生じた状態であり、七面鳥は一日の大半を占める休息時に胸骨を床に着けるため、しばしばこれを抱える。というわけで、七面鳥悪い体に生まれた七面鳥は痛みから逃れられない。バランスの取れない重い体を、関節炎の脚や腫れあがった足で支えれば痛みが生じ、それを避けようと座っていれば胸骨周辺に痛む傷が生じる。[※44]
大きな胸の七面鳥をつくる育種がもたらしたものは、肉体的な痛みだけではない。もう一つの結果は、交尾ができなくなったことである。雄の大きな胸は交尾の邪魔になる。そこで、感謝祭の食卓を囲んだ家族に対し、アメリカ人は謎かけをしたくなるだろう――君たちがブロードブレストホワイトを食べているなら、その七面鳥はどうやって生まれたのか。答は人工授精である。

　二〇〇六年、私は『私たちが食べるものの倫理』という本を共同執筆した。共著者のジム・メイソンはミズーリ州の農場で育った。同州カーシッジで、七面鳥を飼養するバターボール社が人工授精スタッフを募集していると知った彼は、興味を抱いて応募を決め、薬物検査を通過することだけが条件だったので無事雇われた。命じられた業務は、雄の七面鳥を脚の部分で捕まえ逆さにしておくことで、その間にもう一人の職員がその鳥のマスターベーションを行なう段取りだった。七面鳥が射精したら、ジムの相方は真空ポンプを用いて精液をシリンジに回収する。この手順は「増量剤」で希釈された精液がシリンジを満たすまで何度も行なう。その後、それは雌の七面鳥種鳥を収容した「雌鳥舎」へ運ばれる。

　ジムはしばらく雌鳥舎でも働き、その様子をこう記した。

　職員は脚の部分で雌鳥を掴み、脚から先を片手で持てるように「くるぶし」を交差させる。雌鳥は二〇～三〇ポンド〔約九～一四キログラム〕あり、怯えて羽ばたき、パニックで暴れる。彼女らはこれを一年以上にわたり毎週経験するが、そのたびにいやがる。職員は片手で鳥を掴んだらその胸を地面に落とし、尾羽が突き立った姿勢にする。空いている手は肛門と尾部に添え、尻肉と尾羽を上に引く。同時に足を掴む手は下ろし、後躯《こうく》が上を向いて肛門が開くように雌鳥を「折り曲げる」。授精を行なう者は肛門のすぐ下に親指を差し込み、さらに肛門を押し広げて卵管の先を露出させる。そこへコンプレッサーから伸びるチューブに繋がった精液の管を入れ、引き金を引いて圧縮空気を放ち、精子の溶液を管から雌鳥の卵管へと飛ばす。終わったら雌鳥は釈放となり、バタバタと離れていく。

雌鳥舎のスタッフはこれを一羽につき一二秒で行ない、一時間で三〇〇羽をこなすよう命じられている――一日一〇時間の標準業務で三〇〇〇羽である。ペースに付いていけなかった時、ジムは現場監督から罵詈雑言を浴びせられつつ、パニックの雌鳥がまき散らす糞をよけなければならなかった。本人いわく、これは「私が経験してきた中で最もきつく、速く、汚く、うんざりする、そのくせ賃金の少ない仕事」だった。こうした状況では、虐待され賃金もロクに得られない労働者たちにとって、鳥をやさしく扱うことは二の次となる。[※45]

檻の雌鶏たち

かつてイギリスの詩人サミュエル・バトラーはこう書いた。「雌鶏は一つの卵がもう一つの卵をつくる唯一の手段である」。もちろん、バトラーはふざけているつもりだった。が、ジョージア州の家禽農場代表者フレッド・C・ヘイリーが、雌鶏を「卵生産機」と称する際は、より真面目な含みがある。実用的態度を強調すべく、ヘイリーはさらに言う。「卵生産の目標は金を生むことです。この目標を忘れるなら自分がそもそも何をしているのかを忘れるも同然です」[※46]。

これはアメリカ人だけの態度でもない。イギリスの農業雑誌はかつて読者にこう語った。

現代の卵用鶏はつまるところ、原材料である飼料を完成品である卵へと変える高効率の変換機にすぎず、もちろん、維持の手間はかからない[※47]。

雌鶏は飼料を卵へと変える効率的手段にすぎないという思想は、これまでに私たちが発明してきたいかなる機械とも違い、喜びと痛みを感じられる雌鶏にとって望ましいとはいえない。人々が雌鶏を機械と考えるならば、全ての熱意は彼女らの代償を気にせず雌鶏たちにより一層効率的な仕事をさせることに注がれる。

産卵用として育種された鶏たちの苦しみは生後すぐに訪れる。綿毛に覆われた小さな生まれたての雛たちは「ひよこ鑑定士」によって直ちに雌雄に分けられる。雄ひよこは卵も産まず肉用として速く育つこともないので、商業価値を持たない望まれざる副産物とされる。会社によっては彼らをガス殺するが、大抵は二つの回る円柱で雛をすり潰す粉砕機へ生きたままの彼らを放り込む。これがアメリカだけで三億羽、ＥＵでもほぼ同数のひよこたちが辿る運命であり、世界の合計ではその数が数十億羽に達する。[※48]もっとも、動物擁護者たちの取り組みにより、この雄ひよこの大量虐殺はいまやフランスとドイツで違法化され（前者は一定の例外を設けているが）、二〇二六年にはイタリアでも違法となる。代わりに、孵化前の段階で雛の性別を鑑定する機械が用いられ、雄の卵は胚の痛覚が発達する前に排除される。[※49]

雌の卵用鶏は雄よりも長く生きるが、それを良いことといえるかは疑問である。生後約八日で、雌は鋭い嘴の先を切られる。アメリカで大半の雌鶏が収容されている混み合う檻の中、その場を離れられない弱い鳥が支配的な鳥につつかれるのを防ぐためである。つつきで出血すれば他の鳥たちが加わって弱い鳥を殺し、食べてしまいかねない。より広い空間と豊かな環境を雌鶏たちに与え、攻撃性が控えめな品種を選抜すれば問題は解消しうるが、もちろんそれは生産者のコストとなる。代わりの解決策は雌鶏の嘴を切り、つついても相手を傷つけないようにすることである。一九四〇年代にこれが初めて行なわれた時、農家はバーナーで上嘴を焼き払った。改変したハンダごてが間もなくこの雑な手法に取って代わり、それがさらに熱した刃を備える特別設計のギロチン型装置に座を譲った。長年のあいだに何億もの鶏が熱した刃で嘴先端を切り落とされた末に、この手法はより正確で傷口を開いたままにしない赤外線装置へと変わった。[※50]しかし多くの雌鶏は五～一一週齢で再び嘴を切られ、その際は通常、熱した刃が使われる。[※51]

この処置は業界の標準的用語で「デビーキング」と呼ばれていた（中国では農場動物の処置

に関し英語圏ほど婉曲語を用いないので、最も広く使われる直訳は「断喙《ダンフイ》」である)。[訳注1] 一部の科学論文で使われる最も正確な用語では「部分的嘴切断」という。[※52] 今日、業界は「嘴トリミング」という語を好むが、これは髪や爪のトリミングと同じく痛みのない処置を連想させる。しかし業界がそのような印象をつくりだそうとしているのだとしたら、誤導である。動物学教授F・W・ロジャース・ブランベル率いるイギリス政府の専門家委員会は報告した。「角質層と骨のあいだに高感度の柔らかい組織が薄い膜をなしており、これは人の爪の「生え際」に似ている。デビーキングに使われる熱した刃はこの角質層と骨と敏感な組織の複合体を切り、激痛をもたらす[※53]」。

デビーキングの悪影響は長く続く。嘴を切られた鶏たちは数週間にわたって摂餌量が減り、体重を失う。[※54] 原因としては、損傷した神経が育ち、神経腫といわれる絡まった神経組織の塊を形成することで、破壊された嘴が痛み続けるせいというのが最も考えやすい。神経腫は手足を失った人に急性および慢性の痛みをもたらすことで知られる。イギリス農業食料研究協議会の家禽研究センターに属する研究者、J・ブリュワードとM・ジェントルは、デビーキングで形成される神経腫にもおそらく同じことがいえるとの見解に達した。[※55]

訳注1　デビーキングを直訳すると「嘴除去」となる。日本では「断嘴」と訳されるが、英語音表記の「デビーク」「デビーキング」も用いられる。

別の研究者チームは鶏の痛みに関する多数の先行研究を調べ、デビーキングが心拍数や呼吸や血圧の急変を招くこと、ストレスホルモンの分泌を増やすことを確かめた。デビーキング後、「鶏の全体的活動、移動、摂餌、摂水、羽繕《はづくろ》い、つつきには長期的変化が生じる。これらの変化は、トリミング時の日齢・方法・苦痛度によっては何週間も続く」。論文著者らによれば、デビーキングによる行動変化は、局所麻酔もしくはオピオイドや抗炎症剤などの鎮痛薬を用いることで抑えられる——が、商業生産では何の痛み止めも鶏たちに与えられない。[※56] 続けて、ジェントルは科学ジャーナルに寄稿する家禽科学者としての慎重さをもって記した。

結論として、嘴トリミング後にどれほどの不快や疼痛《とうつう》を鳥が経験するかは分からないというのが公平であるが、思いやりある社会では鳥に対し予防原則がとられるべきだろう。家禽の共喰いや羽つつきを防ぐには良質な世話が欠かせず、若干の過密が避けがたい環境ではこのような傷害行動を起こさない品種をつくることが唯一の代替案となる。[※57]

本書の初版が刊行された時、大手鶏卵生産者は世界中どこでも、卵用鶏を簡素な金網の檻に収容していた。檻は極めて小さく、一羽の雌鶏が羽を充分に伸ばすこともはばたくこともできない——しかもそこには一羽だけでなく四羽、五羽が閉じ込められる。密飼いの理由は例によって、儲かるからである。コーネル大学家禽学科のメンバーは注意深く管理した研究を通し、密飼いが死亡率を高めることを確認した。一年未満の期間、三羽の卵用鶏を一二×一八インチ〔三〇×四六センチメートル〕の檻に閉じ込めた際の死亡率は九・六パーセントだった。四羽を同じ檻に入れると死亡率は一六・四パーセントに跳ね上がり、五羽にすると二三パーセントが命を落とした。この知見を得ながらも、論文著者らは基本的に四羽を一つの檻で飼うことを勧める。というのも得られる卵の合計数が多ければ資本と労働へのリターンも大きくなり、著者らのいう「鳥の減価」による損失が膨らんでもそれを補って余りあるからである。[※58] それどころか、卵の価格が高ければ「一つの檻に五羽を入れて利益を増すことができる」と論文は結論した。

ケージ飼いシステムは一九六〇年代以降にこの産業で支配的となり、現在もなおアメリカでは大半の卵がこれによって生産されるが、[※59] 檻の雌鶏たちは自由に歩き回ることも、巣で卵を産むこともできない。しかし、アメリカでもヨーロッパでも何千万羽という雌鶏たちが檻に押し込められていたにもかかわらず、一九七〇年代まで大手の動物福祉団体はいずれもケージ飼いシステムに反対するキャンペーンを行なっていなかった。一九七〇年代後期にその流れが変わり、より急進的な新しい動物運動がメディアを用いて消費者に卵の出所を伝えだした。

イギリスやいくつかのヨーロッパ諸国では、動物福祉がもはや政治家にとって無視できない政治的圧力となりつつあった。コンパッション・イン・ワールド・ファーミングは一九七〇年代初頭の結成当初は小さな団体だったが、工場式畜産場の状況を詳しく報じることで、広く人々の支持を得始め、最初はイギリスで、次いでヨーロッパの諸団体と提携してEUへと支持の輪を広げていった。圧力を受けてついに欧州委員会は畜産場の動物福祉事情を調べるよう科学委員会に依頼した。依頼された委員会は標準的な檻が許容可能な卵用鶏の福祉レベルに適わないことを認め、檻使用の禁止を勧告した。この勧告は一九九九年にEUの意思決定機関に受諾されたものの、生産者がそれまでに投資してきた設備を漸次撤廃するだけの充分な期間を確保する目的から、施行は二〇一二年に先延ばしとなった。施行日ののち、雌鶏はなお檻に入れてよいとされたが、空間には多少の広さが求められ――最低七五〇平方センチメートル――、加えて巣箱、多少の敷料（つついたり引っ掻いたりできるもの）、全ての鳥が利用できる充分数の止まり木が必要となった。[※60]

巣箱が重要なのは、巣で卵を産める状態にいたことがない雌鶏でも、それを望む強い本能を具えているからである。コンラート・ローレンツは産卵プロセスがバタリーケージ[訳注2]の雌鶏にとって最悪の拷問になると論じた。

動物について一定の知識を有する者であれば、鶏が何度も何度も檻の仲間の下に潜ろうと試み、覆いになるものをむなしく探すさまに深く胸を痛めるだろう。そうした状況では、雌鶏たちは間違いなく可能なかぎり産卵を我慢しようとする。檻の仲間で込み合う中、卵を産むまいとするこの本能は、文明化した人間が同様の状況で排便をする時の抵抗感にも

等しいに違いない。[※61]

ローレンツの見解を裏づけたある研究では、雌鶏が厄介な障害物を乗り越えた暁に巣箱を利用できる状況がつくられた。巣で卵を産みたいという強い気持ちは、その巣箱へ向かおうという熱意が、二〇時間の断食後に餌へありつこうとした時の様子と同じだった事実に表れている。[※62]雌鶏たちが仲間の目をはばかって産卵しようとする本能を発達させたのは、卵を守り、ひいては雛を守るためであるが、もう一つの理由として、産卵時には排出口周辺が赤みと湿り気を帯び、それを他の鳥たちに見られるとつつかれるおそれがあるからとも考えられる。つつかれて血を流せば、さらなるつつきを招き、先にみた通り共喰いへと発展しかねない。

雌鶏たちが巣づくりの本能をなくしていないことは別種の証拠からも裏づけられている。私の友人には、商業的な産卵期を終えて屠殺場に送られる間際の雌鶏たちを引き取った人々がいる。この鳥たちが裏庭に放たれ、いくらかの藁を与えられると、不毛な金網の檻で一年以上を過ごしたあとでも、すぐに巣づくりを始める。スイスの科学者らは雌鶏が好む敷料の種類をも調べ、檻にいた雌鶏も敷料の上で育った雌鶏も、燕麦《えんばく》の殻や麦わらが好きであることを発見した。自分に選択肢があると知ると、雌鳥たちは一羽も金網の床やさらには人工芝の上で卵を産

訳注2　卵用鶏を収容する金網の檻。

まなくなった。重要なことに、この研究では敷料の上で育った雌鶏のほぼ全てが巣箱の利用を許されて四五分のうちにそこを離れた一方、檻で育てられた鶏たちは快適な新居に恍惚《こうこつ》となったらしく、同じ時間が過ぎても八七パーセントが巣箱にとどまっていたという![63]

ケージ飼いシステムが阻害する他の基本的本能についても同様の話が聞かれる。とある二名の科学者が観察した雌鶏たちは、生まれて六ヵ月のあいだ、羽ばたきもできない小さな檻に囚われていた。檻から出されて一〇分のうちに、彼女らの半数は羽ばたいた。[64] 羽の質を保つのに必要な本能的行動として知られる砂浴びも同様である。農場内を歩き回れる雌鶏は砂が細かい手頃な場所を見つけて窪みをつくり、羽に砂を含ませ元気に体を震わせることで砂を落とす。これをしたいのは本能的なことで、檻に収容された鳥たちにも同じ欲求がある。ある研究では、金網床の空間に囚われた鳥たちは「腹部の露出が広範囲」にわたると判明し、「砂浴びに適した素材の欠如が大きな要因と思われる。雌鶏は金網床で直接砂浴び行動を示すことで知られるからである」との指摘がなされた。事実、他の研究者は金網の檻に収容された雌鶏たちが、羽に含ませる砂がないにもかかわらず、砂場で飼われる鳥たちよりも高頻度で（ただしより短時間ではあるが）砂浴びのような行動をとることを明らかにした。砂浴びの欲求は極めて強いため、雌鶏たちは金網の床でもそれをしようとして腹部の羽をこすり落としてしまう。檻から放つとやはり彼女らは心から砂浴びを満喫する。元気を失い臆病になり、羽もほとんど抜け落ちた雌鶏たちが、適切な環境に置かれると比較的短い期間で羽も本来の尊厳も取り戻すさまは感

動的でもある。[※65]

現代の採卵工場における檻の雌鶏たちの生涯におよぶ持続的な甚だしいフラストレーションを評価するには、雌鶏たちが押し込められた当の檻をしばし観察してみるに越したことはない。彼女らは満足に立つことも何かにとまることもできないように見える。一羽か二羽が良い場所を占めたとしても、他の鳥たちが動けば自分も動かざるを得ない。そのさまは三人の人物が一つのベッドで快適な一夜を過ごそうと四苦八苦しているかのようである——ただし、雌鶏たちはこの不毛な悪戦苦闘を一夜ではなく一年にわたって強いられる。そしてほとんどの檻では、抵抗の意志を失った一羽が——大きな檻ではことによると二羽以上が——脇に追いやられ、他の鳥の下敷きになっている。おそらく彼女らは普通の農場であれば、つつき序列の下位にくる鳥なのだろうが、普通の環境であればそれはさして問題にならない。しかし檻ではどうすることもできないので隅にうずくまり、通常は傾いた床[訳注3]の底辺あたりに追い詰められて、同居する雌鶏たちが飼槽《しそう》や給水器に首を伸ばそうとする際に踏みつけにされる。

ヨーロッパでエンリッチド・ケージ[訳注4]が導入されたことは、かつての小さな檻（アメリカでは

訳注3　バタリーケージの前方には卵を集めるベルトコンベヤーがあり、そこへ卵を転がすためにケージの床は斜面になっている。

訳注4　サイズを広げ、止まり木を設置するなどして環境改善した檻。

いまだ広く使われている）を改める重要な改善措置だった。しかしエンリッチド・ケージも依然、欲求を満たすには小さすぎる空間に雌鶏たちを閉じ込める。ゆえに動物擁護者たちは檻の全廃を求めてきた。ドイツでは二〇二一年までにケージ飼いの雌鶏が六パーセントにまで減り、連邦政府と州政府は二〇二五年までにその漸次撤廃を完了させることで合意した。[※66] 同じく二〇二一年には、コンパッション・イン・ワールド・ファーミングが「ケージの時代に終止符を」という欧州市民イニシアチブ[訳注5]で一四〇万人の署名を集めた。これはこの制度を通して公式の請願を提出するために得られた最大の署名数であり、欧州委員会は公聴会を開いて檻の代替物を検討し、最終的に二〇二七年を期限として卵用鶏の檻を全廃すると宣言した。[※67]

　アメリカはヨーロッパに後れをとっている。二〇二二年でも、卵用鶏の六五パーセントは標準的な檻に閉じ込められていた。業界組合の全米鶏卵生産者組合（UEP）が設けたガイドラインによると、檻が雌鶏一羽につき六七平方インチ、つまり四三二平方センチメートルの空間を与えれば、その卵には「UEP認証」を付与することができる[※68]（アメリカの一般的な便箋が八・五×一一インチ＝九三・五平方インチである）。これがいかに不充分かは、イギリスのホートン家禽研究所による、雌鶏のさまざまな活動に要する空間の研究を参照すれば分かる。研究者らは一般的な雌鶏が休息する際に六三七平方センチメートルの空間が要されることを確かめたが、これだけでもUEPガイドラインの要求よりも五〇パーセントほど大きな面積となる。つまりこのガイドラインは雌鶏たちが檻に詰め込まれて常時互いを押し合う状況を容認する。

しかしそれだけではない。右の研究者らによると、一羽の雌鶏が楽に方向転換をするには一六八一平方センチメートル、つまりUEPガイドラインが許す数値の約四倍の空間が必要となる。[※69]

密飼いを許しているのに加え、UEPガイドラインは檻が全く不毛で、覆いのない金網の床と壁からなり、巣箱も止まり木も敷料も欠いた状態を問題なしとする――そしてこれがいまだアメリカの卵用鶏の大半が暮らす環境である。こうした状況では摂餌摂水の願望を除く鳥たちのあらゆる自然本能が阻害される。雌鶏たちは楽に体の向きを変えることも、歩き回ることも、地面をつつき引っ掻くことも、巣をつくることも、止まり木にとまることも、羽を伸ばすこともできない。互いの行く手から身をかわすこともできず、弱い鳥は不自然な環境で正気を失った強い鳥の攻撃をよけることもできない。雌鶏にとってこれは悲惨な生涯であり、既に読者も確認した通り、こうした生涯を送る雌鶏はアメリカだけでも数億羽、標準的な卵用鶏の檻を撤廃していない他の国々ではそれ以上の数にのぼる。選択肢があれば、草の生える放飼場《ほうしじょう》と檻の双方を知る雌鶏は放飼場へ向かう。のみならず、ほとんどの鳥は餌のある檻よりも餌のない放飼場を好む。[※70]

雌鶏は七、八年の寿命を持つが、卵を産み始めて一年ほどが経つと産卵数が減ってくる。そ

訳注5　EU市民が政策決定に参与するための制度。加盟国七ヵ国から一〇〇万人以上の署名を集めれば欧州委員会に新法案を提出できる。

こで商業的生産者は一二〜一八カ月が過ぎたところで彼女らを除去し、新しい群れを入荷する。「廃鶏」――まだ卵を産むが、生産者に最大のリターンをもたらさなくなった鳥を、アメリカの業界はこう呼ぶ――は商業的価値が乏しい。「家禽サイト」のある記事いわく、「廃鶏の商業的価値は従来無視してよいと考えられてきた」ため、この鳥たちは動物用飼料やペットフードに加工されるか、または「市場価値の低さゆえに安楽殺され、ただ堆肥化もしくは埋却される」[※71]。「安楽殺」というと、鳥たちは文字通り「楽な死」の処置を施されるように思えるが、それは数万の鳥たちを集団殺害する方法の記述としてはひどく語弊が大きい。欧州食品安全機関の報告書は、鳥たちへの侮辱性を抑えた言葉で、「産卵終了鶏に関しては屠殺が唯一の選択肢ではない」と述べる。「経済価値が至極かぎられた鳥の捕獲・収納・移送・屠殺にコストと労力がかかる」ことを考えても、あるいは「(方法によるが)捕獲・収納・移送のストレスを鳥に与えないため」にも、他の選択肢が検討されてよい。報告書は養鶏場で鳥たちを殺す場合を見越し、鶏舎全体のガス処理ほか、容認可能な殺害手法の数々を列挙する[※72]。

畸形と疾患を抱えた肉用の鶏について既にみたように、動物たちが商業的価値を失えば、必ず生産者の中には最も速く安い方法で彼女らを除去する業者が現れる。したがってそれほど驚くことではないが、二〇〇三年にはカリフォルニア州サンディエゴの鶏卵会社に勤める職員が、バケツ一杯の生きて悶える雌鶏たちを粉砕機に放り込むさまが近隣住民によって目撃された。郡の動物サービス局が調査に入り、農場主らはその方法で三万羽の雌鶏を処分したと認めた。

しかし農場主らは二人の獣医の「専門的助言にしたがっただけだ」と言った。かれらも獣医らも起訴はされなかった。二年後、今度はミズーリ州を拠点とする別の鶏卵会社で、何千羽もの雌鶏がゴミ収集容器に投げ捨てられて処分されていることが発覚した。[※73] 同様のことは私たちが把握している以上に広く行なわれているが、まだ見つかっていない、と考えるのが至当だろう。

死刑囚が処刑前に特別の食事を与えられるのとは対照的に、殺される雌鶏たちは一口の食事も与えられない可能性が高い。全米鶏卵生産者組合のガイドラインによると、「捕鳥および移送は、屠殺もしくは間引きの二四時間前から餌を与えないことを踏まえて計画しなければならない」。ＥＵの家禽移送ガイドも雌鶏の餌抜きを最大二四時間とするが、その目的は腸内の糞便を極力減らすためだという。[※74] しかしアメリカでよく行なわれるように雌鶏を「間引き」して堆肥化するに当たり、餌を抜くのはそのためではない。おそらく本当の理由を述べているのは一九七四年の『家禽トリビューン』に載った記事である。当時は工場式畜産の批判が乏しく、生産者は今日ほど人々に与える印象を気にしていなかった。「廃鶏の餌は抜こう」という助言を見出しにするこの記事は、消化管に餌が残っていても余分な金は貰えないので、屠殺前三〇時間以内に与えた餌は無駄になる、と農家に向けて説明する。[※75] いずれにせよ、殺害の二四時間前から進んで餌を抜く行ないは、身に降りかかることに抗議できない鳥たちの苦しみを生産者が顧みない、という事実を示すもう一つの証左にほかならない。

本章の冒頭では、ＣＯＶＩＤ‐19の流行中に約一〇〇〇万頭の豚が「間引き」された話をした。

しかし遙かに多くの鶏、七面鳥、家鴨は、定期的に同じ運命を辿る。それも屠殺場の処理能力が足りないせいではなく、定期的に鳥インフルエンザの感染爆発が起こるせいでそうなる。群れが感染すると、鳥たちは病気を広めかねないので屠殺には送れない。そこで最も一般的には、鶏舎の換気を切ってヒーターをつけ、鳥たちを熱射病によって徐々に殺していく対応がとられる。あるいはヒーターを使わない「換気停止のみ」の方法もある。換気を切るとやがて動物たちは体温によって熱射病になり死へと至るが、これはさらに時間がかかり、生き残る鳥も多くなるため、彼女らは堆肥化される死体ともども生き埋めにされかねない。二〇一四〜一五年には、アメリカで五〇〇〇万羽の鶏と七面鳥が鳥インフルエンザとそれによる殺処分で葬られた[※76]。アイオワ州ストームレイク近郊の鶏卵会社レンブラント・エンタープライズはこの時、五六〇万羽の雌鶏を一斉殺処分した。二〇二二年にはしかし、さらなるウイルスの大流行がアメリカを襲う。またもレンブラント・エンタープライズの鳥たちが感染し、再度の一斉殺処分で、今度は五三〇万羽の雌鶏たちが、豚を殺した時と同じ方法で葬られた——換気を切り、さらなる熱を加えるというのがそれで、アイオワ州農業・土地管理局がこの方法を認めた[※77]。ほか何社かの生産者も感染症の影響を受け、同様の対応をとった。農務省の数字によると、二〇二二年には五〇〇〇万羽を超える鳥が換気停止のみか「VSD+」で殺された（後者は換気停止〔ventilation shutdown〕と加熱の組み合わせ、および、ことによると他の手法の組み合わせを指す[※78]）。

VSD+が非人道的な殺害方法かを疑う読者は、これによって死んでいく雌鶏たちの動画を観ることができる。動画は全米家禽・卵協会の資金によりノースカロライナ州立大学で行なわれた研究の一環として撮られたもので、動物擁護団体アニマル・アウトルックが情報公開請求でこれを入手した。[※79] それを観ると、鶏たちは時間をかけて死んでいき、温度が上がって呼吸が困難になる中、明らかに苦しんでいる。しかし業界は鳥インフルエンザの再来に備えてより短時間で鳥たちを殺す方法を開発することなく、VSD+をそうした状況で用いてよいと決めたらしい。

多くの獣医は、同業者がこのような方法を容認および実施することを深刻な獣医倫理違反と考える。が、アメリカ獣医師会（AVMA）の動物福祉課長シア・ジョンソンはそれらの反発に対処すべく、農場動物を扱う獣医らにVSD+を支持するようロビー活動を行なっていたとみえ、二〇二二年の会合でこう論じた。「これらの方法のいくつかはガイドラインから消されかねない状況であり、皆さんはどれがその対象かをお察しのことと思います。これらをガイドラインに残しておくにはデータが必要です」。[※80] さらなる審議を行ない、「熱射病による淘汰方法」を「非推奨」に再分類するようAVMAに求める請願が出回った。二七八名のAVMA会員がこれに署名したが、AVMAの小委員会は請願が求める決定について投票を行なうことを認めなかった。[※81]

鳥インフルエンザは二〇二二年にヨーロッパでも発生した。欧州食品安全機関は八三ページの文書「科学的意見」で、はっきり「換気停止は殺害方法として用いられるべきではない」と述べ、屠殺に送れない鳥のより人道的な殺害方法を挙げる。[※82] しかしながら、フランスでは少なくとも一四〇〇万羽の鳥が窒息殺された。ある農家は鳥たちを埋却しなければならなかったと述べた。[※83] 他の生産者らは二酸化炭素を用いたが、これは加熱のあるなしによらず換気を止めるよりは速く鳥たちを殺せる方法ではある。

豚

ジョージ・オーウェルが小説『動物農場』で人間に歯向かう農場動物たちの革命指導者に豚を選んだのは、文学的にも科学的にも妥当だった。西洋世界で広く食べられている動物たちの内、豚は恐らく最も知性がある。その問題解決能力は犬に等しいか、もしかすると犬を上回る。痛みを回避し、喜びを経験する利益について、感覚意識を具える全存在を平等な配慮の対象とすべき根拠は、苦しみ、生を楽しむ能力にあるが、飼養環境が生を楽しむための必要条件を満たしているか判断するうえでは、豚の持つ高度な知性を勘案する必要がある。異なる能力を持つ動物たちは異なるものを必要とする。あらゆる動物たちは、身体的な快適さと、痛みや極度の暑さ寒さや飢えと渇きの不在を求める。豚はそれに加えて刺激を求める。それがなければかれらは退屈に苦しむ。エディンバラ大学の研究者らは自然を模した囲いに商用の豚を放って研究を行ない、そうした環境では豚たちが安定した社会集団をつくり、共同の巣を設け、よく離れたところを排泄の場として巣を清潔に保つことを発見した。豚たちは活動的で、林地の周辺を散策しながら一日の大半を過ごす。また社会的でもあり、自由移動が許されていれば、三頭ほどの雌豚とその子らで集団を形成する。出産を間近に控えた妊娠中の豚は、共同の巣を離れて自分の巣をつくるべく、手頃な場所を見つけ、穴を掘り、草や小枝で中を整える。そこで子を産み、九日ほどを過ごしたのち、母子は再び集団に加わる。※84

今日の集約畜産施設に囚われた豚たちはこうした生来の行動パターンをとることができない。食べ、眠り、立ち、伏せる以外にできることはない。藁もその他の敷料もない。職員が汚れた藁を取り除いて綺麗な敷料を撒く手間を省くためである。こうした環境に置かれた豚はもちろん体重を増すが、エディンバラ大学の研究者らが観察した豚たちとは対照的に、退屈で不幸になる。科学研究は不毛な環境に囚われた豚たちがひどく退屈し、餌と飼槽一杯の土を与えられたら食事をするよりも前に土を掘り返すことを明らかにした。※85不毛で過密な環境に置かれれば、豚たちは雌鶏と同じく「悪癖」を育てる。そこで豚の囲いでは争いが生じ、増量に支障をもたらす。豚は嘴を持たないので、農家は争いを防ぐためにデビーキングを施すことはできないが、別の形で、問題を生む環境を変えないままその表れを消し去るすべを見出した。豚の尾を切るのである。これはアメリカその他の国々で商業的養豚場の定例処置となっている。この処置に関する某レビューは述べる。

断尾《だんび》の方法としては、ナイフやメスによる切断、焼灼《しょうしゃく》式断尾器での切断、あるいは収縮性ゴムバンドの装着などがある。いずれの方法も基本的に無痛法や麻酔法では行なわず、いずれも一定度の痛みを生じさせやすい。[※86]

伝統的な農場では豚の尾を切らなくてよいにもかかわらず、なぜ〔工場式畜産場では〕これが必要なのか。ブリティッシュコロンビア大学の動物福祉プログラムを担当するデビッド・フレーザー教授はいう。

根本の問題は……しかるべきものが何もない環境で、豚が種特有の行動を異常な形で表すことにあると考えられる。藁の敷料を与えられた群れで尾齧《かじ》りの発生が減るのは、少なくとも部分的には藁の「気晴らし」効果によると思われる。[※87]

問題は見たところ、退屈した豚が目を引くものを何でも齧ろうとすることにあり、尾を齧られた豚が傷を負って血を流せば、他の豚たちは血に引き寄せられてひたすらにそこを噛む。[※88]デンマークの入念な比較試験では、収容密度を下げて藁を与えると、尾齧りを減らす点で断尾と同じだけの効果があることが判明した。断尾を禁じたスウェーデンではそうした環境が用いられている。[※89]実のところ、アメリカとは対照的に、定例処置としての断尾はＥＵ一帯で禁じられている。しかしながら、一度でも尾齧りが生じれば生産者は全ての豚の尾を切ってよいとされるので、この法的縛りはしばしば回避される。断尾は収容密度を下げて藁を与えるよりも安上がりなので、豚たちは尾を切られやすい。フランスでは二〇〇三年に断尾が違法化されたが、その後も法律は無視され、とうとう二〇二二年に動物団体L214の働きで、日常的に豚の尾を切っていた生産者が初めて訴えられ、罰金を科された。[※90]

養豚業界が完全監禁型へ移行するのは養鶏・採卵業界よりも遅かったが、今日のアメリカでは五〇～一〇〇頭の豚を飼う小規模家族農家はほぼ全て、大手養豚工場により市場から放逐された。二〇一七年のアメリカ農業調査によれば、同年に売られた豚の九三・五パーセントが、五〇〇〇頭以上を囲う生産者に由来した。[※91] 養鶏産業の大手タイソン・フーズは養豚部門に進出し、二〇二一年には週四六万九〇〇〇頭の豚を屠殺場へ出荷した。[※92] これらの養豚工場では、豚たちは分娩舎で生まれて乳を与えられ、育成舎で育てられたのちに肥育され、最後に「仕上げ」を施される。市場に出されるのは生後六～七カ月で、体重は二八〇ポンド近く〔約一三〇キログラム〕になっている。[※93] 労働費用の削減という目標が、監禁型へ移行した主たる理由である。自動給餌は必要な労働力を大幅に減らす。のみならず、豚に与える空間を減らせば、「無駄」な運動による食物消費も抑えられ、同じ量の餌でより体重を増やせるだろうとの考えもある。こうしたことの全てに、ある養豚業者の言葉が当てはまる。「私どもが試みているのは収益の最大化へ向けて動物の環境を変えていくことなのです[※94]」。

ストレス、退屈、過密に加え、現代の豚監禁施設は豚たちの肉体的問題をも引き起こしている。一つは、空気が豚たちの糞尿から生じる高濃度のアンモニアに汚染される問題である。イリノイ州ストラウンのレーマン・ブラズ農場を営む代表者はそれをこのように語る。

アンモニアは本当に動物たちの肺をボロボロにします。……汚い空気は問題です。ここでしばらく作業をしていると自分の肺でもそれを感じます。ですが少なくとも私は夜になればここを出られる。豚は出られませんから、テトラサイクリン［抗生物質］を与え続けるしかありません。これは問題を抑えるのに本当に役立ちます。[※95]

同社は特に低水準の生産者というわけではない。右の言葉がおおやけになる一年前、レーマン・ブラズは全米豚肉生産者協議会から「全米一のイリノイ・ポーク」と評された。アンモニアは空気も水も汚染する。国内最大の養豚州であるアイオワ州で一三〇の湖を調べた研究では、養豚場からの排出物質を一〇パーセント減らすだけで、地域の資産価値は（二〇一四年のドルで）八〇〇〇万ドルから四億ドルへと上がり、レクリエーションで湖を訪れる人々は年間一万人ほど増え、幼児の死亡は二、三件減ることが明らかとなった（これは人間の幼児の話であり、豚におよぶアンモニアの影響は本調査で考えられていない）。[※96]

しかし、集約養豚でおそらく最も問題とされなければならないのは、食用で売られる豚たちの母、雌豚たちの扱いである。「繁殖豚はソーセージ製造機のように子豚を産出する大事な機械として捉え、扱うべきです」と、ウォールズ・ミート・カンパニーの経営者は集約養豚の勃興期に語った。[※97] 農務省も雌豚を「豚製造ユニット」と考えるよう生産者に奨励した。[※98]

どれほど理想的な環境でも、身ごもり、子を産み、子を奪われ、再び身ごもって同じサイクルを繰り返す生活に悦びはないに等しいが、雌豚たちはそもそも理想的な環境に暮らしていない。アメリカでは彼女らの七五パーセントが妊娠ストールに囚われている。これは単頭用の金属檻で、幅二フィート×長さ六フィート〔約六〇×一八〇センチメートル〕、つまり雌豚の体とほぼ同じ大きさしかない。あるいは首を鎖で繋がれる雌豚もいる。動物科学者のテンプル・グランディンが言うように、「これはいわば雌豚に飛行機の座席で暮らせと命じるようなもの」である。[※99] 彼女らはこの状態で妊娠期間（通常は約一一四日間）を過ごす。期間全体を通し、一歩以上進むことも下がることも、体の向きを変えることも、その他何らかの運動をすることもできない。

檻に収容された雌豚は、檻の柵を齧る、噛むものがないまま噛む動作を続ける、頭を前後に揺するなど、さまざまなストレスの徴候をみせる。これを常同行動という。ライオンや虎や熊を何もないコンクリートの囲いに閉じ込める古いタイプの動物園を訪れた人であれば、常同行動を目にしているだろう——動物たちはいつまでも檻のフェンスに沿って往復を繰り返している。雌豚はそれをする機会すら与えられない。

ヨーロッパでは一九九〇年代に動物団体が雌豚を単頭用のストールに閉じ込めることに強く抗議した。EUは科学獣医委員会（SVC）に依頼し、ストール飼育される雌豚の福祉を評価させた。報告書が有罪を告げるように、ストールで飼われる雌豚は「臨床的な意味での鬱病になっている可能性が高い」[※100]と述べたことを受け、欧州委員会は雌豚用ストールが容認可能な動物福祉水準に適わないと判断し、雌豚を囲うより良い代替システムの導入は可能で、余分なコストもほとんど、ないし全くかからないと結論した。そこで委員会は一定期間内に雌豚用ストールを漸次撤廃するよう推奨した。これは二〇一三年に完了し、以来、雌豚用ストールは妊娠初期四週間を除き、EU全土で使用禁止となった。代わりにヨーロッパの雌豚たちは現在、群れで飼われるのが主流で、より活動的になり、藁や干し草、土、その他のものを用いたり鼻で掘り返したりできるようになったおかげで、ストールに囚われた雌豚のような常同行動は滅多にきたさない。

アメリカの雌豚たちは、不幸にもほとんどが、ヨーロッパで二〇年前に禁じられたような環境に今も囚われている。カリフォルニア、ミシガン、マサチューセッツなど、九つの州は雌豚用ストールを違法化したが、これらの州はアメリカ養豚の三パーセントを占めるにすぎない。オハイオ州では二〇二六年にストールが禁止されるが、農務省経済研究局の予想では、それを含めたところで恩恵に浴する豚は全体の一〇パーセントに満たない。豚に体の向きを変えられるだけの空間を与えるよう生産者に求める法律は、他の州ではまだ敷かれないからである。[※101]

出産間近の雌豚は移動させられる——といっても、「分娩房」に移されるにすぎない（人間は「出産（give birth）」するが、雌豚は「分娩（farrow）」するというのも、私たちを動物から分け隔てる言語使用に数えられる）。分娩房に入れられた雌豚はストールにいた時以上に動きを厳しく制限されることがあり、金属の枠によって前かがみ姿勢のまま拘束される。こうする目的は、雌豚が寝転がって子豚たちを押しつぶす事態を防ぐためといわれるが、この問題は多くの子豚を生むよう故意に雌豚の選抜育種を重ねたことで深刻化した。したがって問題を抑えたければ、そうした遺伝子選抜をやめるか、あるいは雌豚に広い空間と巣の材料になる藁などを与えればよい。農務省は何年も前に、「檻に収容された雌豚は強い巣づくり本能を満たすことができず」、その欲求不満は出産と育児に支障をもたらしうると認めていた。※102 妊娠中も育児中も監禁される雌豚は、ほぼ全生涯にわたり、自分で変えられない単調な環境の中、徹底的に動きを封じられる。

これらの不幸に加え、雌豚と雄豚は肉用鶏を生むために利用される繁殖用の鳥たちと同じく、恒常的な空腹状態に置かれる。市場向けに肥育される動物たちは旺盛な食欲を具え速く育つように遺伝子選抜されているが、繁殖用の動物にその繁殖を続けさせるための最低必要量以上の餌を与えると肥満になる。そしていずれにせよそれは生産者の観点からみると金の無駄でしかない。ある研究では、イギリス農業研究協議会が勧める飼料を与えられる豚は、充分量の六〇パーセントしか食物を摂取していないことが分かった。さらに、追加の食物を得るためにレバーを押す頻度は食前と食後で変わらず、給餌直後でも豚たちが腹を空かせていることが示唆された。研究者らは結論した。

妊娠豚と雄豚に対する商業的な給餌レベルは、生産者の要求には適う一方、給餌の目的には適っていない。福祉が不充分であれば高生産性は達成できない、との想定はしばしば聞かれるが、繁殖集団の豚に対する少量の給餌ゆえの空腹はストレスの主要因となりうる。※103

欧州委員会の科学獣医委員会も似た結論を出している。「非授乳雌豚〔子豚に乳を与えていない雌豚〕は通常、雌豚自身が望む消費量よりも遙かに少ない食物しか与えられないため、生涯の大半にわたり空腹状態にある」。※104 ここでもまた、生産者の収益と動物の利益が衝突している。これを証明できる場面の多さには驚くほかない――にもかかわらずアグリビジネスのロビーは、幸せでよく世話された動物だけが生産的になりうると絶えず私たちに請け合っている。

集約養豚産業の本質をまとめた言葉として、ベストセラー作品『ファストフード・ネイションン』〔邦題『ファストフードが世界を食いつくす』〕の著者エリック・シュローサーによる次の説明以上に的確なものは思い浮かばない。

豚は知性と感覚に秀でた動物で、イルカや猿のように多段階推論ができ、象のような社会構造を持つ。鏡の自分を認識し、ある者を別の者と識別し、いやな経験を記憶することができる。そして清潔を好む。養豚農場での暮らしは、数千年にわたる豚たちの飼われ方とは似ても似つかない。小さな子豚として生を享《う》けたかれらは、十把一からげに押し込められて互いの汚物にまみれ、数ヵ月後に屠殺場へと送られる――豚舎にいるあいだ中、一瞬たりとて外の空気を吸うことはない。施設の不潔さは、そこに住む動物たちにとっても、近隣に住む人々にとっても、言語を絶する。※105

ヴィールめあてに育てられる子牛たち

現在行なわれているあらゆる集約畜産の中でも、ヴィール産業は長らく最も悪名高い部門だった。「ホワイトヴィール」と呼ばれる高級品づくりの真髄は、監禁した貧血の子牛に高蛋白《たんぱく》の食物を与え、柔らかく色の淡い肉を蓄えさせてそれを高級レストランの高額メニューにすることにある（「ホワイト」ヴィールは実際には白くない――農務省の文書はこれを売りたがる者が好まない表現で「灰色がかったピンク色」と言い表した）。※106ヴィール産業の規模は養牛・養豚・家禽飼養ほどではないが、これは畜産業界がどこまで搾取のかぎりを尽くすかを理解するうえでも、業界が本書の初版刊行以来、汚名返上の努力を重ねてきた次第を認識（し、かつ吟味）するうえでも、注目に値する。

ヴィールは幼い子牛の肉である。この語はもともと、乳離れ前に殺された子牛を指すものだった。そうした非常に幼い子牛は、草を食べ始めた子牛に比べ、肉が青白く柔らかい。しかし多くの肉は取れない。子牛は生後数週間でまだ至極小さいうちに草を食べ始めるからである。この少量の肉は酪農業で生まれる無用な雄子牛に由来する。生まれて一、二日で市場に運ばれた彼らは、腹を空かせ、母のいない見知らぬ環境に怯えているうちに、売却されてすぐに屠殺場へと送られる。

一九五〇年代にオランダのヴィール生産者は肉を赤く硬くすることなく子牛を長く生かす方法を編み出した。秘訣は子牛をひどく不自然な環境に置くことにある。専門のヴィール生産者は競売で望まれざる子牛を買い取り、すぐに監禁畜舎へと連れ込んだ。子牛たちは単頭用の檻に入れられる。檻は小さいので、子牛は方向転換もできず、一歩二歩の移動もできない。檻の後部は開いていることもあったが、子牛は前方に繋がれていた。

こうした環境のもと、幼い子牛は切に母を求め、さらに何か吸えるものを欲する。吸うものを求める願望は人の幼子と同様、牛の幼子でも強い。監禁生活の一日目――大抵は生後わずか三、四日――から、子牛たちはプラスチックのバケツで飲料を与えられる。本書の初版を書くための調査をしていた時、私はヴィール生産者のもとを訪れたが、彼が見せてくれた子牛たちは狭い檻からこちらを向いて私たちの動きを追っていた。親指を一頭に差し出してみろと言われ、幾分恐る恐るそうしてみたところ、子牛は人の赤子がおしゃぶりを吸うように、私の親指を勢いよく吸った。
子牛が寝そべるのは裸の床で、藁も干し草も他の敷料もない。豚の場合と同じく、敷料はそれ自体も入れ替えに要する余分な労力もコストになる。しかしヴィール用子牛に関しては、別の理由からも藁や干し草の敷料が避けられる。子牛は、鉄分が肉を赤くするとの理由で、意図的に鉄分不足の状態にされる。藁や干し草は鉄分を含み、鉄分も粗飼料も不足している幼い子牛はそれを食べようとする。同じように、彼らは野外へ出ることを許されない。出れば草を食べるであろうし、動き回れば筋肉が育って肉の柔らかみが失われると考えられているからである。子牛飼養の教本は、給水の鉄濃度を確認し、鉄含有量が多ければ鉄フィルターを設置し、子牛が舐めて鉄分を吸収しそうなところからは錆びた金属を除去するよう、生産者に助言していた。[※107]
かくして一六週間ほどを生きた子牛たちは、屠殺場へ送られる時を迎えて初めて檻の外に出される。生産者の観点からすると、このシステムの利点は誕生時に九〇ポンド〔約四一キログラム〕だったヴィール用子牛がこの週齢になると四〇〇ポンド〔約一八〇キログラム〕にまで育っていることだった。ヴィールは高価格で売れるので、このようにヴィール用子牛を育てるのは儲かる仕事だった。しかしこの慣行が暴露されると――いくつかの動物福祉団体や本書の初版がそれをしたのだが――、人々はヴィールを避けるようになった。特に抗議が高まったのはヨーロッパである。EUは科学獣医委員会に助言を求め、同委員会の報告書は当時の飼養方法を咎めた。結果、一九九七年に動物運動の大きな勝利が訪れた。雌豚用ストールの時と同じく、EUは単頭用の檻を禁じ、全ての子牛に充分な栄養が含まれる食物を与えるよう義務付けたのである。この規制は二〇〇六年末に施行され、以後、ヨーロッパでヴィール用に育てられる子牛は群れで飼われ、充分量の鉄分といくらかの粗飼料を含む食事を与えられるようになった。

ホワイトヴィール生産への抗議はアメリカでも起こった。生産者組織の全米ヴィール協会（AVA）は批判に答えた――そしてかれらの名誉のために言っておけば、ただ消費者を騙してヴィール用子牛が孤独な監禁生活を謳歌していると思い込ませるだけではなかった。二〇〇七年にAVAが採択した決議案は、全ヴィール生産者に対し、一〇年以内に群飼《ぐんし》へ移行して子牛の起立・伸長・横臥・方向転換・他の子牛との社交を可能にするよう求めるものだった。二〇一八年一月、AVAは使命の完了を告げ、「AVAに加盟するヴィール生産者の全企業および個人は、繋ぎ飼いをしない群飼への移行に成功した」と述べた。[※108]

これらの変化によって、ヨーロッパとアメリカのヴィール用子牛はそれ以前の子牛たちよりも良い生活を送れるようになったが、どちらの地域にも問題が残っている。EUの規制は八週齢まで子牛を単頭用の囲いに収容することを認める（ただし子牛が方向転換できる広さが求められる）一方、AVAの基準は一〇週齢まで単頭飼育を認める。幼い子牛は繊細で病気に罹りやすいから、との名目であるが、その主たる原因は彼らが母牛と一緒にいられないことにある。

孤独は子牛たちに大きな代償を強いる。重要なことに、二〇二一年、乳用牛福祉委員会はこの事実を認めて「一～四日齢から始める乳用子牛の二頭もしくは集団での群飼」を支持する立場表明を発表した。委員会いわく、群飼は認知能力の発達、社会スキルと遊戯、ストレスフルな処置を行なう際の感情的サポートを向上させ、離乳時のストレスを軽減し、生誕時の母子隔離に関係する不安とストレスの緩和に寄与することが証明されている。ここでは乳用牛に育つ雌子牛の育成を評価対象としているが、同じ牛の雄にとって群飼の利点が減ると考える理由はない。

そして貧血の問題がある。AVAは加盟業者の育てる子牛が貧血ではないと主張するが[※109]、カリフォルニア州ポモナのウェスタン健康科学大学に勤める獣医学教授、ジェームズ・レイノルズ博士は、「業者は柔らかく青白いヴィールをつくりたいため、［子牛を］貧血にしている」と考える。博士の認識では、病気を生じさせるのは倫理に背き、貧血は病気なので、AVA加盟の生産者らは子牛の鉄濃度を検査し、濃度が下がりすぎれば鉄を注射するが、それでも子牛は貧血寸前の状態に置かれる[※110]。

AVAは独自の基準に沿ってヴィールを生産するよう加盟業者に求めることができるものの、アメリカの全ヴィール生産者がAVAに加盟しているわけではない。子牛が動き回り、毛づくろいなどの自然な行動をとれるよう法律で求めている州は九つある――カリフォルニア州、コロラド州、ケンタッキー州、メイン州、マサチューセッツ州、ミシガン州、オハイオ州、ロードアイランド州である（ただしその法律は社会的隔離を禁じておらず、充分な大きさがあれば単頭用の檻や囲いを使うことを認める）。しかし、雌豚の方向転換を不可能とするストールの禁止法についてもそうであったように、この中には最大の生産地が含まれていない――ヴィールの場合はウィスコンシン州とインディアナ州である。そしてペンシルベニア州も含まれていないが、同州に暮らすメノナイトやアーミッシュ〔キリスト教の一派〕のコミュニティではしばしばヴィール用子牛が育てられる。レイノルズ教授によれば、これらのコミュニティで農家が則る主な飼養方法は、一九五〇〜六〇年代にオランダからアメリカへと持ち込まれ、現在ではAVAによって禁じられているものだという。

良い報せは、アメリカにおいてヴィール消費が大幅に減り、一人当たりの年間消費量が一九四〇年代の八ポンド〔約三・六キログラム〕から、一九九五年には一ポンド未満へ、二〇二〇年にはわずか五分の一ポンドへと落ち込んだことである。イタリア系レストランは今日、アメリカのヴィール市場で大きなシェアを占める。消費が減った要因の一つは価格である――ヴィールは牛肉よりも格段に高い――が、本節にまとめた動物福祉問題もその要因の一つである。アメリカでいまだに使われている方法での子牛飼養が違法とされるEUでは、同じだけの消費減はみられなかった。※iii

生後間もない子牛を母から引き離すのは残忍であり、それから数週間にわたって両者を隔離するのはなお悪い。草を食べだす週齢を過ぎても子牛の肉を青白く保とうとすれば、子牛は鉄分と粗飼料を奪われ、健康リスクを抱える。しかもこのような「ホワイト」ヴィール生産の諸側面は、自分が食べる動物たちの苦しみよりもグルメ嗜好の満足を優先する人々に、贅沢品を提供する目的しか持たないのである。

乳液生産のために収容される雌牛たち

先述の通り、ヴィール産業は酪農業の派生物である。酪農生産者は毎年、雌牛たちを必ず妊娠させなければならない。子牛は生まれた時点で奪われるが、これは母にとって痛ましく、子にとっては恐ろしい経験になる。母牛は絶えず子を呼び大きな声を上げて感情をあらわにすることが珍しくない――そしてそれは時に赤子が奪われて数日のあいだ続く。雌子牛の一部は母乳代替品で育てられ、泌乳《ひつにゅう》年齢である二歳頃に元いた乳用牛に入れ替わる。他の雌牛の一部は一、二週齢で売られ、肥育用の囲いや肥育場で肉用に育てられる。残りはヴィール生産者に売られる。

乳用牛が草原で子牛と戯れるような牧歌的風景は、商業的牛乳生産には一切みられない。今日、一般的な乳用牛はもはや野原で平和に草を食《は》んでいるなどということはない。代わりに、彼女らは微調整された泌乳機械となり、一本の草もない酪農施設で飼われるのが普通である。乳用牛は膨大な乳液をつくるように育種されており、ピーク時には一日最大六〇リットル（一五米ガロン）を産出する。[※112] ある雌牛たちは単頭用の囲いに囚われて立つか伏せるかしかできず、他の雌牛たちはスタンチョン〔金属枠〕に囚われて雌牛によく見られる前傾姿勢すら満足にとれないでいる。より運のよい牛たちは小さな屋外の広場を利用でき、本当に幸運な牛たちだけが牧草地で自由に草を食むことができる。彼女らの環境は完全に統制されている。飼料の量は計算され、室温は泌乳量が最大となるように調整され、照明は人工的に管理される（通常は点灯時間が一六時間、消灯時間がわずか八時間で、これが泌乳量を増やすと知られている）。[※113]

最初の子牛が奪われたのち、雌牛の生産サイクルが始まる。搾乳は一日二度、時に三度行なわれ、一〇ヵ月間続けられる。三ヵ月後に雌牛は再び妊娠させられる。次の子が生まれる六～八週間前まで彼女は搾乳され、子牛が奪われるとすぐにそれが再開する。雌牛は一五～二〇年の寿命を持つが、この集中的な妊娠と高泌乳のサイクルは五年ほどしか続けられず、その後、泌乳量は落ちて彼女は「廃用」となる。

そして一つもしくは複数の症状でしばしば跛行《はこう》をきたし苦しむ雌牛は、競売場か他の市場に送られ、そこから乳用牛を引き取る屠殺場へと売られる。この大型動物を扱える特殊機材を備えた屠殺場は数軒しかないため、雌牛は時に一日以上をかけて国内を移動させられる。多量の乳を出すよう育種されたにもかかわらず、突如彼女は乳を搾られなくなる。乳房は充血して痛みだす。所有者にとって廃用となった雌牛の価値は乏しく、肉はハンバーガーかドッグフードにしか適さないため、彼女の福祉はもはやどうでもよくなる。

乳用牛は敏感な動物で、ストレスに起因する心理的・生理的な乱れをあらわにする。「世話係」と感情を通わせたがる強い欲求もある。伝統的な酪農場では、世話係といえば多くの時間を彼女らと過ごし、その各々を名前で見分け、乳を搾り、餌を与え、個々の牛の独特な個性を掴んでいる人物がそれにあたる。が、今日の酪農生産システムは労働者が一頭につき一日五分以上の時間をともにすることを許さない。一九八八年にはまだ多くの酪農場が二〇〇頭未満の雌牛を囲っているにすぎなかった。今日ではほとんどの乳用牛が一〇〇〇頭以上を囲う生産者の管理下にあり、三分の一は二五〇〇頭以上の施設に置かれている。[※114] このような大型施設では、職員と雌牛の私的な交流機会はほとんどない。

本書の初版刊行から四〇年間、全ての商業的牛乳生産者は毎年雌牛を身ごもらせて子牛を取り上げ牛乳を売る、という点に例外はなかった。しかしその後、私はオーストラリアの三代目酪農家であるレス・サンドルと、「情熱的な動物の権利活動家」を自負するケイシー・パーマーが起業したハウナウ乳業の話を耳にした。サンドルはオーストラリアの酪農業がアメリカ同様の大規模化へ向かっていることを嘆き、二〇一二年にパーマーともども何らかの対抗を試みようと決めた。二人の目標は、倫理と思いやりは必ずしも経済とぶつからないという思い切った信念のもと、倫理的な酪農場をつくることだった。メルボルンから約二〇〇キロメートルのところに位置するその六四エーカーの農場では、木々が点在する放牧場で雌牛たちが草を食むが、最も注目すべき特徴は、子牛たちが母とともにいることを許され、少なくとも生後四ヵ月ほどで離乳させられるまでのあいだ、好きなだけ母の乳を飲んでよいという点である。ハウナウ乳業によると、子牛たちは一日におよそ四〜五リットルの乳を飲み、多くても八リットルは飲まないが、母牛は一日に二〇リットルほどの乳を分泌するので、売れる量は充分残る。商業的牛乳生産者としてみれば、ハウナウ乳業は小さいが、これを書いている現時点で、同社は子牛を母から引き離すことも一頭とて殺すこともせずに七〇万リットルを超える牛乳を生産した。

ハウナウ乳業が子牛を一切殺さないと聞いた当初、私は「ありえない！　それではすぐ雄牛に育つ生産性のない雄子牛で農場が溢れ返るじゃないか！」と思った。しかしここで現代の技術が、それを抜きにしたら至極自然な農業となるものに救いの手を伸ばす。雄子牛はいない。ハウナウ乳業は雌子牛だけが生まれるよう、雌雄鑑別した精子で人工授精を行なっているからである。雌は全て成長して乳用牛の群れに加わる。多くの酪農場にみられるほどの子牛はいない。雌牛は一八〜二四カ月に一頭の子牛を産むのみだからである。これは彼女らが低水準ながらも長期にわたって生産性を保つということであり、ハウナウ乳業が述べる通り、牛たちは「単なる泌乳機械として存在するのではなく生の質《クオリティ・オブ・ライフ》を有している」。

サンドルとパーマーがこれをするのは、単に雌牛の扱いに関して良い気分になれるからというだけではない。これを始めたのは、牛乳を生産するなら雌牛とその子牛に悪いことをしなければならない、という考えを打ち壊すためだった。ハウナウ乳業の牛乳は標準的な方法でつくられた牛乳よりも値が張るが、そのビジネスは、牛の立場から営む酪農場の牛乳に余分な金を

出し惜しまない消費者のおかげで繁盛した。※115
　こうした酪農場は他国にもいくつかある。イングランドのラトランドにあるアトムサー酪農財団は、子牛を母とともにいさせる。ドイツでは牛の母子を同居させるアンジャ・フラデッキーの酪農場がドキュメンタリーで取り上げられ、このような酪農は「ニッチの中のニッチ」だと紹介された――まずニッチとなるのはドイツの酪農場の三・五パーセントを占める有機酪農場で、その中でもさらにニッチとなるのが子牛を母と同居させる酪農場だが、後者は有機酪農場のたった二パーセントを占めるにすぎない。計算すると、ドイツでは出産直後に子牛を奪われない乳用牛は一〇〇〇頭に一頭もいない。※116　サンドルとパーマー、フラデッキー、アトムサー酪農財団の創設者たちに代表される酪農業者が牛たちに提供する世話は賞讃に値する。しかしそれゆえに惜しまれるのは、このアプローチが牛乳生産全体に何かしらの影響をおよぼしている気配が全く見られないことである。

肉用牛

　牛肉のために飼養され殺害される動物は一般に「畜牛（cattle）」と称される。この語は「家財（chattel）」が変化したもので、もともとは私的な動産を意味した。牛肉めあてに飼養される動物がその本質からして人間の財産品目であるように示唆することを避け、代わりにかれらを個の動物と考えてもらうため、私はかれらを雌雄問わず「牛（cow）」と呼び、ブリタニカ百科事典が述べるように、「性別や年齢によらず、通常ボース・タウルス種に属する飼育下のウシ亜科」を指す「一般語法」に沿ってこの語を用いる。[※117]

従来、アメリカで牛肉用に飼養される牛たちは西部劇でみられるような広大な土地を自由に歩き回れた。しかし、ユーモアを交えていると読める『ペオリア・ジャーナル・スター』紙の記事が述べるように、今日の放牧場はかつてのそれと違う。

カウボーイの生息地は必ずしも放牧場ではない。生息地は十中八九フィードロット〔集約的な肥育場〕で、そこの肉牛にとって一番身近なセージの香りはポットロースト〔牛肉の蒸し煮料理〕から漂ってくる。これがカウボーイの現代版だ。その代表格、ノリス農場では、方々に草の生える二万エーカーの牧草地で七〇〇〇頭を飼うのではなく、一一エーカーのコンクリートの敷地で七〇〇〇頭を飼う。[※118]

鶏、豚、ヴィール用子牛、乳用牛に比べると、肉用牛はまだしも「放牧場」にいられるほうであるが、そこにいられる期間は切り詰められてきた。カウボーイの時代には、牛はおよそ二年のあいだ自由に歩き回れた。現代ではほとんどの牛がわずか六〜八カ月を草原で過ごし、その後、長い距離をトラックに運ばれ、フィードロットで「仕上げ」を施される——つまり、トウモロコシや他の穀物を含む豊富な飼料によって、市場向けの体重と肉質を目標に肥育される。そしておよそ一四カ月齢で屠殺場送りとなる。[※119]

牛たちをフィードロットで肥育する流れは、数十年にわたり牛肉産業の支配的傾向であり続けた。肉用牛はいまや四頭のうち三頭が屋外のフィードロットで肥育される。この傾向の中、フィードロットを大規模化する動きもあり、現在のアメリカでは一〇頭に四頭の牛が三万二〇〇〇頭以上を囲うフィードロットに属する。一部のフィードロットは一〇万頭を囲う。[※120] これが大きな収益をもたらすのは、穀物が草よりも牛を早く太らせるのに加え、穀物はアメリカ人が好む脂肪（サシ）の混ざった肉をつくるから、そしてアメリカではトウモロコシに巨額の補助金がかけられ、生産コスト以下の値段でこれが取引されるからである。

しかし牛たちの標準食は、かれらの胃が草を消化するように発達したことを無視している。食事の大半を穀物が占めると、第一胃――〔四つある〕胃袋の内、消化が始まり食物が醗酵する部分――が酸性を帯びる。牛は腹部の膨張に苦しみ、より深刻なことに、第一胃の胃壁が損傷して細菌が血流に入り込み、肝臓を汚染して膿瘍《のうよう》を形成しうる。全米牛肉委員会の二〇一六年品質監査は、一八パーセント近くの肉用牛の肝臓が膿瘍を理由に廃棄され、さらに一〇パーセントの肝臓が汚染を理由に廃棄されていることを明らかにした。[※121]

フィードロットの牛たちは工場式畜産場の鶏や豚や子牛ほど厳しく拘束されてはいないが、だからといってそこが牛にとって好適な場所とはならない。各々の牛は囲い地の中を移動でき、その広さは一エーカーにおよぶこともある。ヴィール用子牛と違い、この社会的哺乳類たちは隔離されない。動きの制限よりも、不毛で変化のない環境による退屈が悩みの種となる。

もう一つの大きな問題は風雨に曝されることである。アメリカの牛たちは通常、日陰を与えられない。牛は暑い時、利用できる日陰へと移るが、酷暑の夏が訪れるテキサス州などでも状況は同じである。日陰が肉用牛に与える影響についての二〇二〇年のレビューによれば、「ここ数年の幾度かの熱波により、フィードロットで膨大な死亡が生じた」[※122]。ではなぜアメリカでは(例えば北オーストラリアと違い)、暑い夏を迎える地域のフィードロット所有者が牛たちに日陰を与えないのか。ここでもやはり、経済的思考が動物福祉への配慮を打ち負かす。入念な対照実験で、テキサス工科大学動物科学・食品技術学部の研究者らは牛たちを二群に分けたうえで、一方に日陰を与え、他方には与えなかった。暑くなる時間帯に、前者の牛たちは日の動きにしたがって日陰を利用した。注目すべきことに、研究者らは後者の牛たちが前者の集団よりも互いに対し攻撃的になると気づいた――人間と同様、牛たちも暑さが過ぎると苛立ちやすくなるものと察せられる。しかし論文のオチはこうである。「テキサス西部では通常、費用効率がよくないとの考えから、商業的フィードロットに日陰を設けない」[※123]。二〇二〇年のレビューも同様の結論に達した。「日陰の便益が経済的投資に勝るということは、牛肉業界で一致した考え方とはなっていない」。牛に関するこの狭量な経済思考が災いし、二〇二二年六月に猛暑が訪れた際は、カンザス州だけで二〇〇〇頭を超える牛が熱射病で命を落とした(NBC

の報道はこれに関し、穀物価格の高騰に次いで「アメリカの畜牛産業にさらなる打撃を与えた」と述べるにとどまった[※124]。

ヨーロッパならびに雨量の多いアメリカの一部地域（アイオワ州やイリノイ州など）では、一部の養牛業者が家禽・養豚・子牛産業の先例にならい、牛たちを屋内で飼育しだした[※125]。動物たちは天候から守られるが、その代わり、過密度は段違いに上がらざるを得ない。養牛業者は牛舎に投じた資本に対し、最大のリターンを求めるからである。屋内に閉じ込められる肉用牛は群れで管理されるのが普通で、単頭用の檻ではなく囲いが用いられる。掃除を楽にするために床はスノコ状となることが多いが、肉用牛は豚やヴィール用子牛と同じく、スノコを不快に感じ、跛行をきたしうる。

魚類

集約的な水産養殖は本章で述べたいかなる部門よりも多くの脊椎動物を監禁する。私が「魚類（fish）」と記す時は、finfish〔鰭《ひれ》のある魚《うお》〕ともいわれる脊椎動物を指し、カキ、エビ、タコなどのshellfish〔貝類や甲殻類〕から区別する。第一章でみたように、魚類が感覚意識を具える存在である証拠は手堅い。魚類が苦しみを感じられるかを調べるために欧州食品安全機関が立ち上げた科学委員会は、痛み・恐れ・悲しみを経験する能力の証拠を見つけ、「福祉の概

念はあらゆる動物、すなわち人間の食物とされる哺乳類・鳥類・魚類に共通する」と結論した。※126

現存する証拠が極めて手堅いため、養殖される魚たちの苦しみは大きな懸念材料となる。まして最も正確な新しい概算で、養殖される魚がおよそ一二四〇億尾を数えるのだからなおさらである。※127 ただしここには集約養殖される魚や甲殻類の餌料《じりょう》となる、野生界で捕獲された遙かに膨大な数の魚たちが含まれていない。その数は五〇〇〇億〜一兆尾にもなると試算される。

これらの数字が示すように、集約的な養殖業は他の集約畜産と同様、第四章で詳述する基本的問題を抱えている。すなわち、動物たちを監禁し、自分で食料を得られないようにすれば、人間がかれらの食料を生産しなければならず、どのような場合でも、かれらから得られる以上の食物を動物たちに与えなければならない。商業価値の低い魚を捕らえて魚粉や魚油に変え、集約養殖を行なう生産者がそれを買って高値で売れる魚たちの餌とすれば、これでも商業的に元が取れる（魚粉は工場式畜産場の鶏や豚の飼料にもなり、一部はペットフードになる）。タイセイヨウサケはとりわけ富裕国で最も人気のある養殖魚に数えられる。鮭は肉食性で、平均すると、四キログラムの鮭一尾には食料源として一四七尾の魚を殺して与える必要がある。養殖されるヨーロッパウナギは体重がわずか一キログラムほどなのに対し、七九尾の魚を殺して与える必要がある点で、さらに非効率となる。ナイルテラピアは大規模に養殖される別の魚種で、ほぼ草食であるが、やはり一キログラムに育つのに七尾の魚を殺して与えなければならない。鯉は植物と藻類で生きられるため、この点では最も優秀であり、体重一キログラムであれ

ば一尾の魚を食べたかもしれない程度にとどまる。[※128]

最も集約的な畜産業と同じく、経済と動物福祉が別の方向を指し示す時は、経済が優先される。魚類は集約畜産される他の動物たちと同じく、野生魚よりも遙かに早く成長するよう遺伝子選抜されており、それが異常の原因となる。鶏が脚の問題を抱えるのに対し、一部の魚は呼吸と摂食に困難をきたすことがある。魚種によっては、養殖業者は稚魚の死亡率を七〇～八〇パーセントと想定する。二〇一九年に香港の通信社は、寄生虫を見つけて半数の幼魚を生かすと見込まれる新技術の展望が生産者に歓迎されている旨を報じた。[※129]

魚種が違えば福祉の要求も違う。一部の魚種は社会的で、多くの魚が間近にいてもストレスを受けないが、鮭をはじめ、他の魚種はほぼ単独生活を送る。集約的な閉じ込め環境では、この最大七五センチメートルにもなる大型魚は過密状態での生活を強いられ、一尾の空間はバスタブ一つほどになる。ということはストレスが増し、攻撃行動が増え、鰭が傷つき、水中の酸素が減る。

鮭は海を渡り、自分が生まれた川へ戻る移動で有名だが、その本能をさまたげるネット（生け簀）に閉じ込められた鮭は常時一〇億尾を超える。[※130]それが鮭たちにとってどれだけの苦悩になるかは分からないが、養殖でみられる常同行動（ケージ内で円を描き続けるように泳ぐなど）の原因はこの環境にあると考えられる。ナイルテラピアは通常、その名が示唆するように川を棲家とする。かれらはなわばりを持ち、雄は口で砂利を運んで川底に円型の巣をつくる。この行動はケージや川に浮かべられたネットでは叶わない。

　集約飼育される魚たちが殺されるべき大きさに育つと、まず餌を奪い、時にそれを一四日間にわたり続けることで胃を空にする。これが苦痛であると考えるのは妥当に思われる。続いて魚たちは網で捕らえられるか、時には給水器の管を通り、棲んでいたケージやネットから出されて船または直接に加工施設へと送られる。鮭は乱流に逆らおうとするため、二分以上にわたりポンプで吸い上げられると、疲弊のあまり泳ぎに支障をきたすことがある。ネットを使う捕獲では、何百キログラムもの魚たちが覆われるので、「他の魚との接触」やネットへの接触、ネットが接する硬い壁面などにより、魚たちが「打撲、圧迫、穿孔《せんこう》、表皮剥離」に見舞われる。[※131] 鮭のように高価な魚の場合、雑な扱いで肉質が損なわれかねないので、屠殺場へ運ぶ際は貯留池付きの船を使う。しかし鯉やテラピア、うなぎ、どじょうなどは、通常水なしで運ばれる。ゆえにかれらは酸欠や振動や周囲の魚たちによる圧迫によっておそらく極度の苦悶を味わう。

　集約養殖される年間一〇〇〇億尾の魚類に加え、遥かに多くの無脊椎水生動物も養殖されている――ある研究によると、一年間に殺される養殖エビは四四〇〇億匹にもなる。[※132] 小エビが痛みを感じられる証拠は脊椎動物や他の甲殻類（ロブスターやカニ）のそれほど有力ではないが、これは研究自体が少ないせいでもある。感覚意識を持つ可能性がぬぐえず、飼養され屠殺される数が膨大であることを考えるならば、痛みを感じられる可能性が小さかろうと、それを無視するわけにはいかない。[※133] スペインの某大手企業は現在、好奇心旺盛で自己意識を持つと考えられる高度な知性を具えた動物であるタコを大規模集約養殖する計画を立てている。[※134]

痛みをおよぼす処置

何千年ものあいだ、動物たちは人間の便益のために痛みを加えられてきた。現代的な方法で飼われるか伝統的なそれで飼われるかは関係ない。そして牛・羊・豚を扱う国際研究の論文著者らが記すように、「農場動物の痛みはいまだ無視され、充分に認知されず、充分な治療を施されない」。ここで論じられているのは痛みをおよぼす日常的処置、すなわち雄豚や雄牛や雄羊の去勢、蠅《はえ》に襲われる羊の皮膚の折り重なり部分を除去するミュールジングと呼ばれる処置、牛などに行なわれる焼きごてや冷却剤での押印、子牛・子羊・子豚に対する耳標装着や耳刻《じこく》、豚や羊の断尾、子牛と山羊の除角または角芽除去（角がつくられないよう角芽を取り除く処置）、それに雄牛や雌豚への鼻輪装着である。これら全ての処置が肉体的な激痛をもたらし、時にそれは何時間にもおよぶ。例えば除角や角芽除去は「数時間におよぶ激痛」を生むもので、「それは深刻な火傷や大きな傷口、行動の変化（声を発する、空を蹴る、くずおれるなど）、機械的侵害受容閾値の低下、血清コルチゾール値の増加などから分かる」[※135]。焼き印は回復に八〜一〇週間を要するⅢ度熱傷を引き起こし、断尾は一生痛み続ける神経腫の形成に繋がる。

これら痛みをおよぼす処置のいくつかは、避けようと思えば避けられる。例えば角の生えない品種の牛や、皺《しわ》が少なくミュールジングを必要としない羊を利用する方法もあり、ほか全ては麻酔や鎮痛剤を使うことで痛みをなくせるか、少なくとも大幅に抑えられる。しかし極めて多くの場合、そのような痛み止めは用いられない。オーストラリア西部で除角を施される牛の動画がテレビに流されたのち、州の農業大臣は「このような業務がなぜ生産者に許されているのか、住民は問う権利があります」と述べた。動画では現場のスタッフが「痛み止めを使う奴なんていないよ。高すぎるし面倒すぎる」と言っているのが聞き取れる。[※136] アメリカについては、先述の国際研究により、四〇パーセント以上の獣医が一切の鎮痛剤を使わず牛の除角を行なっていることが明らかとなった。一部のヨーロッパ諸国とニュージーランドでは、右のような処置の少なくともいくつかについて、鎮痛剤の使用が義務付けられている。

一九世紀には移送と屠殺の残忍さが人道運動からの切実な要請を生んだ。特にアメリカでは動物たちがロッキー山脈近くの牧場から鉄道の始点へと駆り立てられ、車両に押し込まれてシカゴに着くまでのあいだ、食料もなしに数日間を耐えなければならなかった。一九〇六年にある連邦法が通され、食料と水なしに動物を鉄道車両に拘束してよい時間が二八時間、または特別な場合にかぎり三六時間へと制限された。その時間が過ぎたら動物たちを一旦降ろし、餌と水を与え、旅の再開まで最低五時間の休息をとらせる決まりである。食料も水もなく、揺れる鉄道車両に二八～三六時間も拘束されるのが依然として苦悶を生む長さなのは明らかであるが、一つの改善ではあった。

鉄道での動物移送に関する一九〇六年のアメリカ連邦法は、トラック移送される動物については何も述べなかった。この時代、動物移送にトラックは使われていなかったからである。本書の一九九〇年版が出版された時、トラックでの動物移送はなお連邦レベルで規制されていなかった。一九九四年にようやく、トラックを含むと解釈できる法改正が行なわれた。アメリカ農務省はその後、同法がいまやトラックにも適用されると認めたが、動物福祉研究所とアニマル・アウトルックの調査では、それが日常的に無視されていることが示された。例えば二〇〇一年八月、三〇時間以上にわたり調査員らが追跡したトラックは、最高気温華氏九一度（摂氏三三度）の中、押し込んだ豚たちに摂水・摂餌・休息をさせるための停車を一度もしなかった。調査員らはトレーラーに押し込められた豚たちが夜に金切り声を上げている様子を記録した。農務省の認識によれば、二八時間法はトラックにも適用されるにもかかわらず、動物福祉研究所とアニマル・アウトルックは同法の違反に対する訴追を一つも確認できていない[※137]。

EUの法律は、アメリカで許されているような長時間の中断なき移送を認めない。代わりに、移送が一四時間に達したら一時間の停止をして動物たちに水を与えなければならない。その後、再び動物たちを一四時間移送してよいが、それでも旅が終わらない場合、移送再開前に公認の管理地点で動物たちを降ろし、二四時間の休憩をとらせなければならない。もっとも、フランスからイタリアへ運ばれる牛を調べた研究では、移送車の二一パーセントが一四時間後の停止

義務を守らず、完全に規制を守っていると思われる業者は三〇パーセントにすぎなかった。[※138]

生まれて初めてトラックに載せられる動物たちは怯える可能性が高く、特に積み込みを行なう男たちに素早く手荒く扱われるとそうなりやすい。トラックの動きも初めての体験であり、それによって病気になることもある。食料も水もないトラックで一、二日を過ごすと、動物たちはひどい渇きと飢えに悩まされる。冬であれば氷点下の風が厳しい寒気を生み、夏であれば暑熱と日光が水分不足による脱水に追い打ちをかける。この恐怖、移送に伴う疾病、水分不足、飢餓に近い空腹、疲弊、また場合によっては極寒の組み合わせが、動物たちにとってどう感じられるかは想像すらしがたい。

動物たちは経験を言葉にできないが、その身体反応はあることを物語っている。動物たちはいずれも移送中に体重を落とす。脱水や空腹のせいもあるが、一過性でない体重減少も起こる。近年のある研究によれば、体重減少の大部分は体組織の喪失によるもので、これは深甚なストレスを物語っている。この、取引用語でいうところの「目減り」は、研究者らの見方では動物たちの被ったストレスの表れである。動物は重量で売値が決まるので、目減りは当然ながら食肉業界にとって懸念事項となる。右の研究では、アメリカのフィードロットに送られる牛の目減りをたった一パーセント減らすだけで、牛肉業界にとっては三億二五〇〇万ドルを超える経済的利益となる。[※139]

移送中に力尽きる動物たちは楽な死を迎えない。冬には凍え死に、夏には暑さによる疲れと喉の渇きに斃《たお》れる。滑りやすい積み降ろし用のスロープで転んだ時の負傷により、手当てもされず家畜待機場に横たわって死ぬ動物もいる。ひどい押し込みで混み合うトラックの中、他の動物たちの下敷きになって窒息する動物もいる。不注意な動物管理者が給餌給水を忘れれば飢えと渇きで死ぬ。そして恐ろしい体験全体のストレスだけでもかれらは死ぬ。あなたが今夜の晩餐で食べるであろう動物はこのような死に方をしてはいないが、これらの死はいつでも、人々に肉を提供する全工程の一環に含まれている。

屠殺

動物を殺すことはそれ自体、悩ましい行為である。屠殺場を訪れたことのある人は極めて稀で、屠殺場の仕事を伝える動画はそうそうテレビに流れない。人々は自分が買う肉のもととなった動物が痛みなく死んでいることを願うが、実際にはそれについて知りたがらない。しかし購入行為によって動物の殺害を求める人々は、自分が買う肉の生産過程に伴う屠殺やその他の側面について、無知でいる資格を持たない。

死には必然的に痛みが伴うとはかぎらない。人道的屠殺法が敷かれた国々では、死は素速く痛みなく下されることになっている。まず、動物は電流もしくは家畜銃で失神させなければならない。続いて、意識を失っているあいだに喉を切り、放血で死に至らせる。しかし実際には、多くの動物たちが激痛を伴う死に見舞われている。

屠殺場で生じる苦しみの大半は屠殺ラインの異常な回転ペースに起因する。経済競争を背景に、屠殺場は単位時間当たりの動物殺害数で競合他社を上回ろうとする。この屠殺ラインの速度偏重は、アメリカの産業的屠殺場を舞台とするティモシー・パチラットの恐ろしい著書の書名『十二秒ごとに』に反映されており、これは著者が二〇〇四年に変名で五カ月半のあいだ働いたオマハの屠殺場で牛が殺される時間間隔を表している。そこにはラインを止めてはならないという圧力が常に働いている。そこでパチラットは同僚から、電気棒を使って整列路の牛を「失神ボックス」へ追い込むよう言われた。まだラインに余裕があるから、と。パチラットが描く同僚の一人は絶えず電気棒を使い、それを牛の尾部や肛門に突き立てショックを与えていた。ラインが混み合い、電気ショックを受ける牛が前の牛の股に頭を潜らせている時でも同じ振る舞いだった。電気ショックを浴びせられる牛は空を蹴り、跳び上がり、うめき声を上げた。[※140]

最大限の作業速度が求められるため、牛が適切な失神処理を受けなかった場合、次に何が起こるかは農務省の検査官がどこにいるかで決まる。その場に検査官がいればラインは止められる。いなければラインは動き続け、牛は意識を保っているかもしれない状態で解体に向かい、尾と脚と肛門を切られる。パチラットが説明するように、これを行なうスタッフは宙吊りになった牛を見下ろす位置に立ち、頭部は見えない状態なので、自分が意識のある動物を切っているとは気づいてすらいないかもしれない。牛の頭と目の動きを追える者だけがそれに気づく。[※141]

パチラットは屠殺ボックスへ向かう整列路で一頭の牛が頽《くずお》れた時のことを書き記す。その牛を動かすために鼻輪が強く引っ張られたが、輪は牛の鼻を引きちぎって外れた。パニックを起こした牛が整列路の床でのたうち回る中、監督は他のスタッフに対し、電気棒で牛たちを追い立て、倒れた牛の上を行かせるよう指示を出した。ただし、検査官に気をつけるよう言い添えることも忘れなかった。これが終わったのは、ようやく農務省の検査官が現場に来て、立てなくなった牛の失神と殺処理を命じた時だった（食肉加工は行なわない）。[※142][訳注6] 屠殺場は楽しい職場ではなく、職員の大半は長く続かない。パチラットが就業を希望して屠殺場に電話をした時、返ってくるのは大抵「直接来てください。いつでも求人募集中です」などの回答だった。この返事はパチラットが目を通した統計とも一致しており、いくらかの試算では、平均的な年間転職率は一〇〇パーセントを超える、つまり平均的な職員は一年未満で仕事を辞めているという。[※143] そのため、経験を積んでいないスタッフがひっきりなしに入れ替わりつつ、怯える動物たちを扱い、常にそれを最大速度で行なうよう圧力をかけられ続ける事態となっている。

パチラットが書き記す出来事は、法の厳しさによらず、あらゆる国の屠殺場で起きている。アニマル・イクオリティUKが入手した動画には、意識ある動物たちが屠殺場で極度の苦しみ

訳注6　立てない牛、いわゆる「へたり牛」は、狂牛病の疑いがあるので食肉加工に回してはならないとされる。

を被っている様子が映されている。イタリアでは豚が、ブラジルでは牛が、スコットランドでは鮭が、ウェールズでは羊が、スペインでは七面鳥がその被害者である。※144 二〇一九年、フランスの動物擁護団体L214は、ドルドーニュに位置するソベヴァル社の子牛屠殺場を調査して動画を作成したが、あまりに酷いので描写を和らげた観やすいバージョンをつくらねばならなかった。※145 肉を食べる人々は、自分が口に運ぶ肉の元となる動物たちが迅速かつ人道的な死を迎えていてほしいと願うかもしれないが、その死にざまを本当に知ることはできない。

陸生動物の殺害が浅ましいのもさることながら、魚類の屠殺はさらにひどい。海で捕殺される野生魚について人道的屠殺を求める規則はなく、ほとんどの地域では養殖魚についてもしかりである。トロール船の漁網に捕らえられた魚《うお》たちは船上に積まれ、他の魚の下敷きになって潰されるのでなければ窒息するに任される。まぐろのような大型魚は鉤竿《かぎざお》で殺される、つまり鉤と棘《とげ》の付いた竿で水から引き揚げられ、完全に意識がある状態で脳に大釘を刺されることもある。餌となる魚を生きたまま釣り針に刺すのは一般的な商業慣行であり、延縄漁《はえなわ》でこれが行なわれる。延縄は一本が五〇～一〇〇キロメートル（三〇～六〇マイル）にもなり、そこに数百、さらには数千の釣り針がぶら下がる。魚が活餌を口にすると、縄が引き揚げられるまで何時間もそこに捕らえられたままとなる。刺し網は目の細かい壁状の網で、そこに魚たちが主として鰓《えら》の部分を絡める。鰓が締め付けられて呼吸ができず、魚たちは網で窒息死することもある。死ななければ網が引き揚げられるまで、何時間もその場に拘束される。深海魚が水面まで引き揚げられれば減圧で死ぬ可能性が高く、浮袋などの内臓が破裂する。そしてこれら全体の規模は果てしなく、毎年七八七〇億～二兆三〇〇〇億の脊椎魚が殺されている。[※146]

養殖魚の場合、人の手で下される最も痛みの少ない死は、頭への打撃か電流によって失神させられたのち、切られて内臓を抜かれる方法である。が、そこまで運のよい魚は少ない。一部の魚は氷漬けにされる。意識を失うこともあるが、迅速ではなく確実でもない。魚たちは無酸素症で死ぬ――つまり空気中で呼吸ができず窒息死する――か、もしくは鰓弓《さいきゅう》〔鰓の軸となる骨〕を切り開かれて血抜きにより死へと至る。なまずは頭を切り落とされる。オランダでは養殖魚の多くが屠殺前に電流で失神させられるが、ほとんどの国では違う。[※147]

先述した通り、魚の屠殺は一般に陸生動物の屠殺よりもひどいが、中でも塩を使った淡水魚の殺害方法は他の多くの殺し方よりもさらに痛ましい。うなぎやどじょうなど、鱗に覆われていない魚はとりわけ塩に弱く、濃度の強い塩水に触れると皮膚から水分を奪われてしまう〔浸透脱水という〕。欧州食品安全機関は、うなぎの殺し方としてヨーロッパで一般化していることの方法に関し、動物健康福祉委員会に科学的見解を求めた。委員会は述べる。

うなぎは塩から逃れようと激しく暴れ……長いあいだ意識を保っている。……行動データと刺激への反応からすると、意識喪失までに二五分以上を要することもある。[※148]

浸透脱水で死にゆく魚たちが味わう痛みは、私たちの目に塩が入った時の痛みに近いかもしれない。塩は目の水分も奪うからである。

塩による魚の殺害はドイツ、オランダ、ニュージーランドで禁じられ、ほか数ヵ国が後に続こうとしている。※149 しかし東アジアでは、小さな淡水魚のどじょうがこの方法で殺されている。どじょうの飼養・屠殺数は少なくとも年間一八〇億尾にのぼり、他のあらゆる魚種のそれを上回るのに加え、世界で養殖される魚のおよそ五分の一を占める。生産量も消費量も中国が圧倒的であるが、日本と韓国の消費量も相当の規模になる。これらの国々では、魚類を虐待から守る法的保護がなく、緩慢で痛みをおよぼす魚殺しを禁じる文化的な戒めもほとんどみられない。おかげで動物擁護活動家は、どじょうの苦しみようを示す動画を撮るために潜入調査をするまでもない。ユーチューブを訪れれば、どじょうの苦悶を鮮明に伝える動画が見つかり、動物福祉ではなく食に興味を持つ者たちのコメントを読むことができる。例えばJJin Foodの動画は韓国「名物」のチュオタン、すなわち、どじょうスープを紹介する。動画では、数千尾の生きた魚を入れたプラスチックのバケツが調理場に運ばれる様子がはっきりと見て取れる。どじょうたちは続いて大きなボウルに移され、塩をまぶされて激しく身をよじらせる。カットが入り、再び映される場面が何分後かは分からないが、どじょうたちはまだもがきつつも白い粘着物に覆われている。その状態で大きな攪拌機に移されたかれらは、回されながら粘着物を洗い落とされる。続いて、何尾かは明らかにまだ生きて動いているが、どじょうたちは煮え立つ湯を湛《たた》えた大釜に放り込まれる。[※150] 同じ工程を映した別の動画では、韓国人の労働者が「塩をまぶせば痛がりますけど、おいしいチュオタンをつくるにはちょっと痛みを与えなきゃいけないんです」と語る。[※151] しかし私たちは痛みをおよぼす行ないを避けるべく、代わりにおいしいビーガン版のスンドゥブチゲ（植物性の材料だけで簡単につくれる韓国の豆腐スープ）を食べることもできる。

第四章　種差別なき生活

気候変動と闘い、健康な生活を楽しみながら

動物たちのための効果的な利他主義

種差別の性質とそれが人間でない動物たちにおよぼす帰結を知った今、読者はこう自問しているだろう（と思いたい）――私はこれに対し何ができるか。

今世紀最初の一〇年に、当時オクスフォード大学哲学部の院生だったトビー・オードとウィル・マッカスキルは、自分たちに可能な最大の善をなすための方法について思考・研究・執筆を始めた。その著作物は効果的な利他主義の名で知られる運動の発端となった。[※1] 効果的な利他主義者は、この世界をより良い場所にすることを人生における目標の一つに据え、理性と証拠を駆使することで、それを可能なかぎり効果的に達成するための方法を探る。効果的な利他主義者の多くは、動物の苦しみを減らすことが善をなす重要な方法の一つであると認識する。効

果的な利他主義者の考え方に倣えば、私たちは他の考え方をする以上に動物たちや人間たちに善をなすことができるだろう。

種差別に対しできること、すべきことはたくさんある。自明なこととしては、友人にこれらの問題を知らせる、子どもへの教育を通しあらゆる感覚意識ある存在の福祉に関心を持たせる、効果的な機会に人間でない動物を代弁しておおやけの抗議を起こす、などの行動が挙げられる。経済的な状況によっては、動物たちの苦しみを減らすためにキャンペーンを行なっている慈善団体に寄付をすることも考えられるだろう。今日では非営利組織がオンラインで閲覧可能な独自の事業評価を行なっており(動物慈善評価局が最も有名)、そこでは慈善団体が動物たちの苦しみを減らす点で最大の効果を上げている。あいにく、人々から最大額の寄付金を受け取っている動物慈善団体は犬や猫の救助に専心しているが、効果的な利他主義の観点からすると、既に先の章で確認した通り、工場式畜産が動物たちにもたらす苦しみのほうが段違いに大きいのだから、そのような畜産場に囚われた動物たちの生活を改善しようと努めている組織、あるいはそこに囚われる動物たちの数を減らすべく人々にその産物を買わないよう呼びかけている組織に寄付を行なえば、それは遙かに大きな善となる。

効果的な利他主義は職業選択の指針にもなる。まだ自分の職業を決めていない人々、あるいは転職を考えている人々は、動物たちの苦しみを減らす点で影響力のありそうな仕事を検討してみよう。動物慈善評価局が高評価している慈善団体で働くのもよい。優れたキャンペーン主催者や幹事になれるだけの能力と情熱を備えた人物は少ない。主任研究者も欠けている。しかし、そうした仕事が大変すぎると感じるようなら、それらの団体のキャンペーンを資金面で応援できるような稼ぎのよい仕事を探すのも助けになる。よく稼いで生活費を抑えれば、あなたの寄付は団体が大きくなってより多くの人々を雇うことに使われる。かれらが動物たちのために成し遂げることは、何であれ、あなたの経済的支援なしではあり得なかった成果である。高リスクの大博打だが、政界に進んで動物保護を政策目標の一つに掲げる選択肢もある。世界を変えるべく政治家になって、喜ばしい変化を起こせる地位にまで昇りつめた者は極めて少ないが、そこに到達した少数の者は、無数の動物たちや人々の生活を改善する夢のような機会を得られるかもしれない。[※2]

倫理的な食

右に挙げた行動はいずれも意義深いが、私たちはさらなる一歩、それも動物たちのために行なう他のあらゆる活動に土台と一貫性と意味を与える一歩を踏み出すことができる。それは、自分の生活に責任を持ち、そこから可能なかぎり残忍性を拭い去るという選択である。私たちは、自分の個人的状況に照らし合理的かつ実践的であるかぎりにおいて、肉をはじめとする動物製品の購入と消費を差し控えることができる。

菜食への移行は単なる象徴的仕草ではない。また、それは世界の醜い現実を脱する試みでも、自分を純粋に保って周囲で起こる残忍行為や殺戮の責任を免れる試みでもない。動物製品の回避は、自分にとって健康な生活スタイルを築く実践的・効果的ステップであるのに加え、他の、さらに重要な影響力を持つ。それは私たちのせいで生じる動物たちの悲嘆を減らし、増大する世界人口を養う食料を増やし——減らすのではなく——、破滅的な気候変動からこの星を救い、さらなる流行病の発生リスクを抑えることに寄与する。

大規模な動物搾取で利益を得る集団は、私たちの承認を必要としない。必要とするのは私たちの金である。かれらが飼養する動物たちの肉・乳・卵を購入することは、工場式畜産業者が人々に期待する最も重要な応援行為となる（多くの国では政府の補助金が支えとなっているにせよ）。巨大アグリビジネス企業は集約畜産の手法で生産したものが売れるかぎり、その手法を使う。得られた儲けは大きな変化を防ぐための資金となり、批判があれば、かれらはただ人々の需要に応えているだけだと反論して自己弁護を続けるだろう。

よって、各人は動物工場の産物を手放す必要がある。そうするまで、私たちは工場式畜産の存続、繁栄、成長、それに食用の動物飼養で用いられる残忍な慣行の全てに加担することとなる。スーパーマーケットでも夕食の席でも、私たちはただ残忍行為を止めるために誰かが何かをすべきだと語るだけでなく、それ以上のことをする機会を有している。スペインの闘牛、韓国の犬肉食、オーストラリアのカンガルー狩り、カナダのアザラシ狩り、あるいは日本の血生臭いイルカ虐殺に反対するのは簡単だが、私たちの本当の価値観が表れるのは問題が自分の身に関わる時である。急成長する体を脚で支えられず痛みに苛まれる鳥を育種することで生産される鶏肉、あるいは生涯にわたり屋内に監禁される豚の肉を私たちが食べ続けるというのなら、犬肉食に反対するのは偽善でしかない。種差別の帰結が最も直接的に私たちの生活へ流れ込んでくるのは、食事の席においてである。工場製畜産物の不買は、人間でない動物たちに向ける思いの深さと真剣さを立証する。

この不買を可能なかぎり効果的にするうえでは、自分が食べないもの、食べない理由について隠し立てをしてはならない。私が初めて工場式畜産の存在を知ったのは、オクスフォード大学の同期生リチャード・ケシェンのおかげで、運命を変えたある日、私たちは昼食の席にいた。彼は私たちが頼んだ料理に肉が含まれているかを尋ね、含まれていると聞くと、別のものを頼んだ。私は肉に何の問題があるのかと訊いた。それから一ヵ月のうちに私はベジタリアンになった。食の選択について質問を受ければ、質問者が口に運んでいる動物たちの扱われ方について、本人らも知らないであろうことを話す機会になる。一つの会話が私の人生を変え、私の見解はその後、多くの人々に影響を与えた。不買が動物たちの苦しみを減らせるとなれば、私たちは可能なかぎり多くの人々にそれを促すべきであり、そのためには自分が見本を示さなければならない。

工場式畜産場の産物を避けることが一種の不買だとすれば、それが効果を持たない場合、どうすればよいのか。この問いは無視できない。というのも、本書の初版で私が読者に肉の不買を呼びかけてこのかた、世界の食肉消費量は一億一二〇〇万トンから三億トン以上へと増えたうえ、増加分の肉はほぼ全てが工場式畜産場に由来しているからである。[※3] 増加の大部分はこの期間に世界人口が倍になったことに起因し、あとは、この面さえなければ喜ばしい貧困の解消、特にアジアでのそれによるところが大きい。肉は高いので、人々は買える余裕がある時にのみそれを消費する。一九九〇年から二〇二一年のあいだに中国の一人当たり食肉消費量は三倍、ベトナムのそれは四倍に増えた一方、ブラジル、インド、インドネシア、メキシコ、パキスタン、南アフリカでも急増がみられた。一九九〇年時点で既に豊かだった国々ではこれほど顕著な傾向はみられず、オーストラリア、イスラエル、ノルウェー、日本では多少の増加、イギリスとアメリカではさらに僅かな増加、そしてカナダ、ニュージーランド、スイスでは減少となった。希望が持てる兆候として、ドイツとスウェーデンの食肉消費量は二〇一一年から二〇一九年のあいだに一二パーセント以上減少した。[※4]

しかし明らかに、肉の不買を呼びかける私の試みは無残な失敗に終わった。とすると、本書の議論に説得された人々が不買を続ける意味はないのだろうか。

間接的な不買行動であればそうも考えられる。例えば「動物の倫理的扱いを求める人々の会」（PETA）は、航空会社エールフランスが何千もの捕獲野生猿を研究施設に輸送していることから、同社に対する不買行動をサポーターに呼びかけたが、これはエールフランスに霊長類輸送の事業方針を変更させる点で成功するか、それとも何の成果も上げず失敗するかの二つに一つだった（幸い、キャンペーンは成功した）[※5]。企業や政府の行ないを変えさせるための不買は大体がこのように勝つか負けるかの形となり、両極に挟まれた落としどころはほとんどない。不買の対象が企業の売る一つの商品――この場合は航空券――で、その目的が猿の輸送のようにそれとは全く無関係な行ないをやめさせることにあるのなら、成功しないかぎり不買を続ける意味はないというのが妥当だろう。

工場式畜産場に対する不買は違う。それは不買者がよしとしない商品に対する直接的な不買行動であり、ゆえに不買者が防ごうとする苦しみの量に直接的な影響をおよぼす。工場式畜産場が飼養・屠殺する動物の数は、商品の需要に直接応じる形で上下する。大々的な不買運動の支持を取り下げれば、工場式畜産場で悲惨な生を送る動物を増やすことにしか繋がらない。世の傾向が望ましいほうへ向かっていないとしても、事態をさらに悪くする理由はない。

個人はどれだけの違いをもたらせるのか。この問いに答える一つの試みとしては、食用で殺される動物の総数を計算し、それを食肉消費人口で割るという方法がある。動物慈善評価局のマリア・サラザーは、計算対象を脊椎動物に絞ってこれを行なった。その結論によれば、平均的な菜食者は一年につき、約七九尾の捕獲野生魚、一四尾の養殖魚、一一・五羽の被畜産鳥類、〇・五匹の被畜産哺乳類、計一〇五匹の脊椎動物を救える[※6]。

こうした計算があってもなお、個人的な商品購入の決定が本当に飼養され屠殺される動物の数に影響しうるのかを疑う者はいる。かれらが言うには、例えば一人が工場飼育される鶏の死体をスーパーマーケットで買うまいと決めても、飼養され屠殺される鶏の数に何かしらの影響があるとは思えない。スーパーの仕入れ方針はそこまで細かく調整されはしないので、今週の鶏売上げが一羽分少なければ次週に発注される鶏の数が減るということはなく、まして繁殖され養鶏業者のもとへ移送される雛の数が減るなどということはない[※7]。しかし、供給と需要の法則により、鶏の死体を求める需要が減れば、いずれはスーパーの発注が減り、ひいては飼養される鶏の数が減る。スーパーの発注が増えるか減るかは一定のボーダーに沿って決まるはずであり、自分の購入行為がその変化の引き金となる可能性を無視するのは、購入行為の「期待値」——この場合は「負の期待値」というべきか——を無視することに等しい。例えば、毎日一ドルを貰うか、一〇〇に一つの確率で一〇〇ドルが当たる宝くじ券を貰うかを選べるとしよう。長い目で見て自分の富を最大化したい場合、宝くじ券を選ぶのは一ドルを貰うのと同じだけの価値がある。その期待値は一ドルで（当たりの額を確率で割る）、確実に一ドルを得る選択と同じになるからである。同様に、目標が鶏の苦しみを減らすことであるなら、死んだ鶏を買わないことの期待値を考えなければならない。スーパーが一〇〇羽単位で鶏を発注しており、週ごとの発注は売上げ数の一〇〇の位で決まると想定してみよう。ここで、第一週に私が鶏を買わないことに決め、スーパーの売上げが八七二二羽ではなく八七二一羽になったとする。この場合、私の不買はスーパーの発注に影響しない。しかしこれを長く続け、ある週に、私が鶏を買わないことで売上げが八七〇〇羽ではなく八六九九羽になれば、その週末にスーパーが発注する鶏は一〇〇羽減る。この時、私は個人的に一羽ではなく一〇〇羽の発注減に寄与したことになる。一〇〇に一つの確率で一〇〇羽の鶏を痛みと苦しみから救える選択は、確実に一羽の鶏を救う選択と同じだけの期待効用があるので、スーパーの反応が「鈍い」としても、鶏を買わないことにした私の決定の期待効用は変わらない。この点は鶏供給業者が鶏の孵化数を変更する際の決定にもいえることで、その数はスーパーからの発注に左右される。変更のボーダーが一〇〇の位か一〇〇〇の位か一〇〇万の位かは関係ない。期待効用は注文される鶏と飼養される鶏の数が一対一で対応している場合と変わらない。したがって、私たちは自分の購入選択が、工場式畜産の産物を避ける他の大勢のそれと相まって、工場式畜産場で飼養される動物の数を減らしていると考えることができる。

二人の経済学者、ベイリー・ノーウッドとジェイソン・ラスクは、著書『ポンド単位の思いやり――農場動物福祉の経済学』でこの考え方にいくらかの経験的裏付けを与えている。ただし、彼らはより計算を複雑にする。ある製品の需要が落ちれば価格が下がり、そうなればある人々はより多くそれを買うようになる。しかし人が食品消費を増やせる量には限度がある。両名の計算によると、雌鶏一〇〇羽の産卵数に相当する卵需要の下落があった場合、採卵工場に収容される雌鶏は九一羽減る。鶏の売上げが一〇〇羽減ると養鶏工場の鶏は七六羽減り、豚の売上げが一〇〇頭減ると養豚工場の豚は七四頭減り、肉用として飼われる牛の売上げが一〇〇

頭減ると飼養され屠殺される牛は六八頭減り、牛乳の売上げが雌牛一〇〇頭分減ると酪農場の雌牛が五六頭減る。※8

世界を養う

アグリビジネスの牽引者たちは時に、増え続ける世界人口を養うには工場式畜産場が必要だと主張する。これは真実に反する。ここでの真実は非常に重要であり、動物福祉の観点を抜きにしてもこれだけで菜食を擁護するのに充分な説得力を持つほどなので、この誤解については一言述べておく必要がある。

食用として人間に飼養される動物はいずれも、殺され食卓に供されるサイズと体重に育つために食物を摂取しなければならない。人間の食用となる作物が育たない土地で牛が草を食べて体重を増やそうとしたら、牛は私たちが草から得られない蛋白質を供給することになるので、差し引き、人間が食べられる食料は増える。しかし牛をフィードロットに連れてきた場合、餌はこちらが用意しなければならず、人間用の作物栽培に使える耕作可能地で牛の飼料を育てなければならなくなる。牛は私たちがどれほど厳しく運動させまいとしても、ただ体を温め、生命を維持する重要機能を保ち、人間が食べない骨その他の身体部位をつくるために、食べたものを燃焼する。牛に与えられる栄養分の内、ほんの一部だけが肉に変換され、廃棄されない範囲で人間の食用となるにすぎない。

ほとんどの人は、どれほどの作物が動物飼料にされているかを知らない。私が自分の大好きな豆腐調理法について話すと、人々はしばしばこう反応する。「だが豆腐は大豆からできていて、アマゾンは大豆栽培のために切り拓かれているんだから、それはいただけんな！」。かれらが分かっていないのは、世界で栽培される大豆の七七パーセントは動物飼料とされ、肉や乳製品に変えられている事実である。一部はバイオ燃料に、一部は植物油脂に使われる。豆腐、テンペ、枝豆、豆乳などの形で人間が直接食べる大豆はわずか七パーセントにとどまる。森林伐採を押し進めているのは豆腐ではなく食肉・乳製品産業である。※9

ここにどれだけの無駄が生じているか。動物性食品はカロリーと蛋白質を供給するので、この問いは二つに分ける必要がある。まず、一カロリーの動物性食品を得るためにどれだけのカロリーを動物に与えなければならないのか。そして、一グラムの蛋白質を含む動物性食品を得るために何グラムの蛋白質を動物に与えなければならないのか。ある研究は、アメリカだけを対象としているが、次のような答を示す。

- 最も非効率な生産物である牛肉は、カロリー変換効率がわずか二・九パーセント、蛋白質変換効率が二・五パーセントとなる。言い換えれば、人間が消費できる一カロリーを得るには、牛に三四カロリーを与えなければならず、蛋白質についてはこの比が一：四〇となる。

・豚肉はより効率的で、カロリーと蛋白質、どちらの変換効率も九パーセントであるが、それでも双方、一を得るのに一〇以上を与えなければならない。
・鶏肉はさらに効率的となり、カロリー変換効率は一三パーセント、蛋白質変換効率は二一パーセントとなる。
・肉用ではなく乳用の牛はカロリー変換効率が一七パーセント、蛋白質変換効率は一四パーセントとなる。
・卵用の雌鶏はカロリー変換効率が一七パーセント、蛋白質変換効率はあらゆる動物性食品の中で最も優秀な三一パーセントとなる。

したがって、アメリカ人が大規模に消費する動物性食品の内、最も変換効率が良い卵であっても、一グラムの蛋白質を得るために三グラム以上の蛋白質を雌鶏に与えなければならない。この論文の著者らが指摘するに、アメリカの食生活を変えて牛肉を高蛋白の植物性食品（豆など）で代替するだけでも、世界で養える人口は現在より一億九〇〇〇万人も多くなる。独立した研究で同じ著者らが試算するには、アメリカの食生活に含まれる全動物性食品を同量の栄養分を含む植物性代替物に置き換えた場合、さらに三億五〇〇〇万人を養えるだけの土地が空《あ》くという。[※10]

人々を養うために要される土地の量は、世界の食物消費パターンによって大きく異なる。被畜産動物は世界の農地の八〇パーセント近くを占める一方、生産するカロリーは世界供給量の二〇パーセントにも満たない。スコットランド、ドイツ、オーストラリアの研究者らが明らかにしたところでは、もし世界の人々がみなインド人と同じ食生活をすれば、食料生産に必要な土地は五五パーセント少なくて済むのに対し、もし万人がアメリカ人と同じ食生活をすれば、さらに一七八パーセント多くの土地が必要になる。この差はもちろん、食べる量ではなく食べるものの種類——そして特に動物性食品の影響——による。食物が農場から食卓へ届くまでの過程で生じる腐敗や廃棄やその他の損失を気にするのは至極当然であるが、桁外れに大きな無駄は耕作可能地を動物飼料の栽培に使うことにある。植物を直接消費する代わりに動物性食品を多く摂取していることに比べれば、アメリカにおける浪費や過剰消費の問題は微々たるものにすぎない。[※11]

海洋漁業はもちろん土地を使わないが、世界の食料分配を歪めて富裕国を利する点では変わらない。国連食糧農業機関によれば、海洋漁業資源〔魚介類〕は減少しつつあり、生物学的に持続可能な魚群の割合は一九七四年に九〇パーセントだったのが、二〇一九年には六五パーセントにまで縮小している。[※12] 特定の生息域に暮らす特定種の魚《うお》が繁殖を上回る速さで漁獲されていけば、その漁獲水準を維持できず水揚げ量は減少せざるを得ない。それでも漁獲を見直さずに続ければ魚は「商業的絶滅」を迎える——つまり、その海域の商業漁業を立ちゆかせるだけの魚がいなくなる。これはかつて豊富にいた複数の魚種に関し、現に起こったことである。

現在の漁船団は目の細かい網を使い、漁場で組織的に引き網漁を行なって航路上のあらゆるものを浚《さら》っていく。底引き網漁ではそれまで平穏だった海底に大きな網を降ろして引いていくので、海底の脆い生態系が損なわれる。こうした乱獲による海洋生態系の攪乱に加え、人間にも悲劇的結果が降りかかる。貧しい国の多くでは、何世紀にもわたり漁撈《ぎょろう》で暮らしを立ててきた小さな沿岸の村があり、その村人たちは伝統的な蛋白源かつ収入源だった魚群が消え去ったことに気づきつつある。西アフリカでは違法の無規制漁業が沿岸漁業の崩壊を招いたことで危機が訪れた。これはさらに、必死の思いでヨーロッパへ渡ろうとするアフリカ人の数を増やすことにも繋がった――皮肉にも、その新天地は地元の漁場を荒らしたトロール船の漁獲物の大半が売られている場所でもある。[※13] 先進国の漁業はこれまた貧困層から富裕層へと食料を回す再分配の一種となった。貧しい国々の沿岸で捕らえられた魚《うお》が鮭などの養殖肉食魚に与えられ、豊かな者だけが購入できる製品に加工される例では、この再分配が特に露骨となる。

良心的雑食者

ここまで読み進めた読者は、工場式の飼育環境で育てられた鳥類や哺乳類の肉その他を買わないこと、食べないことが道徳的に求められている、との認識に至っていると思いたい。工場式畜産の応援が間違っていることは、種差別を拒まず、動物たちに対する平等な配慮の原則を受け入れずとも理解できる。例えばジョエル・サラティンは、持続可能な畜産の教祖で、バージニア州にある自前のポリフェイス農場はマイケル・ポーランのベストセラー『雑食動物のジレンマ』で賞讃に浴しているが、彼は人間と動物のいかなる平等概念をも否定しつつ、鶏を「生涯にわたり便所で生活」させる工場式畜産の「言語道断で嘆かわしい」環境に非難を向ける。[※14] 工場式畜産の産物を避けることは誰にとっても明白な正義であり、狭量な利己主義を超えた思考が可能な者であれば是認できなくてはならない絶対的最低基準である。

この最低基準の内容を考えてみよう。感覚意識研究所の研究は、アメリカで肉用に飼養される鶏の九九・九パーセント、七面鳥の九九・八パーセント、豚の九八・三パーセント、卵用鶏の九八・二パーセント、牛の七〇・四パーセントが工場式畜産場に囚われていると試算する。さらにこの研究によれば、「アメリカにおける事実上全ての養殖場は、工場式畜産場と記述するのがふさわしい」。[※15] よって、本当の意味で良心的雑食者になろうとするなら、購入する動物性食品の出所についていくらかの調査をしなければならない。言い換えれば、自分が買う特定品目の出所を確かめるまで、鶏肉・七面鳥肉・豚肉・牛肉・子牛肉・卵は避ける必要がある。目下、密飼いされる羊は一パーセントに満たないので子羊肉や羊肉が工場式畜産場に由来する可能性は低い。[※16] 牛肉がフィードロットに由来する可能性は、住んでいる地域による。アメリカでは生涯牧草地で暮らした牛由来の牛肉はわずか一パーセントなのに対し、オーストラリアでは牛肉の半数が牧草地の牛に由来する。[※17] 工場式畜産場に由来しない肉だけを購入することは可能だが、多くの場合、出費は遙かにかさむ。食用にされる鶏であれば、価格の違いがあまりに大きくなるので、野外飼育をする農家はいまや極めて少ない。また、「平飼い」卵は混雑する屋内に囲われた雌鶏の産物である可能性が高いことにも留意されたい。アメリカでは「有機」のラベルでさえ、雌鶏たちが野外へ出られることを保証しない。卵を買う際は「放牧」あるいは「牧草地飼養」と銘打ったものを探そう。EUとイギリスでは卵パッケージに番号を付ける決まりになっており、0は有機（EUおよびイギリスでは放牧でなければならない）、1は放牧、2は屋内の平飼い、3はケージ飼いを表す。オーストラリアでは卵に放牧、舎飼い、ケージ飼いのラベルを付けなければならない。放牧または牧草地飼養の卵を買う際は、鳥たちがどれだけの空間を与えられているかを調べたほうがよい。野外の放飼場にいる鶏が多すぎると、草が糞や泥に覆われるからである。放牧生産者の中には飼育密度を卵パッケージやウェブサイトに載せている業者もある。そうしていなければ、連絡を取って質問しよう。一エーカー当たり六〇〇羽（あるいは一ヘクタール当たり一五〇〇羽）の飼育密度であれば、鳥たちは羽を広げることができ、草は好ましい気候にしたがって育つことができる。

これまでの議論に賛同して、工場飼育される鶏、豚、子牛、および工場に収容された雌牛の乳や雌鶏の卵を食べないことに決めたら、次はベジタリアンになるか、良心的雑食者になるかを問わなければならない。良心的雑食を擁護する者は多数いるが、ジョエル・サラティン、マイケル・ポーラン、それに狐狩りを好んだイギリスの哲学者、ロジャー・スクルートン（二〇二〇年没）もこの立場に属する。二〇〇五年、プリンストン大学で私と討論した際に、スクルートンは観客へ向け、自分は農場で豚を育てており、その一頭をシンガーと名付けたと語った。彼は早晩シンガーを殺して食べると言ったが、この豚は肉を食べる者がいなければ存在しなかったであろうし、その時点で満喫している生を有することもなかっただろうと強調した。同じようなことは一世紀以上も前にレズリー・スティーヴン（小説家ヴァージニア・ウルフの父）も述べていた。いわく、「豚は誰よりもベーコンの需要によって利益を得ている。世界がユダヤ人だけなら豚は一頭も存在しなかっただろう」と。[※18]

良心的雑食者は工場式畜産に反対しながらも、動物を大事に扱う農家の畜産物は食べ続ける。スクルートンが論じるには、痛みなく動物を殺すこと自体は不正ではない。動物の死は人間の死の多くと違い、「時期尚早」にはなり得ないからである。人間は生を縮められると、達成できたことができずじまいとなるので、それは悲劇的な空費になる。対して、動物は何も達成しないので、「三〇カ月で殺されるのは四〇カ月、五〇カ月、六〇カ月で殺されることに比べ、本質的により大きな悲劇であるとはいえない」。スクルートンいわく、飼育下の動物を殺して食べることは「適切な世話がなされ、全ての保護管理義務が果たされ、求められる憐れみと敬《けい》虔《けん》さがないがしろにされないかぎり」正当化される。[※19]

本書の初版で、私はレズリー・スティーヴンの議論をしりぞけた。彼の議論に則るとすれば、ある者を存在させることはその者にとって便益になると考えなければならない――そしてこの考え方を支えるには、存在しない者に便益をもたらすことが可能であると信じる必要がある。これはナンセンスだと私は論じた。が、今では確信が揺らいでいる。何といっても、私たちのほとんどは、遺伝的欠陥により痛みを抱え短い生涯を送ると分かっている子を儲けることは、その子どもにとって加害になると認めるだろう。しかし存在しない子どもを加害しうるのであれば、存在しない子どもに便益をもたらすこともできるに違いない。それを否定したければ両者の非対称性を説明しなければならないが、容易ではない。[※20]

痛みなく動物を殺すことが本質的に不正かをめぐる見解はここに関わる。私の議論は動物殺しを不正とする主張にはもとづかない。この主張を吟味すると、なしで済む苦しみを生むことや維持することの不正よりも遥かにややこしい哲学的問いへと行き着くからである。スクルートンは先にみた通り、動物は長生きしたところで何も達成するものがないので、殺されても悲劇にはならないと考えた。ここで事実を問うてもよい。子牛を産み、授乳と保育をしおおせることは、雌牛にとって達成ではないのか。スクルートンはおそらく、達成といえるものは意識的な計画と目標へ向けての作業を伴っていなければならず、牛にそれはない、と答えただろう。このような人間と他の動物の線引きに異を唱えることはできるが、むしろここはこの議論の帰結をみるために譲り、牛は大半の人間がなしうるような達成をなさないと考えてみよう。

それでもスクルートンの道徳的主張をしりぞけることはできる。自身の生を満喫できる者を殺せば、それが何らかの達成を阻害するか否かによらず不正になると考えてよい。殺しが不正となる範囲を広く捉えたこの見方を支えるために、こう論じてもよいだろう——達成をする者としない者を区別すれば、スクルートンが殺して食べた豚たちに比べ認知能力が勝らない人間を殺すことが許されてしまう。さらにいえば、テレビに流れるものを何でも吸収する受動的なカウチポテトの生活者を殺すことも、おそらく許されるだろう。かれらもやはり、将来的に何も達成する見込みがないと思われるからである。

なるほど右のような人間は、私たちが育て殺し食べるために繁殖する飼育下の動物たちと違い、私たちのおかげでこの世に存在しているのではない。しかしそうだとしたらどうだろう。カズオ・イシグロは二〇〇五年の小説『わたしを離さないで』において、人々が自分のクローンをつくり、歳をとった時の臓器提供者としてそのクローンを役立てる世界を描く。クローンは成年になるまで良い生活を送り、通常は自分がどうなるかを知ることなく、痛みのない死を迎える(小説では一部のクローンが自分の運命を知るが、動物との比較を続けるために、運命を悟らない者に着目しよう)。臓器めあての人間殺しが禁じられれば、クローンはそもそも存在しない。であれば、臓器のためにかれらを殺すことは正当化されるのだろうか。その考えがおぞましいとすれば、動物について同じ見方をすることは正当化できるだろうか。私たちが殺してよいという条件がなければかれらは存在しなかった、しかもかれらは総合的にみて良い生活を送っている、という理由で?

一九世紀に生きた功利主義者で、私がみるに最も慎重な思想家であるヘンリー・シジウィッククは、各人が幸福な生を送ると期待でき、他者の幸福を損なって世界の幸福総量を減らすおそれがないという条件であれば、より多くの人々を存在させることは善であるか、という問いを論じた。シジウィックの見方では、そうした条件下であればそれは善行になると思われた。したがって彼はスクルートンや他の良心的雑食者の立場を支持したと思われる。幸福な人間を誕生させることが善であるなら、他の条件を同じとした場合、幸福な動物を存在させることについても同じように言えなくてはならない。

オクスフォード大学の院生時代に私が参加した名高い連続講義で、過去半世紀に生まれた最も敬愛される哲学者の一人、デレク・パーフィットは、シジウィックの見解を取り上げ、私たちが幸福総量の最大化に資することをすべきだという考えは「忌まわしい結論」に達すると論じた。パーフィットが忌まわしいと考えたのは、ほとんど生きるに値しない生を送る人々が数多く存在する世界は、可能なかぎり最高の生を送る人々が遙かに少なく存在する世界よりも、幸福総量において勝る――したがって、より好ましい――という発想である。が、シジウィックの見解全体をその帰結ゆえにしりぞける前に、パーフィットが示した別の倫理的アプローチ――これから生まれてくる者たちに影響する決定についてのそれ――も、前者に負けず劣らず直観に反する結論へと至ることは分かっておく必要がある。他の哲学者らもこの問題に対し満足な答を提示しかねている。[※21]

これらは私にとっても他の多くの哲学者にとっても難問であるため、私は幸福な生を送ると期待できる者を存在させることは善か、それはそうした者の殺害を正当化するかについて、答が出せないでいる。正直いくらか悔しいが、私は良心的雑食者が誤っていることをはっきり示すすべを持たない。ただし現実には、存在させることが動物に便益を与えると認め、早期の殺害自体は不正にならないと認めたところで、充分大事に扱われた動物の肉は希少になると考えられる。自分の豚を育て、自分の農場でかれらを（想定上）痛みなく殺したスクルートンは、当の豚たちが良い生を送ったと自信を持って言えたかもしれない。しかし商業的生産者は動物たちを駆り集め、生涯を通してなじんでいた環境から引き離し、他の動物たちとともにトラックへきつく押し込み、屠殺場へ運んで殺すことで、ほどよい環境に囲っていた数カ月の重みを凌ぐほどの試練をかれらに課すだろう。

これらの事実を踏まえた時、良心的雑食をめぐる見方はどう変わるか。現代アメリカの哲学者アダム・ラーナーいわく、私たちは既に触れたように、悲惨な生涯を過ごすであろう子どもをそうと分かっていて避けられるにもかかわらず誕生させることは不正であると考える。また、私たちは良い生を送るであろう子どもを誕生させることでその不正を正せるとも考えない。同じように、動物たちを商業飼育目的で誕生させる者は、一部の動物たちが良い生を送るからといってその行ないを正当化できない、とラーナーはいう。なんとなれば、農場動物は屋外へ出られる農場でも悪い生を送ることが多いからである。原因は生後間もなく行なわれがちな母子隔離、麻酔なしに行なわれる去勢、焼き印や耳刻、社会集団の破壊などからなる。さらに、農場で屠殺が行なわれる稀な例を別とすれば、動物たちは屠殺場までの移送の試練にも絶えなければならない。よってラーナーは私たちが良心的雑食者になるべきではないとの見方を示す[※22]。

一八世紀の人道主義エッセイスト、オリバー・ゴールドスミスは、動物虐待に反対しながらもベジタリアンにならない人々について書き記した。「かれらは憐れみつつ、その憐憫の対象を食べる[※23]」。この言葉が示唆する通り、人間でない動物たちを思いやりながら、かれらを食べ続けることに整合性をつけるのは難しい。食習慣は手放したくないもので、簡単には変えられない。思いやりがあっても、私たちは豚や牛、鶏、魚《うお》を、利用してよいモノとみなすようになりかねない。そうした動物たちの生活状況を少しばかり圧迫することが、かれらの肉を妥当な値段で買い続けるために必要だと知ろうものなら、私たちはそれが動物たちの害にならないという考えを一層容易に受け入れるだろう。習慣的に動物を食べる者は、動物の飼養環境が不必要な苦しみを生んでいないかどうかをめぐり、決してバイアスなしの判断ができない。

自由市場社会では、多大な苦しみを負わせることなく、食用目的の動物飼養を大規模に行なうのは難しい。工場式畜産は動物たちが人間の目的に資する手段だという考えに技術と市場の力をかぶせたものにほかならない。

加えて、よしんば大半の被畜産動物たちに屠殺の時まで良い生を与える畜産が小規模に実現できたとしても、それは今日の都市部に暮らす人々が習慣的に消費する量の肉や他の動物性食品を供給することができないだろう。健康や生存のために必要な場合を除き動物殺しを避けるべきだという簡単な一般原則を受け入れ、それに準じて行動するほうが、長い目で見てより良い結果をもたらす——そのせいで、短いなりに良い生を送るべく生まれてくる動物たちが数を減らすとしても。同時に、ベジタリアンやビーガンになると決めた人々は、全ての動物たちが尊重されて本性と社会的欲求にしたがった生き方を許される世界のために、良心的雑食者を連帯者とみなし共闘することができる。

これからみていく通り、本当に良心を持つ雑食者であれば、動物の苦しみだけでなく、動物性食品の消費が温室効果ガスの排出によって他の人々や地球全体の生態系におよぼす害悪をも考える必要がある。植物の摂取量を増やし、肉や乳製品（とりわけ牛や羊のような反芻《はんすう》動物の肉）を避ける理由は、これだけでも充分といえる。

気候変動

一九八〇年代まで私は気候変動に気づいておらず、ほぼ誰もがそうだったが、化石燃料の燃焼による深刻な脅威が私たちに認知されたあともなお、畜産業が地球を温めていることが理解されるまでには時間を要した。しかし今日では、菜食が温室効果ガスの排出を減らすという事実が、動物性食品の摂取を減らし、徹底したい者であればビーガンになるべきだと考える最も重要かつ有力な理由の一つとなっている。ここでは畜産業による気候変動への寄与について、入手可能な最良の科学的知見から分かることをごく手短にまとめたい。
気候変動についての最も権威ある報告書は「気候変動に関する政府間パネル」（ＩＰＣＣ）が発行する評価報告書である。ＩＰＣＣは一九八八年、国連環境計画と世界気象機関により、気候変動科学についての知見、および気候変動の経済的・社会的影響と、考えられる対策を概観・吟味する使命のもとに結成された。二〇二二年、ＩＰＣＣはセクション別に第六次評価報告書の発表を始めた。この事業の規模は、「気候変動の緩和」と題したセクションだけでも三〇〇〇ページ近くにわたる事実から推し量れる。著者は多数で、各々が関連分野の専門家からなり、典拠は公刊済みまたは公刊が認められた科学論文で、その全てではないまでも大部分が査読付きジャーナルのものである。草稿はまず専門家のレビューにかけられ、続いて政府のレビューにもかけられる。結果は、一文一文が誤りを探す専門家の審査を通過した、異例の信頼性がある文書となる。ゆえに重要なのは、この気候変動の緩和に関する報告書が次のように述べていることである。「植物性蛋白源が多く、肉や乳製品が少ない食事は、温室効果ガスの排出削減に繋がる」。報告書ではこの一文が、とりわけ重要な指摘を目立たせる太字で書かれ、さらにＩＰＣＣ報告書のもう一つの特徴である「高い信頼性」を伴う言明の印をつけられている。同報告書のこれ以降のセクションは気候変動の緩和策を論じるが、肉、とりわけ赤肉の消費削減はそこで頻繁に言及される。[※24]
ＩＰＣＣの報告書よりも縛りが少ない文書では、食生活を見直す必要性がより強く主張されている。「私たちの肉食欲は気候変動の主要因である」と、ロンドンのチャタム・ハウスこと、王立国際問題研究所の報告書『気候変動、食の見直し』の要約は述べる。同報告書の指摘によれば、温室効果ガス排出の一五パーセント近くは畜産業によるもので、これは世界の全輸送手段から排出される量にほぼ匹敵する。ただし、化石燃料の使用はクリーンエネルギーによって減らされる見込みがある一方、世界の食肉消費量は二〇五〇年までに七六パーセント増加するものと予想されている。ということはそれが温室効果ガス排出のさらに大きな割合を占めうるわけであり、ゆえに報告書の著者らは、世界の食肉消費量を減らさないかぎり、地球温暖化を摂氏二度以下、すなわちパリ協定などの交渉で超えてはならないとされた「危険レベル」以下に抑えることはできないだろうと結論した。※25 二度で抑えられても海抜の低い太平洋の島国は海水位上昇に耐えられず、住民は気候難民になることを免れない。専門家たちが温度上昇を一・五度以下に抑えるべきと論じているのは至極妥当といえる。

数年前に、地産地消――自宅から一定範囲内でつくられたもののみを食べる実践――が環境を意識する人の行なうべきこととされ、「地産地消民（locavore）」は二〇〇七年にオクスフォード英語辞典の「今年の単語」にまで選ばれた。地元農家を知って応援することが楽しいのであれば、もちろん地産地消は理に適う。が、多くの地産地消民が言うように、その目的が温室効果ガスの排出削減にあるのなら、どこでつくられたものを食べるかよりも何を食べるかを考えたほうが遥かによい。というのも、輸送は食品の生産・流通による温室効果ガス排出のうち、ほんのわずかな一角を占めるにすぎないからである。例えば牛肉であれば、輸送は総排出量の〇・五パーセントしか占めない。よって地場産の牛肉を食べれば、長い距離を輸送されてきた牛肉を食べた時に比べ、排出量の九九・五パーセントは減らせていないことになる。他方、豆を選べば、同量の牛肉を地場で生産した時に比べ、温室効果ガスの排出量を約九八パーセント減らせる。そして牛肉は温室効果ガス排出の点で最悪の食品であるが、EUにおける食品の炭素排出量をより広く調べた研究によれば、肉・乳・卵は排出量の八三パーセントを占め、輸送はわずか六パーセントを占めるにすぎなかった。[※26]

より一般的なことをいえば、同量のカロリーで比べても蛋白質で比べても、植物性食品の温室効果ガス排出量はいかなる動物性食品にもまして低い。例えば牛肉は蛋白質一グラムにつき、二酸化炭素換算でナッツの一九二倍の温室効果ガスを排出する。これは蛋白質食品の中でも極端な値だが、蛋白質一グラム当たりの排出量が最も低い動物性食品の卵でも、排出量は豆腐の二倍を上回る。同じカロリーで比較すると、動物性食品は植物性食品に比べ、さらに成績不良となる。一カロリー当たりでみると、牛肉の排出量はナッツの五二〇倍になり、やはり動物性食品の中で最も成績の良い卵の排出量も、じゃがいもの五倍となる。[※27]

以上の数字だけでも植物性食品に有利であるが、これらは破滅的な気候変動の回避努力に関わる点で、さらに動物性食品の分を悪くする要素を考慮に入れていない。それは広大な放牧地と、それよりは小さいがやはり広大な飼料栽培地の「炭素機会費用」である（後者の土地で育てた作物は監禁された動物たちに与えられるが、これは既にみた通り、浪費でしかない）。こうした土地は人間が食べる動物用に割かれているため、本来の生態系を蘇らせることには使えないが、その生態系に含まれる森林は大気中の膨大な炭素を安全に除去しうる。ある研究によれば、菜食への移行が進むと生態系回復に使える土地が大いに増えるので、この機会を掴めば、ほとんどの分析者がもはや達成できなくなったとみるところの、温度上昇を摂氏一・五度に抑えるという目標を六六パーセントの確率で達成できる見込みが生じる。別の研究が示唆するところでは、畜産業を速やかになくしていけば向後三〇年にわたり温室効果ガスを安定させ、今世紀に排出された全二酸化炭素の三分の二以上を相殺できる。論文著者いわく、「この潜在的効果の規模と即効性を鑑みるに、畜産業の縮小・撤廃は、悲惨な気候変動を避けるための最重要戦略となる[※28]」。

気候変動は間違いなく今日の私たちが直面する最大の環境問題であるが、唯一のそれではない。より広く環境問題を見渡せば、菜食を擁護するさらなる理由が見つかる。アマゾンの熱帯雨林が伐採され焼却されれば、樹木その他の植物に貯蔵されていた炭素が大気中に放出されるだけでなく、いまだ登録されていない多くの動植物が絶滅するおそれもある。この破壊を押し進める大きな要因が、富裕国の莫大な食肉需要であり、それゆえに森林の皆伐はそこに暮らす先住民のために森を残す保存努力よりも、エコツーリズム産業の展開よりも、土地の生態系保護よりも、森林への炭素貯蔵よりも儲かる選択肢となっている。私たちは文字通り、ハンバーガーのために地球の未来を賭けてギャンブルをしている。

オクスフォード大学のジョセフ・プアは、四〇種の食品を対象に、一一九カ国にまたがる三万八七〇〇軒の農場、一六〇〇軒の食品加工施設から集めた膨大な環境データを統合した研究を行なった。全体の要旨はこうである。「ビーガン食はそれ単体で、温室効果ガスの排出のみならず、世界の酸性化、富栄養化、土地使用と水使用も含め、地球におよぶ個人の影響を最大限に減らす方法と思われます」。プアは『ガーディアン』紙でこう述べ、さらに、飛行機利用の抑制や電気自動車の購入は温室効果ガスの排出を減らすだけであるから、ビーガンへの移行はそれらより遥かに効用があると付け加えた。プアは「持続可能」な畜産業を解決とみない。「実際のところ、こうした問題の大部分は動物性食品を元凶とします。動物性食品の消費を避けるほうが、持続可能な肉や乳製品を買おうとするよりも、遥かに環境面の便益が大きいといえます[※29]」。

日常生活で線を引く

第一章で、有力な証拠によれば痛みを感じる能力は脊椎動物だけでなくタコや十脚目甲殻類にも具わっていることを確認した。こうした動物たちは海から引き揚げられて殺される際には緩慢で痛みを伴う死に苦しみ、集約養殖されれば生涯にわたり苦しむと考えられる。したがってこのような水生動物と海のためにも、また貧しい人々のためにも、私たちは魚類、タコ、ロブスター、ザリガニ、カニを食べることは避けるべきである。しかしそれ以上となると、日常的に食される動物たちが痛みを感じられるか否かはいよいよ不確かになる。そこで問わなければならない――感覚意識ある存在の搾取に加担することを避けるには、どこで線を引くべきなのか。

小エビを考えてみよう。一般的な用法では、この語は独自の甲殻類を指す――一部は十脚目だが他は違う。しかし養殖される小エビの数が非常に膨大である――推定では年間四四〇〇億匹にもなる――ことを思えば、一考する理由は充分にある。加えて、小エビ孵化場は日常業務の一環で、繁殖に利用する雌エビの眼柄《がんぺい》を片方あるいは双方とも切除する。すると成熟の時期は早まるが、この傷を与える処置は――小エビが痛みを感じられるとすれば痛いはずであり――寿命を縮め、ストレスに弱い子孫の繁殖に繋がることが分かっている。したがってこれは全く不必要な身体破壊の可能性がある。[※30] また、小エビ養殖は環境も破壊するので、応援すべきではない。[※31]

昆虫は何百万もの種に分かれる。そしてそのいずれかが苦しみを感じられると断言することはできないが、その可能性を排することもできない。[※32] 私たちがさしたる代償も払わず昆虫に有利な推測を立てられるなら、そうすべきである。これはなにも、蚊を叩き殺すのが不正だという意味ではない。第一章でみたように、痛みを感じる能力は生きる権利を与える根拠にはならず、むしろ昆虫を排除する必要があれば速やかに殺すべき根拠となる。蠅《はえ》取り紙は蠅を惹き寄せる粘着性の物質に覆われている。蠅はそこに捕まり、死ぬまでに何時間もかかることがある。ごくわずかでも蠅が苦しむ可能性があるなら、排除には他の方法を使うべきだろう。

商業的な昆虫養殖はさらなる倫理的問いを提起する。毎年、商業的に養殖される昆虫は一兆匹を超え、商業養殖で生かされている昆虫の数は常時七九〇〜九四〇億匹を数える。[※33]アメリカ、カナダ、ヨーロッパではその大半が動物飼料にされるが、中国やタイでは人間の食用にもされる。昆虫食の開発が推進される背景には、大きな理由として、生産される蛋白質が同量の場合、昆虫は肉用に育てられる牛の一パーセントしか温室効果ガスを排出せず、必要な土地・水・飼料も約一〇パーセントで済むという点がある。昆虫に感覚意識がないと断言できるなら、昆虫食が広まり、脊椎動物に由来する工場式畜産物の需要を押し下げることに期待を寄せてもよい。が、あいにく私たちはその点について断言できず、いずれにせよ昆虫が動物飼料とされるのであれば、その養殖は鶏や豚や牛の搾取を存続させる支えとなるだろう。

今日では『食料・飼料としての昆虫ジャーナル』という雑誌もある。同誌の編纂者でオランダの昆虫学教授であるアーノルド・ヴァン・ハウスは、商業養殖における昆虫の福祉に関する懸念を述べ、昆虫が感覚意識を有する可能性はあると結論したうえで、そのような存在として扱うことを推奨した。[※34]感覚意識を持つ可能性がどれだけあるか、そのような存在として扱うことが具体的に何を指すかは、養殖する昆虫の種による。商業養殖される三大昆虫種は、コオロギ、ミールワーム、それにアメリカミズアブの幼虫である。このうち、コオロギは蜂とほぼ同数のニューロンを持ち、苦しみの能力を持つ可能性が最も高いと思われる。[※35] 毎年養殖されるコオロギの数がおよそ四〇〇〇億匹、商業的養殖場に飼われるその数が常時三四〇〜四一〇億匹にのぼることを思えば、コオロギが経験しうる苦しみを最小化する方法について考え、人間を養うより良い選択肢を探るのが私たちの務めだろう。

本書の初版で、何を食べるか、食べないかを論じた際に、私は「小エビとカキのあいだのどこかに線を引くのが穏当かつほぼ最良の判断だろう」と書いた。が、いくらかの人々は、総じて同書を好んでくれながらも、私に再考を促し、カキを食べるならあなたはビーガンどころかベジタリアンですらない、と言った。しかしながら、私たちが自分をどう名乗るかは重要ではない。培養した動物細胞からつくった肉が市場に出回れば、私は好奇心を満たす目的だけでもそれを食べる。肉であるという事実は食べるべきでない根拠にはならない。真に問題なのはそれが人間もしくは人間でない動物に課さなくて済む苦しみを課すことになるか、あるいは環境を壊すことになるかである。

カキを食べることに反対するより手堅い議論は、カキに有利な推測をすべきだという指摘である。「我々はカキを食べるべきではないし、カキが痛みを感じないとは断言できない」とビーガンの友人は言った。こうした考えから、私は本書の一九九〇年版で、カキを避けたほうがよいと述べた。本書のために再び証拠を探していた私は、ピーター・ゴッドフリー＝スミスが最新の研究を検証し、小エビとカキのあいだにやはり線が引けそうだと結論したことを知って喜んだ。いわく、小エビに関しては「近年の研究により、痛みをめぐる問いに直結する驚くべき複雑さがあると判明した。カキに関してそれはない」[※36]。

もしも四〇年以上前に私が適切な場所に線を引けていたのなら、それは手堅い研究よりも運のおかげというほうが正しい。それから私は、生物が痛みを感じる能力を発達させたのは逃れられる危険を察知するためだと論じた。カキは動かないのだから、痛みを感じられることが不可欠である理由がない。ただし、私はイガイ、ホタテガイ、ハマグリなどにも触れ、いずれも二枚貝の仲間なので、カキについて言えることが該当するかのように扱った――愚かな間違いだった！　再びゴッドフリー＝スミスの言葉を引くと、「カキは他の軟体動物、さらには他の二枚貝よりも行動学的に単純である」。ホタテガイは殻の隙間から水を噴射して泳ぐことができ、ハマグリなどは砂に潜ることができる。この両者には目もあり、危険を感じ取ることができる。その動きが単なる反射で、意識を示唆するものでない可能性はあるが、こうした貝類が感覚意識を持つと考える根拠はカキの場合よりも強い。カキは幼生の頃に岩に貼り付き、それから先は一カ所にとどまる。イガイはやはり一般化できず、海水生の集団と淡水生の集団とで種が違うだけでなく二枚貝としての下位分類が違う。淡水生のイガイは筋肉のある「足」を使って川や湖の底を歩くことがある一方、私の念頭にあった海水生のイガイは硬いものに貼り付いて通常そこにとどまる。大まかなところとして、私はやはり小エビとカキのあいだのどこかに線を引きたいが、その中間にはグレーゾーンがあり、今ではカキやおそらく海水生のイガイに言えることがホタテガイやハマグリなどには言えないと考えている。

話をややこしくして厳密な線を引くことはやめ、全ての動物に対して有利な推測を立て、動物は一切食べないと決めればよいのではないか。もちろんそうすることもできる。ただしその選択をしても、感覚意識のある存在に苦しみをもたらすリスクは、完全にはなくせない。野菜栽培の過程でも、動物に痛みの伴う死をもたらすことはありうる。例えば栽培する作物の食害を防ぐため、昆虫、なめくじ、かたつむり、鳥、齧歯類に対して用いる防除手法がその原因となる。販売されるカキの九七パーセント以上とイガイの八七パーセント前後は養殖産であり、通常、海に下ろした縄や柱で〔そこにまとわりつかせる形で〕育てられる。これによる他の動物への危害は、野菜栽培による陸生動物への危害よりも小さくなると思われる。土地を切り拓く必要もなく、摂食時に貝が鰓《えら》から水を押し出すことで水質も綺麗になる。例えばナェサピーク湾では水中の沈殿物を取り除き、水草を育てて他の水生動物に棲家を与えられるよう、カキ養殖が積極的に勧められている。[※37] したがって、もしもカキや海水生のイガイが苦しみを感じる能力を持たないなら、そちらを食べるほうが植物を食べるよりも動物の苦しみが少ない、かつ環境にも良いかもしれない。他方、売られているホタテガイの半数近くは海底を浚《さら》って捕られており、これが水中の生態系全体を壊すおそれがある。[※38]

思考から行動へ

私が食事の席をともにした面子《めんつ》には、動物性食品、とりわけ工場式畜産由来のそれを食べるべきではないと素直に認めながら、結局は鶏肉を注文してしまう人々もいた。この人々は価値観と食の選択が一致しておらず、その不調和は日常的に繰り返されるとみて間違いない。これは健全な生き方とはいいがたい。つまるところ、自分の確信を実践に移すのは各人次第であり、一冊の本がそれを代行することはできない。しかし以下の数ページでその溝を狭める試みはしてみてもよい。目的は菜食への移行を簡単かつ魅力的なものにして、読者が食の変更を残念な道徳的義務と考えるのではなく、むしろ新たな興味深い料理に期待を寄せられるようにすることである。それは多くの新鮮な食材に加え、ヨーロッパ、インド、東南アジア、中国、中東の珍しいメニューをも含むもので、その多様性に比べれば、肉に次ぐ肉ばかりが習慣的に使われる西洋料理の多くは単調でつまらないものと映るだろう。こうした料理は、その美味と栄養をつくるために最小限の耕作可能地と水しか要さず、生産過程における温室効果ガスの排出量も少なく、肉を食べるために動物の苦しみに加担する心配もしなくてよいので、それを思えば食の楽しみもひとしおとなる。

妻のレナータと私は、ベジタリアンになった一九七一年当時、イングランドに暮らしており、食事は常に肉中心だった。野菜は基本的に柔らかくなるまで茹《ゆ》でていた。肉を食べなくなると、土から抜いたばかりの生野菜や野菜のソテーないし炒め物が一層おいしくなった。私はいくらかの野菜を自分で育てることさえ始めた——かつては思いもよらなかったことであるが、ベジタリアンの友人らはやはりそれをしていた。今でも機会があれば栽培をする。動物の肉を避けるようになったことで、植物や土や季節との距離が縮まった。そして台所にも立つようになった。結婚して二年のあいだはレナータがほぼ全ての料理をつくっていた。お決まりの性別役割分業によって、彼女のほうが私よりも遙かに料理に詳しかったからである。しかし東欧の家系ということもあり、彼女がつくる主食のほとんどは肉料理だったので、その知識は肉食をやめると決めた時に無用となってしまった。私たちはベジタリアンにやさしい新たな料理をともに研究し始め、私のほうは家庭内で中華・インド料理の専任となった。本書の初版には補遺の形でベジタリアン料理のレシピとヒントを載せ、当時はまだ珍しかった食生活に読者が移行するための一助とした。しかし一九九〇年版への改訂時には、優れたベジタリアン・ビーガン料理本が多数刊行されていたので、私はレシピを割愛した。ところが驚くことに、一部の読者はレシピを再掲してほしいと要望していたので、この新版には私の好物のほんのいくつかを収録した。それらは巻末に載せてある。

一九七〇年代には、本書が扱う諸問題について人前で話すと、肉の代わりに何を食べるのかと訊かれることがよくあった。その尋ね方からするに、質問者が頭の中で食卓にのぼった肉を消し、マッシュポテトと茹で豆だけになった皿を思い浮かべて、肉のあったところに何を置くのかと首をかしげていたのは明白だった。しかし私は逆に、なぜ置き換えが必要なのか、と訊き返したい。人によっては初めのうち、食に対する態度を変えるのは難しいと感じる。動物の肉が中心とならない食生活は、慣れるのに時間がかかるかもしれないが、ひとたび慣れれば、興味深く目新しい料理をたくさん食べられるようになるので、肉製品なしでやっていくのが難しいと考えていたのはなぜだったのかと不思議に思うに違いない。

また、一九七〇年代には、肉なしで（ましてビーガン生活で）充分な栄養が摂れるのかを気に病む人が多かった。今では大勢のビーガンがおおやけの世界にいる。テニス界の「バッドボーイ」として知られるニック・キリオスはビーガンであることを公言し、理由は健康のためではなく「自分が見たい変化になろうとしている」から、そしてその変化は動物たちと環境のためのそれなのだと語っている。※39 ビーガンのアスリートではほかに、女子サッカーの名手アレックス・モーガン、バスケットボール選手のデイミアン・リラードやデアンドレ・ジョーダン、レーシングドライバーのルイス・ハミルトン、女子サーフィンの優勝選手ティア・ブランコ、ウルトラマラソン選手のスコット・ジュレク、長距離ハイカーのジョシュ・ギャレット（メキシコからカナダへ至るパシフィック・クレスト・トレイルを完歩した記録保持者）、そしてイギリスのサッカーチーム「フォレスト・グリーン・ローバーズ」の全選手が挙げられる。そして、菜食が万人の望む強さとエネルギーと忍耐を与えてくれる証拠がさらに欲しいようであれば、リッチ・ロールの驚くべき物語もある。彼は四〇歳にして薬やアルコールを摂取する不健康な生活スタイルを捨て、菜食に切り替えて身体治療に取りかかった。二年後、彼は超人世界チャンピオンシップの上位に入り、健康と菜食生活の唱道者としてベストセラー作家かつ人気ポッドキャスターになった。

菜食に切り替えた人の多くは動物性食品を食べていた頃よりも元気で健康で快活になったと語っており、私もそう感じる。栄養学の専門家はもはや動物性食品の摂取が健康のために欠かせないかどうかを議論していない。不可欠でないことが証拠ではっきり示されているからである。世界的に権威ある医学ジャーナルの『ランセット』誌は、人口一〇〇億人の世界に適した健康で持続可能な食事を科学にもとづき提案するために、EATランセット委員会を立ち上げた。委員会は人の健康、農業、政治学、環境の持続可能性を専門とする三七名の識者を集めた。人の健康に関し、委員会は二つの大きな食事研究の結論を要約した。一つは北米における大々的な将来予測の研究で、ビーガン、ベジタリアン、ペスカタリアン、セミベジタリアン、雑食者の計七万人超を六年近くにわたって追跡し、肉をほとんど、もしくは全く食べない人々の死亡率が雑食者のそれよりも一二パーセント低いことを確かめた。ビーガン、ベジタリアン、ペスカタリアンは、セミベジタリアンよりも死亡率が大幅に低く、総じてこの差は女性よりも男性に著しい[※40]。もう一つの研究は、植物性食品の摂取を増やすと二型糖尿病および冠状動脈性心疾患の発症率低下に繋がることを明らかにした[※41]。委員会いわく、これらの知見によれば「厳格なビーガンにならないまでも、全粒穀物・果物・野菜・ナッツ・豆類を多く摂る食生活に切り替えれば便益が見込まれる」[※42]。

委員会は独立した刊行物で、環境を守りつつ一〇〇億人の人々に健康な食事を提供するという目標を達成するための「地球健康食」なるものについて書いている。委員会によれば、この食事は野菜・果物・全粒穀物・植物性蛋白源・不飽和植物油脂、「および（任意で）控えめな量の動物性蛋白源」からなる。[※43]「任意で」という言葉に注目されたい。委員会は動物性食品の摂取が必要ないことを明言している。といって、健康や環境の観点から全ての人々が厳格なビーガンにならなければならないとも述べていないが、報告書全体を通して強調されているのは、大量の動物性食品を生産・消費することに伴う環境問題と健康問題である。完全菜食が少量の肉や他の動物性食品を食べる生活よりも万人を健康あるいは長寿にすると示すことは、私の意図するところではない。種差別を終わらせるという目標が実現可能なことを示すうえでは、その目標に沿って生きても私たちの健康は脅かされないと証明するだけでよい――そして膨大な科学的証拠はまさにそれを示唆している。ＥＡＴランセット委員会が引用する研究で示されているように、豊かな国で動物性食品を多量に含む食事を摂る人々の場合、通常は動物性食品の摂取をやめるか大幅に減らすことで健康状態が改善するというのは、いわばおまけの部分に当たる。

第五章　人《マン》の支配

種差別小史

圧制をなくすにはまずそれを理解しなくてはならない。

現実を振り返ると、人間による他の動物の支配は第二章や第三章でみたような仕方、それに関連する行ないとして、スポーツハンティングや毛皮採取を目的とする野生動物虐殺などの形をとって表出している。こうした所業を単独の逸脱とみるべきではない。これらは私たちの種差別イデオロギーの表れとしてのみ適切に理解しうる――つまり、私たちが支配的動物として他の動物たちに向ける態度である。

本章では人類史のさまざまな時代に、傑出した西洋の思想家たちが、後代の人々に受け継がれる動物たちへの態度を形成し擁護してきた次第を概観する。西洋の伝統に焦点を絞るのは他の文化が劣るからではなく――動物たちに対する態度をみるかぎり、むしろ逆のことが多い――、私が一番詳しいのがその伝統だからである。そして好むと好まざるとにかかわらず、それは過

去五世紀にわたり、ヨーロッパから広がって他のあらゆる知的伝統を凌ぐほどの影響力を世界の他地域におよぼした。※1

以下に挙げる資料は歴史的なものであるが、それを示すのは過去に関する読者の知識を増やすためだけではない。ある態度が私たちの思考に深く浸透して疑う余地なき真実となっている場合、その態度に異を唱える主張は即座に嘲笑もしくは却下されるおそれがある。くだんの態度を支える独りよがりな認識を正面から打ち砕くことは可能かもしれず、現にここまでの章ではそれを試みた。もう一つの戦略は、行き渡った態度の歴史的起源を明るみに出すことでその妥当性を掘り崩す試みである。この章ではそれを行ないたい。今日では黒人や女性の劣等性に関する過去の信念が奴隷制や男性の女性支配を支える利己的な白人・男性イデオロギーだったと理解できるが、同じように、動物搾取を正当化するとされる論拠を新しい視点から見つめれば、それらの信念は利己的な行ないを守るまやかしの思想的カモフラージュだと理解できるだろう。そうすれば、これまで人間の目的に向けた動物利用を私たちの生得的かつ自明な権利としてきた考え方に対し、より懐疑的な目を向けられるようになるかもしれない。

人間の動物利用は健全な倫理基盤にもとづくという西洋の信念は二つの伝統に起源を持つ。すなわち、神に授けられた動物支配権を信じるユダヤ教、および人間中心――より厳密には理性的存在中心――の世界観を持つ古代ギリシャ思想である。これらの起源はキリスト教において融合し、それを通してヨーロッパに広まった。より進んだ人間動物関係の見方が広まり始めるのは、思想家たちが比較的教会から離れた立場をとりだす一八世紀のことだった。宇宙やそこにおける人間の立ち位置については、過去五世紀に飛躍的な理解の進歩があったにもかかわらず、動物についての認識となると、私たちはいまだ一五〇〇年以上のあいだヨーロッパ思想を支配してきた信念の影響を引きずっている。
西洋の伝統を振り返る歴史解説は四つの時代に分けてよいだろう――キリスト教以前、キリスト教思想の時代、啓蒙時代、そして近現代である。

キリスト教以前

世界の創造は妥当な出発点に思える。聖書の創世記は、ヘブライ人が人《マン》と動物の関係をいかなるものと認識していたかを至極明瞭に語っている。これは現実を反映した神話の優れた例である。

そして神いわく、われらの像《かたち》、われらの似姿に人《マン》をつくり、海の魚《うお》、空の鳥、人地、大地を這うあらゆる生きものへの支配権を授けよう。※2

聖書は神が彼自身の像に人《マン》をつくったと述べるが、これは人《マン》が自分の像に似せて神をつくったとも解釈できるだろう。いずれにせよ、これによって人間はあらゆる生命の中で唯一、神に似た存在という、世界における特別な地位を与えられた。エデンの園でこの支配権が食用目的の動物殺しを伴うものとされていなかったのは事実である。創世記一章二九節は、当初人間が香り草や木実《このみ》で暮らしていたことをほのめかしており、エデンは基本的に完全な平和があっていかなる殺しもありえない場と描かれている。人《マン》は統治者であるが、この地上の楽園での統治は慈悲深い専制だった。

人《マン》の堕落後（聖書によれば堕落の責任は女と動物にある）、動物殺しは明確に承認された。神自身が、エデンの園からアダムとイブを追放するに先立ち二人に動物の皮を着せる。その息子のアベルは羊飼いであり、群れを主への捧げものとした。続いて洪水が訪れ、人《マン》の不正を罰するために他の被造物はほぼ一掃された。水が引くと、ノアは「あらゆる清らかな獣、あらゆる清らかな鳥」を焼燔《しょうはん》の捧げものにして神に感謝した。それを受けて神はノアを祝福し、人《マン》の支配権に最後のお墨付きを与えた。

そしてそなたへの恐れ、そなたへのおののきが、あらゆる地の獣、あらゆる空の鳥、あらゆる地を行くもの、あらゆる海の魚の上にあれ。そなたの手にこれらは与えられる。あらゆる動く生きものはそなたの肉である。緑の香り草として、我はそなたにあらゆるものどもを与えた。※3

これが古代ヘブライ文書における人間でない存在への基本的態度である。ここでもやはり興味深いほのめかしがあり、原初の無垢な状態の時、私たちはベジタリアンで「緑の香り草」だけを食べていたという。が、堕落とそれに続く不正と洪水ののち、私たちは動物を食事に加える許可を与えられた。この許可をもとに人間による支配が想定されるかたわら、より思いやりのある思想の系譜がなおも時おり現れる。例えば預言者イザヤは動物供犠《くぎ》を咎めており、イザヤ書は美しい展望として、狼が子羊と暮らし、獅子《しし》が雄牛のごとく藁を食《は》み、「かれらは我が聖なる山にて傷つけ殺し合わない」時代を描いている。これはしかし、理想郷の想像であってすぐに従うべき命令ではない。旧約聖書に散在する他の言葉も動物たちに対する多少の親切を説いているため、いわれなき残忍行為は禁じられており、「支配権」とは実のところ「世話係の務め」に近いものであって、私たちは統治下の生きものらを大事に幸福にする責任を神に対して負うのだと論じることもできなくはない。が、創世記で語られた全体的な考え方、すなわち人類は被造物の頂点であり、他の動物を殺して食べることを神に許されているという考え方は、真剣な再検討に付されなかった。

西洋思想のもう一つの古い伝統はギリシャを発祥地とする。ギリシャ思想は一枚岩ではなく競合する諸学派に分かれ、各々が偉大な創始者に発する基本的教義を有する。そうした人物の一人に数えられるピタゴラスはベジタリアンで、動物への尊重ある扱いを弟子たちに説いた。

これは私たちが死んだ時に魂が動物の体へ移るという信仰ゆえのことと考えられる。しかし、最も重要な学派はプラトンとその弟子アリストテレスのそれだった。

アリストテレスが奴隷制を支持したことはよく知られている。彼の思想では、一部の人《マン》は生まれつき奴隷であり、奴隷制はその者らにとって公正かつ適切である。この点は彼の動物に対する態度を理解するうえで見落とせない。アリストテレスは動物が人間の目的に仕えるために存在すると信じたが、創世記の著者と違い、人間と他の動物のあいだに深い溝を設けはしなかった。アリストテレスは人《マン》が動物であることを否定しない。それどころか、人《マン》を理性的動物と定義する。しかし同じ動物本性を共有するだけでは平等な配慮を正当化するのに充分ではない。アリストテレスの見方では、生まれつき奴隷の人《マン》は確かに人間であり、他の人間と同じように喜びや痛みを感じられるが、自由人に比べて思考力が劣るとされるので、「生きた道具」と捉えられる。アリストテレスは堂々と二つの要素を一文のうちに並置する――奴隷は「人間でありながら財産品目の一つでもある」と。[※4]

人間のあいだでも思考力の違いが主人になる者とその財産になる者を分かつ充分な理由になる以上、他の動物に対する人間の統治権はアリストテレスにとって自明であり、多くの議論を要さないと思えたに違いない。自然は根本的に序列でできており、思考能力が劣る者は勝る者のために存在すると彼は考えた。

植物は動物のために存在し、野獣は人《マン》のために存在する——家畜は人《マン》の労力や食物として、野生の動物（あるいはともかくその大半）は食物および衣服やさまざまな道具といった他の生活資材として。自然は何ものも無目的または無駄につくりはしないので、全ての動物を人《マン》のためにつくったことは否定できない事実である。[※5]

後世の西洋的伝統に組み込まれたのはピタゴラスではなくアリストテレスの思想だった。

キリスト教思想

これからみるように、キリスト教はユダヤ人とギリシャ人の動物観を融合させるに至る。ただしキリスト教はローマ帝国の時代に生まれて勢力を広げた宗教であり、その初期の影響はキリスト教の考え方をそれ以前のものと比較した時に最も明瞭となる。ローマ帝国は征服戦争によって築かれ、その広大な領土を防衛・拡張する軍隊に相当の金と力を注ぐ必要があった。こうした条件下では、弱者に対する思いやりの感情は育たず、武人の美徳が社会の気風を形づくった。辺境の戦いから遠く離れたローマ内部では、いわゆる闘技会によってローマ市民の人格が強化されると考えられていた。キリスト教徒が円形闘技場でライオンの餌にされていたことは誰でも知っているが、この闘技会に関し滅多に顧みられない重要な点は、それが文明化したかに見える人々――そして他の面では現に文明化していた人々――の憐れみや思いやりの境線を示していたという事実である。男も女も人間や他の動物の殺戮を普通の娯楽とみなし、それがほとんど抗議もされず数世紀のあいだ続いた。

一九世紀の歴史家W・E・H・レッキーは、ローマの闘技会が最初は二人の剣闘士の闘いから始まり、やがて落ちかかった人気を上げるために野生動物を加え、その数を増やしていった次第を書き記す。

ティトゥスによる円形闘技場の開幕式で、一日のうちに五〇〇〇頭の動物が死に絶えた。トラヤヌスの時代には一二三日のあいだ闘技会が続いた。ライオン、キリン、虎、象、犀《さい》、河馬《かば》、雄牛、雄鹿、さらには鰐《わに》や大蛇までが、見世物に新鮮味を加えるために持ち込まれた。あらゆる人間の苦しみにも事欠かなかった。……トラヤヌスの闘技会では一万人の男たちが戦った。ネロは夜の庭園を照らすべく、脂を塗った下着姿のキリスト教徒らを焼いた。ドミティアヌスのもとでは弱々しい小人の軍勢が戦いを強いられた。……血を求める渇望は甚だしく、王子が穀物の配給を怠ったとしても、闘技会を怠るほどの不評は買わなかった。[※6]

ローマ人は道徳感情や倫理的生活を考える能力がなかったわけではない。キケロ、セネカ、元奴隷のエピクテトス、皇帝マルクス・アウレリウスなどの思想家は、正義や公共の義務、および最良の人生の歩み方に関する思索に価値を置く。闘技会がおぞましくも明瞭に示すのは、こうした道徳的な感情や思索に確たる境界線が存在したことである。ある存在がその境界線内にいれば、闘技会でみられたような行ないは許しがたい蛮行となっただろう。しかしある存在が道徳的配慮の圏外に位置すれば、苦しみを与えることもただの娯楽となった。奴隷、罪人、戦争捕虜を筆頭とする一部の人間と、全ての動物は、この圏域の外に置かれた。

キリスト教の影響はこうした背景に照らして評価しなければならない。キリスト教は創造における人類の特別な地位という考えをローマ世界に持ち込んだ。これはユダヤの伝統から受け継いだものだが、キリスト教は人間が全地球生命の中で唯一、肉体が死んだあとの生を持つという信仰に重きを置いていたため、右の考えをユダヤ教以上に強く主張した。これによってキリスト教を特徴づける全人間生命の聖性の概念が形づくられた。あらゆる生命が神聖であると説く宗教はとりわけ東洋にみられ、自分たちの社会・宗教・民族集団に属する者を殺すことは大罪だと考える宗教ならばいくらでも存在したが、キリスト教はあらゆる人間の命が――そして人間の命だけが――神聖であるという考えを広めた。新生児や子宮の中の胎児ですら不滅の魂を持ち、その命は大人のそれと同程度に神聖とされる。

人間に関する限り、この新たな教義は進歩的で、ローマ人の狭い道徳の圏域を大幅に広げた。しかし他の種に関してみると、この教義は旧約聖書でいわれる人間でない存在の劣位を認め、さらに貶めることとなった。旧約聖書は他種に対する人間の支配権を唱えこそすれ、少なくともその苦しみに対しわずかばかりの配慮を示してはいた。一方、キリスト教の新約聖書は動物虐待を禁じる何らの戒めも、動物たちの利益に配慮する何らの勧めも含んでいない。イエス自身も人間でない存在の運命をあからさまに軽んじる者として描かれており、〔悪魔を乗り移らせた〕二〇〇〇頭の豚を海へと飛び込ませる――イエスは他の生きものに悪魔を移さずとも悪魔を払えるのだから、この行為は全く不必要だったものに思われる。[※7] 聖パウロは穀物を挽《ひ》く雄牛に轡《くつわ》を嵌《は》めてはならないとする古いモーセの律法を再解釈すべきだと主張した。「神は雄牛を気づかわれたのか」とパウロは冷笑気味に問う。否、と彼は答え、律法は「全て我々のために」定められたと続ける。[※8]

同じく、イエスが示した先例は後世の有力なキリスト教徒によって、人間支配の説を強化するために利用された。豚の件と、イエスが無花果《いちじく》の木を呪った逸話に触れつつ、聖アウグスティヌスは記した。

キリスト自身が、動物殺しや植物殺しを差し控えることは迷信の極みだと示している。我々と獣や木々のあいだに共通の権利がないとの判断から、彼は悪魔を豚の群れに送り込み、実のならない木を呪いによって枯らした。もちろん豚は罪を犯しておらず、木もしかりである。

アウグスティヌスの解釈によれば、イエスは私たちが人間に対する行動を統《す》べるところの道徳律に従って動物に対する行動を決める必要はないことを示そうとしたのだった。簡単に悪魔を殺せたイエスが、それをしないで豚に悪魔を乗り移らせたのはそのためである。[※9]こうした基盤のもと、キリスト教とローマの態度が溶け合ってどうなったかは、想像に難くない。その結果は、帝国がキリスト教と融合したのち、ローマの闘技会に何が起こったかをみればよく分かる。キリスト教の教えは剣闘士の闘いを断じて認めなかった。対戦相手を殺して生き残った剣闘士は殺人者とみなされた。こうした闘技を観戦するだけでもキリスト教徒は破門となった。そして人間同士の闘いは四世紀の終わりまでに全廃される。他方、人間でない動物の殺害や拷問に関する道徳的評価は変わらなかった。野生動物との闘いはキリスト教の時代にも続き、帝国の富と領土が減って野生動物の調達が難しくなった結果、ようやく衰えたものとみえる。ただしそうした闘いはいまだ現代的な闘牛の形でスペインやフランス、ポルトガル、メキシコ、コロンビア、ベネズエラ、ペルー、エクアドルにみられる。

ローマの闘技会にいえることはより一般化できる。キリスト教は人間でない存在を、ローマ時代と同じく、完全に憐れみの埒外《らちがい》に取り残した。結果、人間に対する態度が見違えるほど和らぎ改まる一方で、他の動物に対する態度はローマ時代の無情さと残忍さを脱しなかった。否、キリスト教は他の動物に対するローマ人の最悪の態度を和らげなかったばかりか、より心ある少数の人々が灯し続けてきた広範囲におよぶ思いやりの火を、不幸にも実に長くのあいだ消しおおせたのだった。

種を問わず、苦しみに思いやりを示すローマ人はごくわずかにいた。幾人かはさらに、食通の卓上であれ闘技場においてであれ、人間の快楽のために感覚意識のある生きものを利用することに反発さえ示した。オウィディウス、セネカ、ポルピュリオス、プルタルコスは、いずれもその筋で著作を物した。レッキーによると、プルタルコスは輪廻《りんね》信仰と一切関係なく、普遍的慈愛にもとづき動物を親切に扱うことを強く唱道した最初の人物と認められる。そして『黄金の驢馬《ろば》』を書いた北アフリカ人作家アプレイウスも忘れてはならない。同作は驢馬に変身した男の愉快な猥談《わいだん》風の物語で、おそらくは現存する世界最古の小説かつ、当時の驢馬に加えられていた様々な虐待の描写も含め、動物の視点から世界を描いた初の作品でもある。キリスト教徒の物書きがプルタルコスに並ぶ熱量と詳細さで、かつ人間への残忍さを育てかねないという理由以外で、動物虐待に批判を向けるようになるには、それから一六〇〇年近くを待たなければならなかった。一九世紀後期に至ってようやく、『黄金の驢馬』と同等の徹底した動物視点に立つ小説、アンナ・シューウェルの『黒馬物語』が書かれた※10。

一部の初期キリスト教徒は動物への気づかいを表明していた。カイサリアの聖バシレイオスが記した祈りは動物への親切行為を促し、聖ヨハネ・クリュソストムも同じ趣旨の言葉を残し、シリアの聖イサアクによる教えもある。狩猟を妨害して猟師から鹿や野兎を救ったネオトのような聖人もいた。[※11]時代が下ると、動物に対する教会の立場を改めようと最善を尽くす人道的カトリック教徒も多数現れた。しかしほとんどの者はもとより種差別的な宗教観に囚われたままだった。最も有名な聖人、アッシジの聖フランチェスコがそれをよく表している。彼はカトリックが人間でない存在の福祉に対する配慮を否定する傾向にあった中で、際立った例外に数えられる。伝わるところによると、彼はこう言った。「もしも私が皇帝への謁見を許されたら、神と私自身の愛に懸け、何人も姉妹なる雲雀《ひばり》を捕らえ閉じ込めてはならないとする勅令、そして雄牛や驢馬の所有者らに対しクリスマスにとりわけよく餌をやるよう求める指令を発布するよう希《こいねが》うでしょう」。彼の思いやりについては多くの伝説が語っており、鳥に説教をしたという逸話は、なるほどかれらと人間の溝が他のキリスト教徒の想定ほど大きくないと示唆しているかに思える――もっとも、既に指摘があるように、彼が鳥に説教をしたのは自分の教えを聞きに来る人々が鳥以上にそれを聞けていないということを聴衆に伝えるためだった可能性はあるが。雲雀や他の動物に対するフランチェスコの態度だけを見ていたら、彼が考えていたことに関し間違った印象を受ける。聖フランチェスコが姉妹として話しかけたのは感覚意識のある生きものだけではなかった。太陽、月、風、炎、全てが彼にとっての兄弟姉妹だった。同時代人は彼が「ほとんどあらゆる被造物を前に内なる歓喜も外なる歓喜も」表し、「それらを扱い眺める時の彼の魂は地上よりも天国にあるかに見えた」と述べている。その歓喜は水、岩、花々、木々にもおよぶ。これは宗教的恍惚状態にあって全自然との一体感に深く感動している人物の描写である。さまざまな宗教や神秘主義の伝統に属する人々がこうした経験をしており、同様の普遍的愛の感情をあらわにしてきた。この角度からフランチェスコを見つめれば、その愛と思いやりの広さがより把握しやすくなるのに加え、彼の全被造物に対する愛が、種差別的な点で至極正統な神学的立場と両立しえたゆえんも理解できるだろう。

このような恍惚状態の普遍的愛は思いやりや善き行ないの強い源泉になりうるが、理性的内省を欠くがゆえに、その有益な効果を打ち消すほどの負の側面を持つ。岩も木々も植物も雲雀も雄牛も平等に愛するのであれば、そうした存在の根本的な差異を見落としかねない――中でも重要なのは、一部の存在が痛みを感じられ、他は違うという点である。そこで、私たちは生きるために糧を得なければならず、愛する存在を殺さなければ糧を得ることはできないのだから、何を殺そうと関係ない、という思考へ向かうおそれが生じる。おそらくそれゆえに、聖フランチェスコは鳥や雄牛を愛しながらもそうした動物を食べることはやめなかったように思われる。自身の修道会における修道士らの行ないについて規則を定めた時に彼は肉食を禁じず、一二二〇年に長旅から帰還した際には責任を委ねた者らがそのような禁止を設けたと知って彼がそれを覆した[※12]。

フランチェスコはカトリックにとって動物の守護聖人であり、彼の祝日である一〇月四日には、多くの教会が祝福を与えるべく教会区民に動物を連れてくるよう呼びかける。しかしフランチェスコも、動物を思いやる他の著名な初期キリスト教の思想家たちも、純然たる種差別に囚われた主流のキリスト教思想を変えることはできなかった。その影響力がなかったことの証として、最も影響力のある人物、聖トマス・アクィナスの見解を考えてみればよい。

アクィナスはフランチェスコが没する前年の一二二五年に生まれた。その主著『神学大全』は、神学の知識をまとめ上げ、それを世界的な哲学者の叡智と和解させることを試みた作品であるが、ここでいう哲学者とは実際のところアリストテレスを指しており、アクィナスは彼を単に「かの哲学者」と称する。宗教改革に先立つキリスト教哲学、そしてほぼ今日まで受け継がれるローマ・カトリックの哲学を代表するような、ある一つの哲学が存在するとすれば、それはトマス・アクィナスがつくり上げたアリストテレス哲学とキリスト教神学の融合体系、通称トマス主義だろう。

動物に関するトマス主義倫理の検証は、殺しを禁じるキリスト教の戒律が人間以外の被造物に適用されるか、されないとしたらなぜかを問うことから始めるのがよい。アクィナスはその問いにこう答える。

ものをその目的のために用いることは罪にならない。さて、ものの秩序は不完全なものが完全なもののために存在するという形をとる。命を持つだけの植物のようなものはいずれも動物のために存在し、動物はいずれも人《マン》のために存在する。よって、人《マン》が植物を動物の利益のために利用し、動物を人《マン》の利益のために利用することは、かの哲学者が言う通り、不法ではない（『政治学』第一巻三章）。

さて、最も必要な利用は、動物が植物を、人《マン》が動物を食用とすることにあると思われ、これは命を奪わねばなしえないゆえ、動物の利用のために植物の命を奪い、人《マン》の利用のために動物の命を奪う行ないはいずれも合法となる。事実、これは神自身の命令とも合致する（『創世記』一章二九～三〇節および九章三節）[※13]。

アクィナスが人間は動物を食べなければならないと述べているのは、彼がマニ教に対するアウグスティヌスの反駁を知っていたことを思えば奇妙である。マニ教はアウグスティヌスの時代にキリスト教の向こうを張っていた宗教であり、両者の違いの一つとしてアウグスティヌスが反駁の中で触れていたのは、マニ教が動物を殺し食べることを禁じているという点だった（アウグスティヌスは先述の通り、イエスが豚を海に沈めたのは動物殺しの忌避が「迷信の極み」であることを私たちに教えるためだったと説くが、これはマニ教徒を念頭に置いての説明だった）。

このくだりでアクィナスが唱える大枠の道徳的主張は、「不完全」な存在が「より完全」な存在のために存在するというアリストテレスの見解を追認したものであり、私たち人間はもちろん、最も完全な存在である。よって私たちは生命を維持するために殺生する資格を持つが、人間を捕食目的で殺す動物は全く違うカテゴリーに分類される。

野蛮さや獰猛《どうもう》さといった言葉は野獣に近いという意味に由来する。この種の動物が人《マン》を襲うのは自分の体を養うためであって、何らかの正義の動機にもとづいてのことではない。その思考は理性にのみ属する。[※14]

人間はもちろん、食べるための殺しに先立ち、その正義をよく考えるだろう！　というわけで、人間は他の動物を殺し、食用としてよい。しかし、おそらくそれ以外で、かれらにしてはならないことがあるのではないか。他の被造物の苦しみはそれ自体が悪ではないか。だとするとそれゆえに、かれらを苦しめること、少なくとも不必要に苦しめることは不正となるのではないか。

アクィナスは「理性なき動物」への残忍行為がそれ自体で悪であると言わない。そのような不正は彼の道徳枠組みでは一顧だにされない。彼は罪を、神に対するそれと己に対するそれ、隣人に対するそれに分類する。かくして道徳の境界線はまたも人間でない存在を排除する。そうした存在に対する罪のカテゴリーはない。[※15]

人間でない存在への残忍行為が罪にならないとしても、そうした存在に親切であることはおそらく慈善になるのではないか。否、アクィナスはその可能性も明確に否定する。慈善は彼いわく、三つの理由から理性なき被造物にはおよばない。第一に、そうした存在は「厳密にいえば善を有することができない。それは理性的被造物だけの領分である」。第二に、私たちはそれらとの仲間意識を持たない。第三に、「慈善は不朽の幸福に包まれた仲間関係にもとづくが、理性なき被造物はそこに加われない」。そうした被造物は「私たちが他者のために欲する有用なものとみる」かぎりで愛することができる――つまり「神の名誉と人《マン》の利用のために」欲するかぎりで。言い換えれば、動物が腹を空かせているという理由で私たちが愛を込めて餌を与えることはありえないが、こいつは誰かの晩餐だと考えて動物に餌を与えることならありうる、というわけである。※16

これらを総合すると、アクィナスはただ、人間以外の動物が苦しむ能力を全く持たないと信じていたのではないか、と疑いたくなるかもしれない。他の哲学者も同じ考えに囚われていたのだから、バカげているとはいえ、アクィナスもその一人だったとすれば、少なくとも苦しみに無関心だったという非難だけは免れる。しかしながら、この推測は彼自身の言葉によって打ち消される。旧約聖書にみられるいくつかの穏健な動物虐待の戒めについて論じつつ、アクィナスは理性と情念を分けるよう提言する。理性について彼はこう述べる。

> 神は万物を人《マン》の権力下に置いたのだから、人《マン》が動物に対しいかに振る舞うかは問題ではなく、その意味でかの使徒［パウロ］は神が雄牛を気づかわないと語る。神は雄牛や他の動物の扱いに関し、何の指示も人《マン》に与えないからである。

他方、情念についてみると、私たちは動物に憐れみを覚える。「理性なき動物でも痛みを感じる」からである。が、アクィナスは動物が痛みを被るだけでは旧約の戒めを正当化する充分な理由にならないとみて、こう述べる。

ここで明らかなのは、一介の人《マン》が動物に憐れみの情を抱くのなら、彼はそれだけ積極的に同胞なる人《マン》たちにも憐れみを向けるだろうということである。ゆえに「公正なる者は獣の命にも目を向ける」とある（箴言一二章一〇節[※17]）。

つまりアクィナスは、動物虐待を戒める唯一の理由はそれが人間への残忍性を育てうるからだという、よく聞かれる見解へと行き着く。これほど明瞭に種差別の本質を露呈する議論もない。

イタリアのルネサンスは、一四五三年にオスマン帝国がコンスタンティノープルを乗っ取り、ビザンティン帝国が崩壊をきたす中、そこを脱出してきた学者たちが流入したことで盛期を迎え、中世スコラ学に対抗する新たな人間主義《ヒューマニズム》の考え方を呼び込んだ。しかし動物に対する態度に着目すると、ルネサンスの人間主義はつまるところ人間主義であり、その意味は人道的に振る舞う傾向としての人道主義とは何の関係もなかった。むしろルネサンスの人間主義で中核をなした特徴は、人間の価値と尊厳、そして宇宙の中心を占める人間の立ち位置を強調したことにある。「人《マン》は万物の尺度である」という、古代ギリシャに由来しルネサンス期に復活した言葉がこの時代の主題だった。

神の無限なる力に比した人間の罪深さと弱さにこだわる気の滅入るような思考を捨て、ルネサンスの人間主義者たちは人間の独自性や、その自由意志・可能性・尊厳を強調した。しかしそのためにかれらは人間の力を「下位なる動物」の限界と対比した。ルネサンスの思想家たちは奔放な小論を書いて「この世に人《マン》ほど賞讃に値するものはない」と言い、人間を「自然界の中心、宇宙の中央、世界の連鎖」と称した。[※18] ルネサンスが何らかの面で近代思想の始まりを告げるものだったとしても、動物に向ける態度は違った。

しかしおおよそこの時代に、最初の純粋な反対意見の持ち主らも現れる。レオナルド・ダヴィンチは動物たちの苦しみを思って肉食をやめたことで友人たちにからかわれた。[※19] ジョルダーノ・ブルーノは、居住できる星も含む他の惑星の存在可能性を認めた新しいコペルニクスの天文学に影響され、「人《マン》は無限なるものを前にしては一匹の蟻をも超えない」と言ってのけた。異端説の撤回を拒んだ彼は一六〇〇年に火刑に処された。

ミシェル・ド・モンテーニュはプルタルコスを慕っており、同時代の人間主義の想定を批判した文章は、かの心優しいギリシャ人作家から承認を得られたものと思える。

傲《おご》りは私たちの生まれ持った古くからの病である。……この自惚《うぬぼ》れた想像によって、［人《マン》は］己を神に比し、己に神的な特質を認め、群れいる他の被造物から己を隔て引き離す。※20

このような自己賞揚を否定した著述家が、ローマ時代以降の物書きではいち早く、「残忍性について」と題したエッセイを通し、動物虐待は人間への残忍性を育てやすいこととは別にそれ自体で不正であると論じたことは偶然ではない。

この頃、古い世界観とそこにおける人間の中心的立ち位置は、ユダヤ＝キリスト教の伝統に由来するそれもアリストテレス由来のそれも、コペルニクスやガリレオといった科学者らの発見によって大きな圧力をかけられていた。ならば人間でない存在の地位もここから改まっていくのでは、と思う人がいるかもしれない。が、最悪のどん底が訪れるのはこれからである。キリスト教の教義が生んだ最後の、最も奇怪な、かつ――動物たちにとっては――最も悲惨な成果は、一七世紀前半に現れたルネ・デカルトの哲学だった。いくらかの面で、デカルトは目立って近代的な思想家だった。全てを疑うという見かけ上の姿勢は「近代哲学の父」という称号にふさわしい。さらに彼は解析幾何学の草分けでもあり、現代数学はここに多くを負う。しかしこのデカルト像は何点かで誤解を招く。彼は懐疑の姿勢を持ってはいたがキリスト教徒をやめず、動物についての考え方は科学への支持とキリスト教教義への傾倒を組み合わせる試みから生まれた。

新しく活気に満ちた科学分野の機械学に影響されたデカルトは、物質でできたものはいずれも機械論的原理、つまり時計の動きを説明できるような原理に統べられていると信じた。では人間はどうか。人間の身体は物質でできており、物理的宇宙の一部をなす。私たちも機械なのか。私たちの行動は科学法則によって決まるのか。

デカルトは魂の概念を持ち込むことで、人間は機械だという忌まわしい異端説をかわしおおせた。デカルトいわく、世界には一種類ではなく二種類のもの、すなわち精神または魂に属するものと、肉体的または物質的な自然に属するものがある。人間は意識を宿すが、意識の源泉が物質ということはありえない。デカルトは意識を不滅の魂と同一視した。これは神によって特別につくられたものであって、肉体が滅んだのちも生き残る。キリスト教の教えにしたがいつつ、デカルトは人間が物質的な身体と意識的な魂を併せ持つ点で独特だと主張した（この枠組みでは、天使や他の非物質的存在は純粋な意識であるとされる）。かくしてデカルトの哲学では、動物が不滅の魂を持たないというキリスト教の教義が、動物は意識も持たないという驚くべき結論を生む。彼によれば、動物は単なる機械、カラクリである。喜びも痛みも何も経験しない。ナイフで切れば叫びを上げ、焼きごてを当てれば逃れようともがくが、デカルトいわく、それは痛みを感じているのではない。動物たちは時計と同じ原理に統べられており、その行動が時計よりも複雑なのは、時計が人間のつくった機械であるのに対し、動物は神がつくった果てしなく複雑な機械であるからにほかならない。[※21]

意識のありかを物質界に求めるという問題に対し、このような「解決」を示すのは、私たちには逆説的に思われ、デカルトの同時代人の多くにもそう思われたが、同時にこの見方には重要な利点もあると考えられた。これは死後の生を信じる根拠となる。そして死後の生はデカルトにとって「極めて重要」だった。なんとなれば「動物の魂が私たちのそれと本質的に同じであるという考え、そして私たちは蠅や蟻以上にこの生以後のことを恐怖もしくは期待する必要がないという考え」は、不道徳な行ないに繋がりがちな誤謬《ごびゅう》だからである。[※22] 加えて、右の見方は悪をめぐる古い神学的問題の悩みどころも拭い去った。つまり、全知全能かつ無限の慈悲を持つ神がつくった世界において、なぜ動物たちが苦しむのか、という点である。畢竟《ひっきょう》、人間は罪を犯したから——少なくともアダムとイブの原罪を引き継ぐから——苦しむのであり、その苦しみは死後の生で報いられる。しかし動物たちは罪を犯しておらず、アダムとイブの末裔でもなく、死後の生も持たない。キリスト教徒が伝統的に考えてきた神の存在に対する、この動かしがたいかに思える反駁に対するデカルトの回答は、はっとするほど単純だった——動物は苦しまない。[※23]

デカルトは動物の苦しみを否定することによる極めて実用的な利点にも気づいていた。この見方は彼いわく「動物に酷というより人《マン》にやさしいのです——少なくともピタゴラスの迷信に降伏していない者たちにとって。なぜならそう考えることで、かれらは動物を食べたり殺したりする際に、罪を犯している疑いを抱かなくて済むようになるのですから[※24]」。

科学者デカルトにとって、自身の学説はさらにもう一つのありがたい帰結を伴っていた。生物学や医学の分野で従来以上に科学的なアプローチが台頭したことを背景に、当時のヨーロッパでは生きた動物を解剖する習慣が広まっていた。麻酔はなかったため、それらの実験にかけられた動物たちは、大半の者から見て、激痛に苦しんでいると思われる行動をとっていたはずである。しかしデカルトの理論はそうした状況で実験者らが感じるであろう良心の咎めを捨て去る役に立った。デカルト本人も解剖学の知識を増やすために生きた動物を解剖し、当時の著名な生理学者の多くはデカルト主義者や機械論者を名乗った。以下の目撃談は一七世紀後期にヤンセン主義のポール・ロワイヤル修道院に身を置いていた実験者らの様子を記したものであり、デカルトの理論がいかに好都合だったかを明らかにしている。

彼らは至極冷淡な態度で犬に殴打を加え、自分が痛みを感じているかのように犬を憐れむ人々をせせら笑った。彼らに言わせれば動物は時計であり、打たれた時の叫びは小さなバネに手が触れた時の雑音と変わらず、その体に感覚はないらしい。彼らは憐れな動物たちの四肢を板に釘付けにして、大論争の的だった血液循環を見ようとその体を切り開いた。[※25]

ここを基準にするなら、動物たちの地位は向上しかしえないのも確かだった。

啓蒙時代

スコットランドの啓蒙時代に生きた最も偉大な哲学者、デビッド・ヒュームは、人間による動物の扱いの問題に向き合い、私たちは「そうした生きものをやさしく利用する人道性の法に縛られている」と論じた。[※26]「やさしく利用する」という言葉は、一八世紀に広がりだした親切な態度をうまく要約している――私たちは動物を利用してよいが、やさしく利用すべきだというわけである。この時代は、より上品さや丁寧さを重んじ、より慈悲深さを高めて野蛮さを抑える風潮に彩られ、人間だけでなく動物たちもその風潮の恩恵に浴した。加えて、一八世紀は「自然」が再発見された時代でもある。ジャン＝ジャック・ルソーが思い描いた高貴な野蛮人――裸で森を徘徊しつつ果物やナッツを採集する野蛮人像――はこの自然の理想化の頂点を示す。人間自身を自然の一部とみることで、私たちは「野獣」との親族意識を取り戻したのだった。

新たな動物実験の流行自体も動物に対する態度の変容に一役買った可能性がある。というのも、実験は人間と他の動物の生理学に注目すべき類似性があることを明らかにしたからである。厳密に言えば、これはデカルトが述べたことと矛盾しないが、それによってデカルトの見解はより通用しにくくなった。ヴォルテールはうまくまとめている。

忠誠心も友情も人《マン》を遙かに上回るこの犬を捕らえ、卓上に釘付けにして生きたままの彼を解剖にかけ、その腸間膜静脈を衆目に晒す蛮族がいる。犬の中にはあなたと全く同じ臓器が見られるだろう。答えよ、機械論者よ、自然はこれら全ての感覚の源泉をこの動物の内に配置しながら、彼がものを感じないように計らったというのか。[※27]

イングランドではアレクサンダー・ポープが完全に意識のある犬を切り開く行ないに反対し、「劣等なる被造物」は「我々の権力に服する」とはいえ、我々はその「誤った管理」について責任を問われると論じた。[※28] 私たちが「劣等なる被造物」の管理者だという考え方に表れている通り、この時代は依然、人間が動物を統治し利用する権利を持つという支配的思想から決別するには到底至っていない。せいぜいのところ、人《マン》は動物一家の善き父を務めるものとみられていた。

フランスでは教権に対する反感の高まりが動物の地位に有利に働いた。あらゆるドグマとの戦いを喜びとしていたヴォルテールは、批判的な意図からキリスト教徒の行ないをヒンズー教徒のそれと比べた。さらに、やさしい扱いを支持するイギリスの同時代人より先に進み、「我々と同じような存在の肉と血を糧にこの身を養う残忍な習慣」にも触れた——もっとも、彼自身もこの蛮行をやめなかったらしいが。[※29] ルソーもベジタリアニズムの擁護論が強力であると認めつつ、それを実際に行動へ移しはしなかったようである。その教育に関する著作『エミール』は、ほとんど脈絡に関係ないところで、動物の食用利用を不自然かつ不必要な血生臭い殺戮と咎めるプルタルコスの長い一節を引いている。[※30]

啓蒙運動は動物への態度に関し、あらゆる思想家に同等の影響を与えはしなかった。イマヌエル・カントは倫理学講義において生徒に語った。「動物に関していえば、私たちに直接義務はありません。動物は自己意識を持たず、目的に資する手段としてのみ存在します。その目的とは人《マン》です」[※31]。しかしカントがこれらの講義を行なった同じ年、一七八〇年に、ジェレミー・ベンサムは『道徳および立法の諸原理序説』を書き上げた。そこで、既に本書の第一章で引用した一節を通し、彼はカントに決定的な答を返した――「問題はかれらが思考できるか、会話できるかではなく、かれらが苦しみを感じられるかどうかである」と。動物の立場をアフリカ人奴隷のそれと並べ、「他の動物被造物も、暴君の手だけが奪いえた権利を獲得できる」日を夢見た点で、ベンサムは「人《マン》の支配」を正当な統治ではなく圧制として糾弾した初の人物だったかもしれない。

一八世紀の知的前進に続いて、一九世紀にはいわれなき動物虐待の禁止法という形で動物たちの状況が実際に改善され始めた。動物の法的権利をめぐる最初の論争はイギリス議会で起こったが、それはベンサムの思想がいまだ議員らに大きく影響していないことの証となった。議論されていたのは牛いじめという「スポーツ」の禁止法案で、一八〇〇年に下院に提出されたものだった。外務大臣ジョージ・キャニングはこれを「滑稽」だと言い、「牛いじめ、ボクシング、舞踊よりも無害なものがありましょうか」と反語的に問うた。ボクシングや舞踊を禁じる試みなどない、ということから、この抜け目ない議員は自分が反対する法案の要点を摑み損ねてしまったようである——彼の目には同法案が不道徳な行為を招く「賤民」の集まりを違法化するものと映ったのだった。[※32]このような勘違いが生じた背景には、動物しか害さない行為に関し法律を設ける価値はない、との前提がある。『タイムズ』紙も同じ前提にもとづき、社説にて「個人の時間や所有物に関する私的裁量に干渉することは何であれ圧制となる。第三者が損害を受けないかぎり権力が介入する余地はない」との原則を掲げた。法案は否決となった。

一八二一年、下院でアイルランドのゴールウェーを代表する郷紳《きょうしん》地主、リチャード・マーティンは、馬の虐待を防止する法案を提出した。以下の叙述はその後の論争の様子を伝える。

アルダマン・C・スミスが、驢馬にもこの保護を与えるべきだと提案すると、笑い声が響き渡ったため、『タイムズ』紙の記者はほとんど発言を聞き取れなかった。議長が提案を繰り返すと笑い声はさらに大きくなった。もう一名が、マーティンはこの次に犬の法案を提出するだろうと言うと、爆笑はいやましに轟《とどろ》き、「次は猫だ！」という叫びで議会は大騒擾《そうじょう》となった。[※33]

この法案も否決となったが、翌年、マーティンは「他の個人または集団の財産」である一定の飼育動物に対する「気まま」な虐待を犯罪とする法案を通した。史上初めて、動物虐待は処罰できる犯罪となった。前年は爆笑されたにもかかわらず、驢馬も対象に加えられたが、犬と猫はなおも対象外となった。より重要なのは、マーティンが法案を作成するにあたり、それを私有財産品目の保護法に似せ、動物たち自身ではなく所有者のための法律としなければならなかったことである。[※34]

法案はいまや制定法となったが、依然、執行の課題が残っていた。被害者は告訴をすることができないので、マーティンほか数名の注目すべき人道主義者たちは証拠を集め訴追手続きを行なうための協会を立ち上げた。こうして世界初の動物福祉団体、動物虐待防止会がつくられ、のちにビクトリア女王の承認を得て「王立」の接頭辞を付け加えた。

一八三〇年代末、チャールズ・ダーウィンはノートの一つに、研究から生まれた一つの考えを書き記した。「人《マン》は傲慢のあまり、みずからを神の介在者にふさわしい偉大な作品と考えている。動物から生まれたと考えるほうがより慎ましく、私見ではより正しい」[※35]。さらに二〇年が過ぎて一八五九年、ダーウィンは充分な証拠を集めたとの判断から、自身の理論を公刊した。しかしその時ですら、『種の起源』で彼は一つの種が別の種に進化するという理論がヒトにもおよびうることについては議論を避け、ただ同著は「人《マン》の起源と歴史」を照らし出すだろうと言うにとどまった。実際のところ、ダーウィンはホモサピエンスが他の動物の末裔であるという理論について既に長い覚書を記していたのだが、それをおおやけにすれば「私の見解に対する偏見を強めるだけ」だろうと予想した。[※36] 多くの科学者が進化の一般的理論を受け入れた一八七一年になってようやく、ダーウィンは『人間の由来』を公刊し、先行著作の一文に隠したことをはっきりと示した。

こうして、私たちと人間でない動物たちの関係をめぐる人間理解の革命が始まった……というより、そうなるはずだった――人間は「動物からつくられた」という事実が単なる知的確信にとどまらず、私たちの精神に充分浸透し、仲間の動物たちを殺して食べるという考えそのものがおぞましくなっていたなら。知的な次元では、ダーウィニズムの革命はまさに革命的だった。私たちが他の動物たちとともに進化したという事実は、人間が被造物の最高位にあって動物への支配権を有するというそれまでの正当化言説を、実質的に全て覆す。私たちはいまや、人間が神の特別な被造物で動物から分かたれた神の似姿ではないことを知っている。ダーウィン自身も人間と動物の違いが一般に思われていたほど大きくないと主張した。『人間の由来』第三章でヒトと「下位の動物」の精神能力を比較したうえで、ダーウィンはその結果をこうまとめる。「人《マン》が誇る愛・記憶・注意・好奇心・模倣・理性・等々のさまざまな感情や機能は、下位の動物たちにも初期的な状態で、時にはよく発達した状態で観察できる」。同著第四章はさらに論を進め、人間の道徳感覚は動物たちの社会的本能、つまり仲間との同伴を喜び、互いに共感を抱き、互助を行なうなどの本能に由来することを認める。[※37]

私たちは動物の末裔である、という発想が逆風の嵐に遭ったことは――よく知られている話なのでここでは繰り返さないが――、種差別の神話がいかに西洋思想を覆い尽くしていたかを物語る。ダーウィンの理論を受け入れた暁に、私たちは現代的な自然理解へと至るが、その理解は当時以来、細部ではともかく根本的には変わっていない。思考と証拠にもとづく確信よりも宗教的信仰を好む者だけが、いまだヒトという種は全宇宙における特別な愛されるべき存在で、他の動物は私たちに食物を提供するためにつくられ、私たちはかれらに対する権威と殺害権限を神に与えられている、と言い張れる。

この知的革命が、それに先行する人道主義感情の発達と組み合わされれば、全てはこれから良くなると思えるかもしれない。しかし、前章までで明白になったと思いたいが、人間による「圧制の手」はなおも他の種を押さえつけており、私たちが動物たちに加える痛みはおそらく古今《ここん》未曽有《みぞう》の域に達している。何が間違ったのか。

近現代

ベンサムに始まる時代は、進歩的な思想家たちの動物に関する主張をみるかぎり、肉食の言い訳時代と形容するのがふさわしい。用いられる言い訳はさまざまで、いくつかは今日でも聞かれるため、ここで検証するに値する。

まずは神学的な言い訳があり、ウィリアム・ペイリーの広く読まれた著書『道徳・政治哲学の諸原理』がその例となる。同書は一七八五年に刊行され、一九世紀中期までケンブリッジ大学の教材とされた。「人類の一般的権利」を設定する段で、ペイリーはまず、私たちが動物におよぼす痛みと死について「何らかの弁明が必要だろう」と述べる。続いて彼は、動物たちが互いを獲物とする事実は私たちがかれらを殺す充分な理由になるかを考え、ならない、と答える。なぜなら動物たちは生きるために殺す必要があるのに対し、私たちは「果物、豆類、香草、根菜」で生きていくことができ、ペイリーの知識では、インドに暮らす多くの人々が現にその食生活をしているからである。そこで彼が結論するに、動物を食べる私たちの権利を非宗教的な議論で支持することは難しく、ゆえにその行ないを正当化するには、『創世記』で人類に与えられた許可を根拠とするほかない。[※38]

ペイリーは他の動物を含む食生活を理性的に擁護できないと悟って啓示にすがった数いる人間の一人にすぎない。一八三五年に出版され、おそらく一九世紀のアメリカで最も広く使われた道徳哲学の文献『道徳科学初歩』を著したフランシス・ウェイランドも、同じ議論をした。[※39]ヘンリー・S・ソルトはイングランドでの生活を振り返る自伝『蛮人に囲まれた七〇年』に、イートン校の教師だった頃の会話を収めている。当時、ベジタリアンになって間もなかった彼は、自分の実践について初めて優秀な科学教師の同僚と議論することになった。いくらか怯えながら、彼は自分の新たな信念に対する科学精神の裁断を待った。下されたのはこの言葉だった。「しかし君、動物は我々のために食料として与えられたとは思わんかね？」[※40]。

ベンジャミン・フランクリンは数年のベジタリアン生活を送っていたが、『自伝』で回顧するには、その後、友人らが釣りをしているのを見て、釣られた魚《うお》たちが他の魚を食べていたことに気づいた。そこで「お前たちが互いを食べるのなら、我々がお前たちを食べてはいけない理由も分からない」との考えに至った。もっとも、フランクリンは魚がフライパンに載って「実に良い」匂いに焼けてきた時にこの結論に達したと認めている点で、少なくとも正直ではあった。彼はさらに、「理性ある生きもの」の一つの利点は、したいと思う行ないの全てに理由を付けられることだと言い添える。[※41]

深い思索を好む者であれば、動物の苦しみという厄介な問題は深遠すぎて人間の精神には理解できないとみなし、対峙を避けることもできる。改革主義のイギリス人教育者でラグビー校の校長だったトマス・アーノルドは記した。「獣なる被造物の主題は、全体、私にとってあまりに手に余る謎ゆえ、あえて近づこうとは思わない[※42]」。

この態度はフランスの歴史家ジュール・ミシュレにも共通するが、こちらはより劇的にそれを言い表した。

> 動物の生命、陰鬱な謎！　思想と物言わぬ苦しみの果てしなき世界。劣位の同胞に誤った理解を抱き、屈辱を与え、拷問を加える人《マン》の野蛮さに全自然は抗議する。生と死！　動物を喰らうことに伴う日々の殺し——これらの厳しくつらい諸問題は頑として私の心に居と

どまる。みじめな矛盾。私たちがこの卑しさ、この残酷な運命から逃れられる別世界があることを願おう。[※43]

ミシュレは私たちが殺すことなしには生きられないと信じていたようである。この「みじめな矛盾」に対する彼の苦悩は、その検証にかけた時間と量的な対照をなしていたに違いない。私たちは生きるために殺さなければならない、という快適な誤認を受け入れたもう一人の人物に、東洋思想をヨーロッパへ輸入する点で大きな役割を果たしたドイツの哲学者、ショーペンハウエルがいる。鋭く冷笑的な文章で、彼は西洋の哲学と宗教に広くみられる動物への「浅ましいほどに粗野な」態度を、仏教やヒンズー教のそれと対比した。西洋的態度に対するその舌鋒鋭い批判は今日でも通用する。が、とりわけ痛烈な一節のあとで、ショーペンハウエルは食べるための殺しという問題に軽く触れる。人間が殺しなしに生きていけることは否定できなかった――それをするにはインドに関する知識があり過ぎた――にもかかわらず、彼は「畜産物がなければ北方の人間種族は生きていくこともできない」と主張した。加えて、動物の死はクロロホルムの使用によって「さらに楽」になっているはずだと言い添えたが、自分の語った地理的区分の根拠は何も示さなかった。[※44]

かのベンサムでさえ、動物を食べることの問題に対しては怖気づいた。問題は動物が思考またけ会話できるかではなく苦しみを感じられるかどうかだと言った、その同じくだりで彼はこうも述べている。

私たちが食べたい動物を食べてよいと考える理由ならば充分にある――私たちはそれによって快を得る一方、かれらは何ら不快を得ない。かれらは私たちのごとく、将来の悲劇を遙かに前もって見越したりはしない。私たちの手にかけられて動物が味わう死は、自然の定めがもたらす死に比べ、概して、いやおそらく常に、より速《すみ》やかなうえ、そのおかげでより痛みの少ないものとなる。

思わずにいられないのは、これらのくだりで、ショーペンハウエルやベンサムの議論は普段よりもレベルが落ちている、ということである。人道的な屠殺方法を支持している点は評価に値するが、ショーペンハウエルもベンサムも、商業的な動物の飼養と屠殺に伴う苦しみを考えていない。ショーペンハウエルやベンサムが執筆をしていた当時、屠殺は現代よりもさらに恐ろしい営為だった。動物たちは徒歩で長距離を移動させられ、できるかぎり早く旅程を終わらせたいと思うほかに何の配慮もない家畜商人によって屠殺場へ追い立てられた。屠殺場の広場で二、三日のあいだ、食料も、ことによると水も与えられずに過ごした動物たちは、続いて事前の失神処理もなく残忍な手法で屠殺された。※45 将来の悲劇を遙かに前もって見越しはしなかったかもしれないが、屠殺場の広場に着いて仲間の血の臭いを嗅いだ時に危険を察知して恐怖や抑鬱に襲われたことは確かと思われる。もちろん、ベンサムとショーペンハウエルはこれをよしとはしなかったであろうが、両名ともその産物を消費し、全体の営為を正当化することで右の過程を支え続けた。その点ではペイリーのほうが肉食に伴う事態を正確に思い描いていた感がある。しかし彼が事実を正視できたのは、動物を食べ続けることが神に許されていると信じていたからだった。ショーペンハウエルとベンサムは理性的すぎてこの言い訳には頼れなかったので、醜い現実から目を逸らすしかなかった。

ダーウィンも動物に対する先人らの道徳的態度を引き継ぎ、自分が多くの説得力ある事例をもとに、愛や記憶、好奇心、理性、互いへの共感の能力を有すると記したところの、当の動物たちの肉を食べ続けた。のみならず、王立動物虐待防止会に動物実験の（廃絶ではなく）法的管理を推進してほしいと求める請願書が作成された際も、彼は署名を拒んだ。[※46] 彼の支持者らは、たとえ私たちの起源が神的ではなく自然的なものだとしても、進化の理解は私たちの地位を一切変えないとあえて強調した。ダーウィンの思想が人《マン》の尊厳を損なったという非難に答えて、最大のダーウィン擁護者、T・H・ハクスリーは述べた。「文明化した人《マン》と獣を隔てる溝の大きさを私ほど強く確信した者もいるまい。人類の高貴さに対する畏敬の念は、人《マン》が実体的・構造的に獣と同じであると知ったところで減じはしない」[※47]。

反駁に抗するのはイデオロギーの大きな特徴といえる。あるイデオロギー的立場の土台が突き崩されても、新たな土台が発見されるか、あるいは当の立場がただ維持され、重力の法則に匹敵するほどの論理に逆らう。動物に対する態度についていえば、後者〔立場の維持〕が行なわれたとみえ、ハクスリーがその例を示した。彼は「人《マン》」と「獣」の大きな溝を想定する古い理由がもはや通用しないことをよくよく分かっていながら、なおもそのような溝の存在を信じ続けた（あるいは、少なくとも「文明化した人《マン》」と「獣」を分かつ大きな溝を信じた。彼は当時珍しくなかった人種差別的態度を受け入れていたため、動物と「文明化」していない人間との溝はそう大きくないことを進んで認めたと思われる）。

世界における私たちの位置については、近現代的な見方と先に概観したそれ以前のあらゆる見方に大きな違いがある一方、私たちが他の動物に対しどう振る舞うかという実際的な事柄においては、ほとんど何も変わらなかった。もはや動物たちは完全に道徳的圏域の埒外とはいえなくなったが、にもかかわらず人間からは隔てられ、圏域の境界近くに位置する特殊な一角に置かれている。動物たちの利益は人間の利益と衝突しないかぎりで顧みられる。衝突があれば――それが一生にわたる動物たちの苦しみと人間の美食的嗜好の衝突だとしても――人間でない動物の利益が軽んじられる。古い時代の道徳的態度は私たちの思考と慣行にあまりに深く染み入っているため、人間と他の動物に関する知識が変わった程度では覆らない。

ある種のイデオロギーはとりわけ変化に時間がかかる。ローマ・カトリック教会は動物に関し、七世紀にわたりトマス・アクィナスの教えにしたがい続けた。一九世紀中期のローマ教皇ピウス九世は、ローマでの動物虐待防止会設立を認めず、それは人間が動物に義務を負うことを示唆する、と理由を述べた[※48]。一九五一年になっても、アメリカのカトリック哲学者V・J・バークは倫理学の教科書で肉食を正当化し、アリストテレスを焼き直したアクィナスをさらに焼き直した。

自然の秩序において、不完全なるものは完全なるもののために存在し、非理性的なものは理性的なものに仕える。人《マン》は理性的動物として、この自然の秩序のもと、しかるべき必要に応じて下位なるものを利用することが許される。人《マン》は生命と体力を維持するために植物と動物を食べる必要がある。植物と動物を食べるには殺しをしなければならない。ゆえに殺しそれ自体は不道徳ないし不正な行為ではない[※49]。

先にみた通り、アクィナスは動物を食べることが人間の生命維持に不必要なのを知っていたはずだと考えられる。バークは忠実にアクィナスをなぞって同じ主張を繰り返したが、その誤りを知るにはただ一般的な栄養学の本を読めばよいだけだった。
それでも二〇世紀末までには、人間が他の動物に対する支配権を与えられたとされる点に関し、環境運動が教会の解釈に影響を与え始めた。教皇ヨハネ・パウロ二世は一九八八年の回勅『ソリシチュード・レイ・ソシアリス（社会的懸念について）』で、人間の成長には「自然界を構成する存在たちへの敬意」が伴っていなければならないと述べ、こう付け加えた。

創造主によって人《マン》に与えられた支配権は絶対の権力ではなく、何人も「利用と悪用」の自由や、ほしいままにものを処分する自由を語る資格はない。自然界に関しては、私たちは生物学の法だけでなく道徳の法にもしたがっており、その違反は罪を免れない。[※50]

数年後、教理省の長官だったヨゼフ・ラッツィンガー枢機卿はインタビューの中で、動物に対する人間の義務について尋ねたジャーナリストに答えた。ラッツィンガーの回答は驚くほど力強く、話の中でフォアグラ生産における鵞鳥《がちょう》の強制給餌のみならず、産業化した畜産をも糾弾して「雌鶏たちはきつく押し込められ、鳥の戯画になっています」と語った。これは「生きものを商品へと貶める所業」であり、彼の目には「聖書に見られる互恵的関係に矛盾する」ものと映った。[※51]ラッツィンガーはのちにベネディクト一六世になり、一部の人々は彼がその立場からカトリック教徒へ向け、フォアグラのパテや「商品に貶められた生きもの」の肉を食べないよう呼びかけることを期待したが、工場式畜産場の動物たちに関し彼はそれ以上の公式発言をしなかった。

期待が再燃したのは二〇一三年、ベルゴリオ枢機卿が教皇に選ばれ、動物の守護聖人アッシジのフランチェスコにちなんで、フランシスコの名を得た時だった。翌年、フランシスコは死後の生に関する発言の中で「聖書はこの素晴らしい計画の達成が私たちを取り巻くあらゆるものにも影響すると教えてくれます」と述べて波紋を呼んだ。教皇は動物たちも天国へ行けると言おうとしたのか、と人々は問うた。神学者たちはフランシスコが何気ない言葉を口にしたのであって教義にもとづく声明を述べたのではないと注意を促した。※52 しかし二〇一五年にフランシスコが回勅『ラウダート・シ』を発表すると、そうもいえなくなった。アッシジの聖フランチェスコがつづった「太陽の賛歌」から名を取ったこの回勅は、自然環境に配慮する必要性を強く訴える。その文脈でトマス主義的な人間支配の解釈もしりぞけられる。

我々キリスト教徒が時に聖書を読み違ってきたのは確かであるが、今日、私たちは、みずからが神の似姿につくられ地球に対する支配権を与えられているがゆえに他の被造物への絶対支配が正当化される、との考えを強く拒まなければならない。

『ラウダート・シ』はさらに、安息日に雄牛を休ませよという聖書の命令を「全て私たちのため」と捉えた聖パウロの解釈も否認する。そうではない、とフランシスコはいう。「七日目の休息は人間のためだけでなく、雄牛や驢馬が休めるようにするためでもある（『出エジプト記』二三章一二節）」。要点が見逃されないよう、教皇は付け加える。「明らかに、聖書は他の被造物に配慮しない圧制的人間中心主義を認めてはいない」。

回勅は「神の目には他の生命らも独自の価値を宿している」と説き、教理問答——教会の基本的な教えの声明——として、私たちは「あらゆる被造物の独自のよさを尊重し、不道徳なものの利用を避ける」必要がある、と述べる。『ラウダート・シ』におけるこれらの声明は、動物や環境をめぐるカトリックの教えに訪れた、歴史的にして切望されていた方向転換の兆しにほかならない。ただし、教会の指導者らはしばしば性生活の送り方について人々に進んで訓示を授ける一方、教皇も他の高位聖職者も、工場式畜産場の産物を消費することについて、その畜産手法は不道徳な動物利用であって動物たちの独自のよさを尊重し損なうがゆえに不正だとは語ってこなかった。

種差別を超えて

キリスト教は過去を挽回して非種差別的な宗教になれるか。簡単ではないが、ローマ・カトリックとプロテスタント、双方のキリスト教徒集団に希望の光も見える。かれらは動物についての考え方をより大きく変革するための充分な基盤をキリスト教の伝統に見出しつつある。英国国教会の神父でオクスフォード動物倫理学センター創設理事のアンドリュー・リンゼイは、一九七六年に『動物の権利——キリスト教の観点』を刊行して先駆者となった。イエズス会系の二つの大学、フォーダム大学とクレイトン大学で神学倫理と社会倫理を教えてきたチャールズ・カモシは『動物たちへの愛にて——キリスト教倫理、一貫した行動』を著した。書名が示すように、カモシは思索に満ちた誠実な切り口で、このテーマを論じるカトリック思想家の大半が明らかに歪んだ答しか示せてこなかった問い――キリスト教徒は何を食べるべきなのか――に向き合った。動物倫理に関するこのような新しいキリスト教の成果物の内、最も包括的なのは神学教授（かつメソジスト教徒）のデビッド・クラフによる二〇一四年の著作『動物について』で、これは徹底した非種差別の立場をとる五〇〇ページ以上の二巻本である。クラフは人間が創造の中心もしくは目的であることを否定し、キリスト教徒は集約畜産場で働かないこと、研究での有害な動物利用に反対すること、「ビーガン食に則るべき有力な信仰にもとづく理由」を有することを説く。

他方、世俗の功利主義の伝統は二〇世紀の大部分にわたり、一九世紀初頭に有していた改革への熱意を失っていたかにみえたが、二〇世紀後期から二一世紀初頭に、より活動的な新しい支持者らを得た。功利主義は本書が擁護する立場と整合する――著者が功利主義者なのだからこれは偶然ではない――が、私の示した議論はいかなる点でも功利主義の受け入れを必要としない。種差別が不正であること、本書の第二章と三章で示した営為が道徳的に擁護できないことは、いまや西洋の哲学者たちが則るほとんどの倫理的立場を牽引する代表者らによって受け入れられている。トム・レーガンのような動物の権利の擁護者、マーク・ロウランズのような社会契約倫理の擁護者、キャロル・アダムズやアリス・クレイリーやローリー・グルーエンのようなフェミニズム哲学の擁護者、クリスティン・コースガードのようなカント主義者、あるいはマーサ・ヌスバウムのような潜在能力アプローチの支持者もいる。こうも多様な倫理学アプローチの哲学者たちが、動物に対する私たちの態度と扱いを根本的に改める必要があるとの見解を同じくしていることは極めて好ましい徴候である。[※53]

少なくとも西洋倫理思想の中では、イデオロギーとしての種差別の支配が終わりに近づいたと信じられるだけの根拠がある。この倫理思想の変遷が最終的に動物たちの扱われ方にどれだけの影響をおよぼすかはまだ分からない。現代における動物への態度は——極めて限られた範囲とはいえ——、根本の態度を問うことなく動物たちの状況にいくらかの改善をもたらす程度には慈善的といえるが、種差別なき世界の堅固な土台を築くには、二〇〇〇年以上にわたる西洋の動物思想から根本的に脱却する必要がある。ただし、本章で焦点を当てたのは西洋の動物思想のみであることも忘れてはならない。例えば中国は仏教の伝統に影響されているので、配慮の枠が大きいものと期待されるが、同地の思想家たちは肉食の倫理問題に対する関心が薄いように思われる。[※54] 次章では動物運動がこれまでに達成した動物の扱いに関するいくつかの改善と、さらなる前進の展望に目を向けたい。

第六章

今日の種差別

動物解放への反論と、その克服による前進

七歳まで子を託してくれれば……

ここまで、同様の利益に対する平等な配慮という、あらゆる感覚意識ある存在たちの関係を統《す》べるべき基本的道徳原則に違反することで、人間が些末な目的から人間でない動物たちに苦しみをおよぼすさまを見てきた。また、何代にもわたる西洋思想家たちが、それをする人間の権利を擁護しようと努めてきたさまも見てきた。この最終章では、種差別の慣行が維持され促進される今日的なあり方の諸相と、私たちの容赦ない動物搾取の擁護になおも使われるさまざまな議論および弁明を概観したい。それによって、反種差別論に対し最も頻繁に向けられる反論のいくつかに答えるのが狙いである。その後、励みになる事実として、一九七五年以降に成し遂げられた動物たちのための前進をいくつか紹介し、結論とする。

子どもは動物たちに自然な愛情を抱き、親は子を導いて、犬や猫などの伴侶動物にやさしくあるよう育てる。そして愛らしい動物のぬいぐるみも与える。初めて子どもの食卓に肉がのぼると、一部の子は食べることを拒む。そうした子どもたちが肉に慣れるのは親が苦労して食べさせようとしてのことであり、多くの親はそれが健康のために必要だと誤認している。しかし幼少期の最初の反応がどうあれ、私たちのほとんどは自分の食べているものが動物の死体だと理解できるようになる遥か以前に、動物の肉を食べ慣れてしまった。したがって私たちは動物の肉を食べることに関し、定着して久しい慣習に伴うバイアスや社会の同調圧力を脱した、情報にもとづく意識的な決定を行なってこなかった。イエズス会士の教育者はこう言ったとされる──「七歳まで子を託してくれれば、一個の人格をつくり上げてみせよう」。幸い、今日の若者たちは異なる観点を得る機会に恵まれているので、これはもはや当てはまらないが、それでも長年肉を食べてきたあとでは、自分が食べる動物たちについて全く違う考え方をするのはたやすくない。

被畜産動物たちが子ども向けの絵本・物語・テレビ番組やビデオ番組に登場する際は、かれらが生活するであろう本当の環境について一言の言及もない。その点は本書のこれまでの版を書いた時から何も変わっていない。当時も今も、そうした動物たちを描く人気の本は、わが子に囲まれた雌鶏や七面鳥や牛や豚の絵を子どもたちに示し、檻も畜舎も視界に入れない。本章を書き直している現在、子ども向けカテゴリーのベストセラー本に、エイミー・ピクストンの

『ハロー・ファーム！』がある。野外で泥の中を転げる幸せな豚たち、雛を連れて地面をつつく雌鶏たちの色鮮やかな挿画の端には、こんな文言がある。

どろんこのなかでころがっているのは？　あそびずきなぶたさん！
おひさまにあいさつしているのは？　なきごえをあげるおんどりさん！

道理で子どもたちが農家は動物を大事に世話していると信じて育つわけである！[※1]

一九七〇年代に、フェミニズム運動は新しい児童文学を育てることにいくらか成功し、勇敢な王女が無力な王子を救う話や、少女がかつて少年に割り振られていた中心的で積極的な役回りを演じる話も書かれた。動物について子どもに読み聞かせるものの内に、いくらかでも今日の現実を織り込むのは、残酷な事柄が子どもの物語において理想的な題材とならない以上、より難しいと思われる。しかし最も陰惨な詳述を避けつつ、動物たちを独立した存在として、かつ私たちの娯楽や食事のために生きているだけの愛らしい小さな客体ではないものとして尊重するよう促す絵本・物語・ビデオを子どもに与えることは可能に違いない。そして子どもたちが成長すれば、被畜産動物たちの多くが暮らす本当の環境を知ることもあるだろう。厄介なのは、肉食家族では子どもが動物を愛すると一家の食卓が乱されるという懸念から、親が子どもに真実を学ばせたがらないことである。今日でも、肉の由来を知って友人の子どもが肉を食べたがらなくなったという話はよく耳にする。この本能的な反抗は強い妨害に遭い、ほとんどの子どもは親の反対に直面して肉の拒絶を続けられなくなる。親は食事を与え、肉を食べなければ大きく強くなれないと子に言い聞かせる。教訓となる実例を示そう。道徳的発達についての業績で知られるハーバード大学の心理学教授、ローレンス・コールバーグは、論文の一つで四歳の息子が初めて道徳的な主張をしたことに触れている。息子は「動物を殺すのは悪いこと」だと言って、肉食を拒否した。その立場を捨てさせるには六カ月の説得を要したが、コールバーグによれば、これは正当化される殺しとされない殺しを正しく区別できないことに原因があり、息子が道徳的発達の最初期段階を脱していない証だったのだという。[※2]

無知を維持する

子どもたちが牧歌的な農場を描いた本を読んで育ち、その温かいイメージの見直しを迫られもせず一生を過ごせることは、人々がいまや自分の食べる動物たちからいかに隔てられているかを物語っている。国内を車で回れば、多くの農場建築物と比較的少ない野外の動物たちを目にするが、ケージ飼いの卵用鶏を収容する鶏舎と倉庫を区別できる人々、そうした畜舎の動物たちがいかなる生活をしているかを想像できる人々が、どれだけいるだろうか。マスメディアもこの主題について人々を教育しない。野生界の動物たちに関する人気テレビ番組は容易に見つけられるが、集約畜産場の光景は時おり流れる農業や食品生産の「特集」でごくわずかに映されるにすぎない。平均的な視聴者は鶏や豚の生活よりもチーターや鮫《さめ》の生活について多くを知っているだろう。結果、テレビで得られる農場動物の「情報」は、大半が料金を支払って流される宣伝に限られ、それはソーセージにされたがる豚や缶詰になろうとするまぐろのようなバカげた漫画から、野外の広場で干し草の上に戯れる豚たちの光景にまで至る。イギリスのスーパーマーケット・チェーンであるテスコのソーセージ広告は、農家に付いて林の泥道を行く二頭の豚を描いていた。テスコが宣伝していた豚肉製品は実のところ完全に室内飼いされた数千の豚たちに由来するもので、広告を見た人々が抗議した結果、同社はその撤去を余儀なくされた。[※3] 新聞も大差なく、動物園のゴリラが赤子を産めば大々的に報じる一方、豚や鶏を熱射病にして葬る故意の大量虐殺についてはほとんど報じなかった。というわけで、無知は種差別の最初の防衛戦略である。この無知はインターネット時代の今日、真実を探ろうとする者であれば容易に克服できる。しかし肉食者は自分の食べる動物たちがいかなる生を送っていたかを、本気で知りたがるだろうか。「その話はするな、食事がぶち壊しになる」というのは、食事のつくられ方を人に話そうとした際、あまりによく聞かれる反応である。

「人間のことが先」

動物に対する人々の関心を呼び起こしにくくしている要因のうち、おそらく最も克服が難しいのは、「人間のことが先」という想定、そして動物の問題は何であれ、真剣な道徳的・政治的争点として、人間の抱える問題には比肩しないという想定だろう。まず、これはこれ自体、種差別の表れである。この主題を学び尽くしていない者が、動物に対する人間の行ないの問題は人間の苦しみの問題ほど深刻ではないなどと、どうして分かるのか。それが分かると断言できるのは、動物など実のところどうでもよく、いかに苦しみが大きかろうと動物のそれは人間の苦しみに決しておよばないと考えているからにほかならない。しかしこれは既に論じた通り、種差別以外の何ものでもない。

世界には多くの問題があり、それぞれが私たちの時間と労力を割くに値する。飢餓と貧困、気候変動、人種差別、戦争と核による滅亡の脅威、性差別、失業、脆い環境の保存――誰がこのうち最も重要なのはこれだと言えるのか。しかしひとたび種差別のバイアスを取り払えば、人間による他の動物の抑圧はこれらの問題と並ぶ最重要変革課題の一つであることが分かる。私たちが感覚意識のある人間以外の存在におよぼす苦しみは極大であり、みてきたようにその犠牲数も莫大であり、数千億匹、ことによると数兆匹もの規模に達する。

いずれにせよ、「人間のことが先」という考えは、両立しえない選択肢から真摯に一方を選んだ結果というより、人間のためにも人間でない動物のためにも何もしないでいる言い訳の場合が多い。というのも事実を言えば、ここには何の両立不可能性もないからである。なるほど誰でも時間と労力には限度があり、一つの正義の積極的取り組みに時間を割けば他の正義に割ける時間は減る。しかし人間問題に時間と労力を割く者が、アグリビジネスの虐待産物に対する不買に加われない理由はない。ベジタリアンやビーガンになることが、動物の肉を食べるよりも時間と労力を取られるということはない。それどころか第四章でみた通り、人間の幸福や気候と環境の保存に関心を寄せると言う者は、それらの理由だけでもビーガンになるべきである。それは温室効果ガスの排出や他の汚染を抑制し、水とエネルギーを節約し、広大な土地を森林回復のために転用し、アマゾンその他の森林伐採を進める最大要因を払拭することに繋がるのだから。動物解放にさほど興味がなく、他の正義に重きを置くビーガンの真剣度を私は問題にしない。しかし肉食者が「人間の問題が先」と言っていれば、かれらは人間のために行なっていることの一体何が理由で被畜産動物たちの容赦ない搾取を応援し続けるのかと、私は疑問に思わざるを得ない。

「人間のことが先」という考えの延長上に、動物福祉運動の従事者は人間よりも動物を気づかっているとの神話も存在する。実際のところ、動物福祉運動の牽引者たちは動物たちを気づかわない他の人々よりも遥かに人間のことを考えている。さらに、人種的少数者や女性の抑圧に抗する運動の牽引者と動物虐待反対運動の牽引者が大きく重なっていることから、図らずも人種差別・性差別・種差別の類似性が確認されるほどである。例えば王立動物虐待防止会（RSPCA）は少数の人物によって創設されたが、その中には大英帝国の奴隷制に反対する運動の代表者、ウィリアム・ウィルバーフォースとトーマス・ファウエル・バクストンがいた。[※4]初期のフェミニストをみると、メアリー・ウルストンクラフトは先駆的著作『女性の権利の擁護』のほかに、児童向けの物語を集成した『風変わりな物語』を書き、動物へのやさしい扱いを明確に促した。[※5]そして初期のアメリカ人フェミニストの多く、ルーシー・ストーン、アメリア・ブルーマー、スーザン・B・アンソニー、エリザベス・キャディ・スタントンなどはベジタリアン運動に関わっていた。改革派の奴隷制廃止論者にして『トリビューン』紙の編集者だったホレス・グリーリーとともに、彼女らは集まって「女性の権利とベジタリアニズム」のために乾杯した。[※6]

動物福祉運動は児童虐待との闘いを始めた功績もある。一八七四年、アメリカ動物虐待防止会の創設者ヘンリー・バーグは、メソジスト派の宣教師エタ・ウィーラーから、ひどい虐待を受けている幼い動物を助けてほしいと頼まれた。その動物とは、メアリー・エレン・ウィルソンという名の子どもだった。ウィーラーがバーグに近づいたのは、彼がニューヨーク州動物保護法を起草し、立法府に圧力をかけて法案を通過させ、動物虐待の防止に成功したことを知ったからだった。かたや保護者や親による子の虐待を防ぐ法的取り組みはそこまでの成功を収めていなかった。バーグは同じ法律を使い、当該児童の保護者を虐待の罪で起訴することに成功した。それからさらなる訴訟が起こされ、ニューヨーク州児童虐待防止会が立ち上げられた。その報せがイギリスに届くと、RSPCAはイギリス版の団体、全英児童虐待防止会を創設した。[※7] 団体創設者の一人、シャフツベリ卿は、児童労働と一四時間勤務を終わらせた工場法の通過に寄与した重要人物だった。彼はまた、無制約な動物実験への反対活動も行なった。シャフツベリ卿の生涯は、ほか多くの人道主義者たちのそれと並び、動物を気づかう者は人間を気づかわないという説への反証となる。

動機付けられた動物観

人間でない動物に関する私たちの考え方は、種差別的態度の補強に役立っている。前章でみたように、アクィナスの考えでは、動物たちは私たちを食べるために殺すので野蛮かつ獰猛である一方、私たちの動物殺しは正当とされた。[※8] 人が「人道的」であるというのはやさしいという意味であり、「獣的」「獰猛」あるいは単に「動物のように」振る舞うといえば非難の言葉になる。しかしペイリーが指摘したように、事実は真逆である。狼や虎は殺さなければ飢える。人間が他の動物を殺すのは味覚の喜びを得るためでしかない。

私たちはみずからの野蛮さを看過しつつ、他の動物のそれを誇張する。例えば悪名高い狼は非常に多くのおとぎ噺《ばなし》で悪役となるが、動物学者による注意深い野生界での観察により、高度の社会性を持つ動物かつ、誠実で愛情深い伴侶――一シーズンだけでなく一生にわたる配偶者――、献身的な親、そして群れの忠実なメンバーであることが示されてきた。捕食以外ではほとんどいかなる殺しもなさない。雄同士が争う際も、敗者が降服の仕草で勝者に最も脆弱な部位である喉をさらせば戦いは終わる。敵の頸動脈すれすれに牙を立てた勝者は降服を認め、人間の征服者と違って、負けた相手を殺さない。[※9]

動物の世界は血生臭い争いに彩られているという想像を維持するため、私たちは他種の動物たちが同種のメンバーを認識して関係をつくり、複雑な社会生活を示している実態を無視する。人間が結婚すればその親密さは愛によるものとされ、伴侶をなくした人がいれば私たちは胸を痛める。他の動物がつがいになって一生を送ればそれは本能の仕業だと言い、猟師や罠猟師が研究所や動物園のために動物を殺害もしくは捕獲しても、私たちはその喪失に苦しむ伴侶がいるかもしれないと考えて心を掻き乱しはしない。同じく、私たちは人間の母子を引き離すことは双方にとって悲劇になると知っている。しかし伴侶動物や実験用動物や私たちが食べる動物の繁殖業者は、業務の一環で自分たちが日常的に引き離す人間でない母子の気持ちを微塵も考えない。[※10] このように動物たちを扱う者はしばしば批判をしりぞけるべく、そもそも「動物を擬人化すべきではない」と言う。もちろん人間でない動物たちがこうした状況で私たちと同じことを感じるとは想定できないが、情緒的擬人化の危うさは動物が何も感じない心なき機械だという都合の良い見方の危うさほど深刻ではない――ましてさまざまな種の動物たちが私たちの愛・恐怖・退屈・孤独・悲嘆に似た感情を抱くことは証拠により明らかなのだから。

　オーストラリアとイングランドの心理学研究者グループは、いわゆる「肉食のパラドックス」を探究することに興味を向けた——ほとんどの人々は動物が好きで、動物に危害を加える発想に心を乱されるにもかかわらず肉を食べるという逆説である。研究者たちは人々がこのあからさまな葛藤をどう処理するのかを疑問に思った。そこで考えたのは一連の巧妙な実験で、参加者らはまず、牛もしくは羊に快楽・恐怖・歓喜・幸福・痛苦・空腹・矜持の経験能力および欲望や願望を抱く能力が具わっていることについて、どれだけ確信しているかを問われる。それから無関係な作業で気を逸らされたあと、一部の参加者は消費者行動研究の一環という名目で、ある食べものを試食してほしいと頼まれる。ある人々は子羊肉を、別の人々は牛肉を、また別の人々は林檎《りんご》を食べるよう言われる。この指示のあと、参加者らは再び牛もしくは羊の能力を評価するよう求められる。結果、肉を食べてほしいと言われた参加者は、自分が少しあとに食べる動物の精神機能を最初よりも否定する傾向があった一方、林檎を食べる予定の参加者らは牛や羊の精神能力についての評価を変えなかった。これは牛や羊の肉を今から食べる参加者が、その精神能力を余さず考えた時に抱く負の感情を抑えるための試みだと研究者らは説明した。かれらはそれを「動機付けられた心の知覚」と呼ぶ。要するに、私たちは自分が食べる動物が心を持つことを否定しがちであり、それは食べる際の悩みを避けやすくするためである。[※11]こうした発見は、人々が動物への危害に反対しながら明らかに危害を加える営為に加担できる事実に関し、新しい洞察を与えてくれる。同時に、この研究は人々が動物への危害に責任を負っている事実を抑え込むために一種の精神的な歪曲を必要とすることも示している。おそらく、家族や同僚からの圧力に抗う必要もなく、おいしいビーガン食品が容易に手に入るようになれば、人々はその選択こそが歪曲の必要性を減らし、自身の食事を信念と一致させる道だと悟るだろう。

動物たちは殺し合っているのだから、我々がかれらを殺してはならない理由もない

前章でみたように、ベンジャミン・フランクリンは焼ける魚《うお》の匂いに負けてベジタリアン食に別れを告げる時、この議論に訴えた。ウィリアム・ペイリーはこれをしりぞけ、人間は殺さずとも生きていける一方、他の動物たちは生きようと思えば殺す以外に選択肢はない、と論じた。[※12] 肉なしでも生きていけるが時おり肉を食べる動物（チンパンジーなど）のように、多少の例外は見つけられるかもしれないが、そうした動物は広く私たちの食卓に見られる種ではない。しかしより重要なのは、たとえベジタリアン食で生きられる動物たちが時に食事目的の殺しをするとしても、それは私たちが同じ行動をとることも道徳的に擁護できるという主張の支えにはならない点である。普段は他の動物たちよりも遙か上に自身らを位置づける人間が、食の好みを擁護するに当たっては、他の動物たちに目を向けて道徳的な発想や手本を求めるのは奇妙

というよりない。無論、人間でない動物たちは別の行動を検討できず、食べるために殺すことの善悪も道徳的に内省できない。かれらはただそうする。世界がそうなっていることは残念かもしれないが、人間でない動物たちにその行ないの道徳的な責任や有責性を課すのはナンセンスである。他方、この本を読んでいる全ての人々はこの問題に関し道徳的な選択ができる。そうした選択能力を持たない存在の行動を模倣して、私たちがみずからの選択の責任を逃れることはできない。

読者はここで、私が人間と他の動物の重要な違いを認めたため、全動物の平等を唱える議論が崩壊した、と反論するかもしれない。しかし私は一度たりとて、健常な成人と他の動物に重要な違いがないなどということは主張していない。私が強調したのは、動物たちが道徳的に振る舞えるということではなく、利益に対する平等な配慮の原則は人間と同じく動物たちにも適用されるということである。道徳的選択の能力がない存在を平等な配慮の圏域に入れることが多くの場合正当なのは、幼い子どもや何らかの理由で道徳的選択の性質を理解できるだけの精神能力を欠いた人々に対する私たちの扱いを振り返れば分かる。ベンサムならこう言うだろう――問題はかれらが選択できるかではなく、苦しみを感じられるかどうかである、と。

もしかしたら、反駁者の主張はこれと違い、単に詩人アルフレッド・テニソンがつづったように、自然は「牙と爪の血生臭い」世界で、私たちは好く好かないによらず、ある者が他の者を犠牲にするこのシステムの一員なのだ、ということなのかもしれない。[※13] しかし倫理の議論で

「自然」に訴えるのは危ういと思ったほうがよい。どのような場面で自然にしたがうかは、私たち自身の判断によって決めるしかない。おそらく戦争は人間にとって「自然」なことなのだろう――現にそれは長きにわたり多くの社会が没頭していた営為であると思われる――が、その事実は戦争への着手を正当化しない。私たちには何が最善の行ないかを考える能力が具わっているのだから、それを使うべきである。それこそが私たちにとって自然なことの一つだと言ってもよい。

野生動物の苦しみ

ライオンや虎や狼のような捕食動物の存在は、動物たちを道徳的配慮の枠に含めることに関し、問いを投げかける――もしも捕食動物を絶やして世界の苦しみの総量を減らせるのなら、私たちはそれをすべきか。もともとこの問いは、動物に権利を与えれば不条理に至ることを証明したい者たちが主として口にしていた。[※14]今日では一部の動物擁護者がこれを問うている。

もしも私たちが他の動物に対する支配権の主張を取り下げるのなら、かれらをただそっとしておくべきであり、圧制に代えて善意の専制をしようと考えるべきではない、という答え方はありうるだろう。が、この答はあまりに不用意で、その帰結はしばしば冷酷になりかねない。私たちは野火《のび》を逃れる動物の救援や、座礁した鯨を海に戻す努力もやめるべきなのだろうか。

そうは思えない。なるほどこれらの行動は自然への介入であるが、私たちは人間が洪水や旱魃《かんばつ》などの自然現象で危機下にある時は介入をためらわない。

長い目で見て利益よりも害悪をもたらすことなく、野生動物の苦しみを大幅に減らせると確信できる場合は、自然への限定的な介入が正当化できるかもしれない。が、捕食動物の根絶はその目標を達成する最善の方法ではないだろう。アメリカ人の生態学者アルド・レオポルドは、かつては熱烈な狼猟師だったが、のちに狼の根絶は鹿を増やし、その鹿たちが生息地の草木を食べ尽くして他の種を消滅させるとの見解に至った。[※15]最終的に鹿の数は食物の量次第となり、それが絶えると鹿たちは飢えて死んでいく——狼に殺されるよりも時間がかかり、大抵は苦痛の大きな死に方である。野生動物の苦しみというとライオンがシマウマを殺す光景を思い浮かべるが、野生動物の苦しみ問題を中心課題とする最も代表的な団体、アニマル・エシックス（www.animal-ethics.org）とワイルド・アニマル・イニシアチブ（www.wildanimalinitiative.org）も、捕食動物の根絶案は支持しない。代わりに両団体が推すのは「福祉生物学」という新たな学際分野を育てることで、その目標は野生動物たちの苦しみに影響する諸要素の研究、そして負の結果をもたらすリスクを最小限に抑えつつその苦しみを減らしうるような介入策の評価に置かれる。[※16]そうした介入策のいくつかは現時点で実行可能である。狂犬病・結核・豚インフルエンザなどの病気に対する野生動物へのワクチン接種プログラムは既に成功しており、動物たちの食物にワクチンを含め、それを飛行機やヘリから投下するなどしてばらまく方法がとられた。

これらのプログラムは当の病気が人間や飼育下の動物にとって脅威であるとの理由から実行されたが、同様の手法は感染した動物たちの苦しみを減らすためにも応用できる。人間は既に都市や都市郊外の地域を改変してきたので、そこに生きる自由な動物たちを利する介入は、原生自然の地域を対象とするプログラムよりも受け入れやすいかもしれない。それをすることで、自由に生きる動物たちの福祉や、かれらのためにできる支援についての理解も深まるだろう。[※17]

容易にできる別の取り組みとしては、鳥が窓に衝突する危険を減らすため、鳥にやさしい窓ガラスの使用を促す(高リスクの地域では義務づける)策もある。家猫を鳥や他の小動物の脅威としなければ、毎年数十億の命を救える。花火は野生動物にとって大きな、時には致命的なストレスになるので、野生動物が多い地域では許可されるべきではない。道路建設、あるいは野火のリスクを減らすための計画的焼き払いなど、自然に干渉する事業は、動物たちの被害を考慮し、最小化するよう義務づける必要がある。自動走行車の規制は、歩行者との衝突を避ける現在のプログラムに加え、可能なかぎり野生動物との衝突を避けるプログラムの搭載をも義務づけるべきだろう。野生動物の苦しみを減らすためのおそらく最も重要な取り組みは、商業的・娯楽的漁獲を禁じる広大な海洋サンクチュアリを設けることだろう。漁獲は自由に生きる野生動物たちへの、直接的な現在進行中の大規模攻撃だからである。[※18]

捕食は野生動物の苦しみを生む最大の原因とは思われない。それを凌駕する膨大な死は、ヒトや多くの鳥類・哺乳類と対照的に極めて多くの子を産む種が経験していることで、そのうち成体まで生きる子孫はごくわずかにすぎない。例えばカエルは数千個の卵を産み、マンボウは三億個もの卵を産むが、受精して孵化に至るのはそのうち数百万個にとどまる。[※19] こうした動物が溢れ返ることはないので、長期的な平均でみれば、子孫のうち生きのびて繁殖するのは二匹前後であると分かる。

一部の哲学者は、このような早期の死を鑑《かんが》みるに、野生動物は全体としてみると幸せよりも苦しみを多く経験していると確信する。[※20] この悲観的な見方が当たっているかは確かめがたい。おたまじゃくしが水たまりで孵《かえ》り、好きに泳いで数日を過ごしたのち、水たまりが干上がって死んだとしたら、かれらの生涯は喜びよりも痛みが多かったことになるのだろうか。餓死や捕食に見舞われる幼魚、あるいは昆虫についても同様の問いを投げかけることはできるが、昆虫の場合、そもそも苦しみの能力を持つのかどうかという不確実性も加わる。

野生動物の苦しみを減らす提案はいずれも、自然環境の保存と衝突するのではないかという不安を掻き立てるものと決まっている。しかし動物たちは生命共同体の健全性と保存に利害を負う感覚意識のある存在だという認識は、生態系の修復努力に今とは違う、より人間中心主義を脱した観点をもたらすため、環境保全のさまたげどころかその助けになる。動物たちの健康と行動に関する知識は、かれらの繁栄や死滅を引き起こす要因についての理解を高める。さらに、野生動物に対しては多数の人々が共感を抱いているので、その幸福を尊重すれば、より多くの人々が自然と動物の保護に参与すると考えられる。[※21] 加えて、野生動物の苦しみ削減に関心を寄せる人々は、象、犀《さい》、カバ、バクなどの絶滅危惧種を保護することに努める保全活動家に合流するだろう。こうした大型動物は草食性（あるいはチンパンジーやボノボの場合、ほぼ草食性）である。産む子の数は少なく、その各々を世話する。体が大きいので、人間以外の捕食動物に脅かされることはほとんどない。おそらくかれらの生活の質は高い。この動物たちが絶滅すれば、空白を埋めるのはより小さく、より捕食動物に弱く、したがってより多くの苦しみを経験するであろう動物たちだと思われる。というわけで、野生動物の苦しみに関心を向けるとすれば、なおのことこうした大型草食動物を保護すべきだという結論になる。

養鶏場のほうが野生界よりマシ？

野生界の動物たちが痛みに満ちた短い生涯を送っていると考えられるならば、現代的畜産場の環境が劣悪だとしても、野生界の環境よりはマシなのではないか。少なくとも工場式畜産ではほとんどの動物たちが捕食動物や極端な暑さ寒さから守られる。そこで、現代的畜産場が野生界よりもわずかに良い環境を提供しているのであれば、これに反対すべきではないということが暗に示される。

野生界と工場式畜産場ほどかけ離れた環境を比較するのは難しいが、どうしてもそれをするなら、短く危険の多い自由な生涯は、歩くことも走ることも自由に体を伸ばすことも自身の必要に応じた社会集団の一員になることもできない環境よりはマシである可能性が高い。畜産場で安定的に与えられる餌は純然たる恵みではなく、動物たちの最も基本的な自然活動である食物探しの機会を奪う。結果、工場式畜産場に暮らす多くの動物たちはひどく退屈な生活を送り、檻の中に横たわる以外、何もすることなく一日の大半を過ごす。全ての被畜産動物たちが充分な食料を得られ、極端な暑さ寒さから守られるというのも真実ではない。既に確認した通り、市場向けに肥育される鶏や豚の親たちは常時空腹状態にされ、フィードロットの牛たちは夏にも日陰のないところに佇んでいなければならず、一部は熱射病で命を落とし、一部は冬の猛吹雪で凍え死ぬ。極端な暑さからの保護について言えば、第三章でみたように、むしろ工場式畜産場の豚や鶏は故意に加熱で死に追いやられることもある。

　いずれにせよ、工場式畜産場の環境と自然界のそれを比較することは前者の正当性に関係しない。私たちが面しているのはそのような選択ではないからである。今日、工場式畜産場に囚われた動物たちは、人間の手で殖《ふ》やされ、それらの畜産場で育てられたあげく食品として売られる。私たちがそこに由来する動物性食品を食べなくなれば、工場式畜産は儲からなくなる。農家は別種の農業に転じ、大手企業は別のことに資本を投じるだろう。結果、繁殖される動物は少なくなる。野生界に「戻される」動物はいない。最終的にはおそらく（ここからは私なりの楽観論を自由に述べるまでだが）唯一残る牛や豚の群れは野生動物保護区のような大きな保護区にのみ見られるものとなるだろう。したがって選択は、工場式畜産場での生か、野生界での生か、ではなく、工場式畜産場での生か、そもそも生まれないことか、である。今の動物たちが送っているような生活のためにかれらを誕生させることは、かれらにとって何の便益にもならず、むしろ大きな危害となる。

矛盾を突く反論

種差別は極めて根深く広く行き渡った態度なので、その具体形の一つか二つ――狩猟、残酷な動物実験、あるいは闘牛など――を批判する人々が、他の種差別的営為にみずから加担していることは珍しくない。そこで批判された側は敵の矛盾をあげつらう。猟師であれば「我々が鹿を撃つから残忍だと言うが、あんたは肉を食べるじゃないか。何が違うんだ。あんたは他人に金を払って殺しを代行してもらっているだけだろう」と言う。毛皮商人であれば「皮をまとうために動物を殺すのは反対とおっしゃいますがね、あなたは革靴を履いてらっしゃる」と言う。実験者であればおそらく、なぜ人々は味覚を満足させるための動物殺しを受け入れながら、知識を増やすためのそれに反対するのかと問うだろう。そして反対の理由が苦しみだけにあると言えば、かれらは食用で殺される動物たちも苦しみのない生涯など送っていないと指摘できる。闘牛のファンですら、リングに斃《たお》れる雄牛の死は数千の観客を喜ばせるのに対し、屠殺場で殺される牛の死はその肉片を食べる数人を喜ばせるにすぎない、そしてとどめを刺される雄牛は肉にされる牛以上の大きな痛みに苦しむかもしれないが、生涯の大半にわたってより良く扱われるのは前者のほうだ、と論じることができる。

イギリスの作家で動物擁護者だったブリジット・ブローフィがかつて述べたように、人の脚を折ることが残酷だというのは、たとえ人の腕を折る常習犯が語ったとしても真実には違いない。[※22] しかし行動とみずからの表明する信念が矛盾している人々は、自分の信念が正しいことを他の人々に納得させるのが難しく、ましてその信念にしたがって行動するよう他人を説得するのはなお難しいと痛感するだろう。もちろん、何らかの理由を付けて、例えば毛皮の着用と皮革の着用を区別するのはいつでも可能である。毛皮をまとう動物の多くは、罠に脚をとられて数時間、さらには数日も経て力尽きるのに対し、皮革用に皮膚を奪われる動物たちはこの苦悶を免れる。[※23] しかし、こうした細かな区別は元の批判の力強さを損ねる傾向があり、いくつかの事例では妥当な区別が全くできないように思われる。例えば、獣肉目当てに鹿を撃つ猟師が、なぜスーパーマーケットでハムを買う人物よりも批判されるのか。猟師の腕が良く、鹿を瞬殺できるなら、集約飼育される豚のほうが苦しみは大きい。

本書の第一章では、人間でない動物たちに影響する行ないのうち、何が正当化できて何が正当化できないかを決定するための明確な倫理原則を示した。種を問わず、感覚意識のある存在全ての同様の利益に同等の重さを付与すれば、私たちはみずからの行動を完全に一貫させることができる。そうすれば、動物たちの利益を無視する者が矛盾を突くこともできなくなる。実際を考えると、産業化した国々の都市部や都市郊外に暮らす人々の場合、利益に対する平等な配慮の原則のもと、最低でも工場式畜産場由来の動物性食品を避けることが求められる。そして多くの人々はさらに進んで、動物性食品の全てを避けたいと思うだろう。さらに私たちは一貫するため、動物たちを苦しめ殺してつくられる他の製品の使用もやめるべきである。毛皮を着るべきではない。皮革も着るべきではない。皮革用の獣皮の売上げは食肉業界の大きな収益源だからである。

一九世紀には皮革以外の素材でできた短靴や長靴は稀で、大抵は質も悪かったため、当時の先駆的ベジタリアンたちにとって皮革の放棄は本当の自己犠牲を意味した。RSPCAの二等幹事で馬車の利用も拒んだ厳格なベジタリアンのルイス・ゴンペルツは、動物たちが草地で育てられ、歳をとって自然死を迎えたあとに皮を皮革とすることを提案した。[※24] この発想はゴンペルツの経済観念よりもその人間性を示すものだが、今日では経済的な形勢が逆転している。布やゴムや合成素材でできた短靴や長靴はいまや格安店から高級デザイナーブランドに至る多くの店で手に入る。かつては皮革でつくられていたベルトやバッグやその他の製品も、今日では容易に他の素材のものを見つけられる。

ほかにも、人一倍進歩的な動物搾取の反対者らをたじろがせていた問題群はあるが、それらもなくなった。ロウソクは過去には獣脂でできたものしかなかったが、もはや必需品ではなく、まだ欲しいという人は非動物性素材のものを入手できる。石鹸も動物の脂肪でなく植物油脂でできたものをどこでも買える。羊毛はなくて問題なく、羊は一般に放牧されるにしても、このおとなしい動物たちが被る多くの残忍行為を踏まえるならば、羊毛を避けるべき理由は充分にある。[※25] 動物成分を含まず、動物実験も経ていない残酷要素なしの化粧品や香水は広く出回っている。

以上の代替案を挙げたのは、主要な動物搾取への加担を避けるのが難しくないことを示すためだが、私の考えでは、一貫性を通すために自分が消費するものや着るものの全てに絶対的な純粋さが伴っている必要はない。動物製品を避ける意義は、自分が悪に触れないことではなく、動物搾取への経済的後援を減らし、他の人々を同じ行動へ導くことにある。なのでこうした問題を考え始める前に買った革靴を履き続けるのは罪にならない。それを捨てたところで動物殺しの収益性を減らすことにはならない。履き倒したあとに皮革以外の靴を買えばよい。食事でも、その場の状況やパーティー主催者との関係によっては、振る舞われたケーキに卵が入っているかといった細事を気にするよりも重要なことがあるかもしれない。倫理的・政治的な運動よりも宗教的な食事の掟にふさわしい純粋さのために頑張るのではなく、常識に合わせて理想を和らげたほうが、私たちの態度を他者に共有してもらう説得はうまくいきやすい。

動物に対する態度の面で一貫性を通すことは、通常、不可能というほど難しくはない。ただし、私たちと動物たちの利益が時に衝突するのは避けられないと分かっておく必要はある。私たちはみずからを養うために穀物や豆類や野菜や果物を育てなければならないが、これらの作物は兎や鼠や他の「害獣」に荒らされる。利益に対する平等な配慮の原則にしたがって行動する場合、この事態にはどう対処すればよいか。

まず、現在こうした場合に何が行なわれるかを確認しておこう。農家は最も安上がりな手段、通常は毒によって、「害獣」を絶やそうとする。毒を摂取した動物がどれだけの時間をかけて死ぬかは毒の種類と動物の種によるが、場合によってはそれが緩慢かつ痛みの大きな死となる。「害獣」という言葉自体、動物たち自身への配慮を完全に捨て去った語に思える。しかし「害獣」の区分は私たちが独自に設けたものであって、害獣とみなされる兎は愛すべき伴侶動物の兎と同等の苦しむ能力を持ち、同等の配慮に値する。問題はそうした動物たちの利益を最大限に尊重しながら、どのようにして私たちに不可欠な食料供給を守るかである。問題解決策は私たちの技術的能力を超えてはならず、あらゆる面で完全に納得のいくものではないにせよ、もたらされる苦しみが少なくとも現行の「解決策」よりは遙かに小さくなければならない。動物を人道的に瞬殺できる毒餌を使うのは分かりやすい改善といえるだろう。より良いのは、長引く死ではなく不妊症を引き起こす物質である。おそらくやがて、人々は食物を育てる畑や食物を蓄える私たちの家々で人間の福祉を「脅かす」ところのある動物たちでも、今のような残忍な死を下されるいわれはないと悟るだろう。そしてゆえに私たちはいずれ、私たち自身と純粋に利益が相容れない動物たちの数を制限する人道的な方法を考え出し、使うようになると思われる。

植物はどうなのか

私が示してきたのは、人間による動物たちの扱いの大半が――食用目的の畜産も含め――かれらに痛みと苦しみをおよぼすがゆえに不正である、という議論だった。ここで誰かが問うに違いない、「レタスを切っても痛みや苦しみが生じない、というのはどうしたら分かるのか」と。これを問う者は、純粋に植物の意識について確信が持てないのかもしれないが、もし植物も苦しみを感じられると証明できたら私たちは動物を食べ続けてよい、という考えに突き動かされているのかもしれない。植物の苦しみを示せたら、〔植物を食べるのも動物を食べるのも同罪となり〕唯一の代替案は餓死となるからである。平等な配慮の原則に違反せず生きることが不可能なのであれば、私たちは今まで通り植物と動物を食べ続けてよい、というのがこの人々の考えであるらしい。

本書のこれまでの版では、植物が痛みを感じられるかもしれないという説を一蹴し、植物には中枢神経系に似たものが何もなく、痛みの感覚を示す行動も見られない、と述べてきた。厳密な意味での神経系に着目するかぎり、この主張の前半部分は今でも当たっている。植物は中枢の脳に至る神経系を持ってはいない。しかしさまざまな電気的・化学的信号伝達は行なう。罠に虫がとまった際のハエトリグサの反応は有名でよく研究されているが、刺激に対する植物の反応はほかにも色々な種類があり、例えば虫に食べられている時の反応もそうである。この行動は時間をかけて変化する場合もあり、植物がみずからの便益になることとならないことを学習した証とも解釈できる。また、植物は他の植物ともコミュニケーションをとる。これらの反応を知的なものとみることはできる。知見が増えた結果、植物は私たちが想像するような受動的物体ではないことが明らかになりつつある。[※26]ただし、それは植物が意識を持つ、あるいは喜びや痛みを感じる能力を持つことの証左にはならない。自動走行車は電気信号を発してコミュニケーションをとり、知性を備え、間違いから学ぶことができるが、意識は持っていない。もちろん、植物は自然物で、進化を遂げた生物であるのに対し、自動走行車は人間がつくった無生物の物体には違いない。しかしそれは植物が意識を持つと結論するだけの充分な理由にはならない。周囲の環境に対し知的に反応できるが意識は持たない物体を私たちが設計できるのなら、数億年におよぶ進化の歴史も同じような結果を生むことは考えられる。[※27]

そうしたわけで、私は今では植物が痛みを感じられる可能性に対して、かつてよりは開かれた姿勢でいるが、やはりその可能性は極めて低いと考える——それはカキが痛みを感じられる可能性よりも遙かに低い。しかし、いかにありそうもないことにせよ、仮に研究者らが植物の痛みを示す証拠を見つけたとしてみよう。それでも、私たちが動物を食べてよいという結論は出てこない。痛みをおよぼすか飢え死にするかを迫られたら、私たちはより小さな悪を選び、およぼす痛みを最小化しなければならない。おそらく植物は中枢神経系と脳を持たない以上、動物（特に脊椎動物）よりも苦しみの程度が低いのは確かと思われるので、やはり動物よりは植物を食べたほうがよいだろう。さらにこの結論は、植物が動物に比肩する感受性を持っていても変わらない。なぜなら第四章でみたように、肉食者はビーガンよりも遥かに膨大な植物を間接的に絶やしているからである。植物を反論のダシに使いながら、このよく知られた事実を念頭に当の論理の行き着く先を見ない者は、ただ肉食を続ける言い訳を探しているにすぎない。

種差別者の哲学

本章ではここまで、西洋社会の多くの人々が共有する態度、そしてその態度を擁護するために広く使われる戦略や議論を検証してきた。論理的観点からみると、こうした戦略や議論は至極脆弱だった。それらは議論というより辻褄合わせや言い訳と言ったほうが正しい。もっとも、その脆弱さが倫理的な問いを議論する専門知の不足による可能性は考えてよい。そこで本書の初版では一九六〇年代から七〇年代初頭の著名な哲学者数名が人間でない動物の道徳的地位について何を語ってきたかを検証した。結果は哲学の名誉になるものではなかった。

哲学はその時代の基本的想定を問うべきものである。批判的かつ入念に、大半の者が当たり前と思う事柄について考え抜くことこそ、哲学の主たる仕事であり、哲学を有意義な活動たらしめる仕事であるに違いない。しかしあいにく、哲学は常にこの歴史的役割を全うしてきたわけではなかった。アリストテレスの奴隷制擁護論は、哲学者も自分が属する社会のあらゆる先入観を免れないことを常に思い起こさせてくれる。時にかれらは広く行き渡ったイデオロギーを打ち破ることに成功するが、それよりもその最も言葉巧みな擁護者になることのほうが多い。

本書の初版刊行時に、動物の道徳的地位という争点に触れる問題群と対峙した哲学者らは、私たちと他種の関係をめぐる人々の先入観に全く異を唱えなかった。かれらは哲学の素人でも考えつくような未検証の想定に囚われ、その主張は快適な種差別的習慣に安住する読者を肯定するほうへ向かいがちだった。

二〇世紀の哲学では、今日と同じく、平等と人権が倫理学と政治哲学の中心的主題だった。主要な哲学者で動物の平等や権利をめぐる問いに直接向き合った者はいなかったが、人間の平等問題を論じる段で、動物の地位をめぐる問いを完全に避けるのは難しかった。一九五〇年代から六〇年代の哲学者たちにとっては、万人が平等であるという考えを単純な誤りとしない形で解釈することが課題だった。多くの面で人間は平等ではなく、その全員が有する特徴を探し求めるとすれば、それは欠く人がいないまでに低く設定された共通分母でなくてはならない。問題は、そのような全ての人間が有する共通分母は、人間だけが有するのではない、という点である。例えば、複雑な数学の問題を解けるのは人間だけであるが、それは全ての人間ができることではない。かたや痛みは全ての人間が感じられるが、それは人間だけが感じられるわけではない。したがって、事実の言明として全ての人間は平等であると述べるなら、少なくとも他の種に属するいくらかの成員も「平等」、つまり人間と平等であるとしなければ間違いになる。

これが平等の正しい理解であることは既に論じてきた通りであり、そこから動物をも含む形で、利益に対する平等な配慮の原則が導き出される。しかし一九七〇年代以前の哲学者たちはこの結論が正しいとは考えられなかった。そこでこれを受け入れることなく、かれらは人間の平等という信念と、その平等は動物を含まないという信念を和解させようと努めた。この目標をめざしてかれらが行き着いた議論は詭弁か浅見だった。

平等の哲学論議で名を馳せた哲学者の一人に、カリフォルニア大学ロサンゼルス校の哲学・法学教授だったリチャード・ワッサーストロームがいる。一九七〇年の論文「権利・人権・人種差別」で、彼は「人権」を、人間が有し人間以外が有さない権利と定義した。続いて、人権には幸福と自由を求めるそれがあると彼はいう。幸福を求める人権を擁護しつつワッサーストロームが論じるに、激しい肉体的痛みを取り除かれない人物は十全または満足な生を送ることができない。よって彼によれば「実のところ、この利益の享受こそが人間を人間以外の存在から分かつ」[※28]。問題は、ここでいう「この利益」が何を指すかとさかのぼってみれば、唯一挙げられている例が激しい肉体的痛みの除去でしかないということである——それは人間以外にとっても人間と同じく利益になる。したがって人間が激しい肉体的痛みの除去を求める権利を有するのであれば、それはワッサーストロームが定義したような人間特有の権利にはならず、動物たちもそれを有することになる。

他の方面で優秀な哲学者たちは、人間と動物を分かつとされる道徳的な隔たりの基盤を探す必要に迫られながらも、そのための具体的な差異を見つけると一部の人間を平等の枠外に置いてしまう状況に追い込まれた。かれらがすがったのは「人間個人の内在的尊厳」や「全ての人《マン》の内在的価値」（性差別は種差別と同程度に軽んじられていた）などの仰々しい文言で、それらは万人が他の存在にない何らかの不特定な価値を有していると言うようなものだった。あるいは人間が、そして人間だけが「本来的に目的」であり、「人格以外の万物は人格にとっての価値しか有さない」という主張もある。[※29]

前章でみたように、人間独自の尊厳や価値といった概念には長い歴史がある。二〇世紀の哲学者たちは一九七〇年代まで、この概念を本来の形而上学的・宗教的背景から切り離し、全くその概念を正当化する必要も感じずに自由にこれを用いていた。私たち自身に「内在的尊厳」や「内在的価値」を認めない理由があろうか。私たちは宇宙で唯一、内在的価値を有する存在だと主張してはならない理由があろうか。同胞なる人々も私たちが気前よく授けるこの栄誉を拒みはしないであろうし、それを与えられない者はそもそも異を唱えられない。確かに、人間だけを視野に入れるなら、全ての者の尊厳を語ることは非常にリベラルかつ非常に進歩的となりうる。それによって、私たちは暗に奴隷制や人種差別や他の人権侵害を糾弾することとなる。また、自分が根源的な意味において、同じ種に属する最も貧しい、最も無学の者たちと同等であると認めることになる。が、人間はこの星に暮らす全存在の中の小さな下位集団にすぎないとの考えに至らないかぎり、私たち自身の種を持ち上げることが同時に他のあらゆる種の相対的地位を落とすことに繫がるとは悟れない。

　真実を言えば、人間の内在的尊厳に訴えることで平等主義にもとづく哲学者の問題を解決できるように思えるのは、それが無批判に通用しているあいだのことでしかない。全ての人間が――無脳症児からサイコパスの犯罪者、ヒトラーやスターリンなどの大量虐殺者までが――ある種の尊厳なり価値なりを有し、チンパンジーも犬も、象や馬や鯨も、決してそれを手に入れられないのはなぜか、とひとたび問えば、これは人間の優越した道徳的地位を正当化する有意味な事実を提示せよという最初の要求と同じくらいに答えるのが難しい問題となるのが分かる。実際のところ、この二つは同じことを問うている。すなわち、内在的な尊厳や道徳的価値の議論は助けにならない。なぜというに、全ての人間のみが内在的な尊厳なり価値なりを有するという主張を不足なく擁護しようとすれば、その主張を基礎づけるために、全ての人間が有する――かつあらゆる人間以外の動物が有さない――有意味な能力や特徴を挙げなければならないからである。人間と動物を分かつ他の根拠の代替物として尊厳や価値といった概念を持ち込むのは上出来とはいえない。そのような粋な文言は議論できなくなった者の最後のよりどころである。

　あらゆる人間をあらゆる他種の成員と区別する道徳的に有意味な特徴がありうるだろうか。忘れてはならないが、問題は一部の人間が、その認知能力――自覚・知能・自己意識・感覚意識のレベルを含む――において、多くの人間でない動物を下回ることである。ヒトの幼児はこのカテゴリーに属するが、その潜在能力は道徳的に有意味とみなせるかもしれない。しかし遺伝的性質や染色体異常や回復不能な脳障害によって生涯にわたり重度の知的障害を抱える人々もいる。人間と他の動物を分かつ特徴を探し求める哲学者らは、こうした人々を人間でない動物と同じ道徳的カテゴリーに置いて切り捨てる道は滅多にとらない。理由は明らかである。他の動物に対する私たちの態度を再考しないままそれをすると、私たちは現在動物たちを用いる時と同じ理由で、重度の知的障害を抱える人々を痛ましい実験にかけてもよい、という話になってしまうからである。さらにおぞましいことに、この立場をとると、望み次第でそうした人々を肥《ふと》らせ、殺し、食べるのも不正ではないといわざるを得なくなる。

長きにわたり、平等の問題を論じる哲学者がこの難問から抜け出す最も簡単な方法は、それを無視することだった。ハーバード大学の哲学者ジョン・ロールズは、二〇世紀後期の最も名高い政治哲学の著書『正義論』で、私たちが人間に対して正義の義務を負いながら動物に対してそれを負わない理由を説明するにあたり、この問題に行き当たった。が、ロールズはそれを払いのけ、「ここでこの問題を検証することはできないが、平等の説明に大きな影響はないと思われる」と言うのみだった。[※30] この想定はあやしい。問題の解決案は二つしか考えられず、どちらも現状からは大きくかけ離れるからである。つまり、私たちは生涯にわたり重度の知的障害を抱える人々を現在の動物のように扱ってよいか、動物たちに対して義務を負うか、この二択しかない。

ほかに哲学者は何ができるか。二〇〇六年、バーナード・ウィリアムズは、ケンブリッジとオクスフォードの両大学で最も名誉な道徳哲学の教授職に就いたことも含め、その優れたキャリアの締めくくりを迎えるにあたり、「人間の偏見」と題する論文を書いた。論文名はウィリアムズが擁護する立場を正確に言い当てている。彼によれば、ある特定の存在や存在集団の観点を離れた絶対的に重要なものは何一つない。とすると、倫理は各個が帰属意識を持つ集団に関係するものであり、その集団が生物種であるなら、自分が属する種に有利な偏見を持つことは何ら不正ではない。ウィリアムズはこの立場を擁護するために異星人が地球へやってきた状況を想定する。異星人らは「慈悲深く公平で先見の明もある」が、人間やその生きざまを知り、宇宙のこの一角に住まう他存在のために私たちを消し去ろうと考える。ウィリアムズいわく、この時、あらゆる理性的存在が理解できる形で解決を探る試みは無に帰し、「たった一つの問いだけが残ると思われる——あなたはどちらの側か[※31]」。

「あなたはどちらの側か」という問いは、私たちの最悪の本能に働きかける。人種的・民族的暴力が生じ、暴力を行使する支配集団の一員が仲間の白人やナチ党員やフツ族に、黒人やユダヤ人やツチ族への攻撃をやめるよう呼びかける時、この問いが持ち出される。その時、「私はあなたたちの一員だから、あなたたちの側だ」と応じるのはまさに間違った答え方である。その返答は正義と理性に照らした問題解決の試みを捨て、不一致の解消を力にゆだねる結果となる。

第一章で触れたように、オーストラリアの哲学者スタンリー・ベンは、認知能力が人間でない動物を下回る人々も含め、万人が優れた道徳的地位にあるという従来の見方を擁護すべく、存在は実際の特徴ではなく「その種の標準」であるところにしたがって扱われるべきだと論じた。[※32] しかしなぜそうすべきなのか。多くの社会では、子が生まれると女性が家でその世話にあたり、男性が外で仕事をするのが普通となっている。では仮に、男女が同じ給料を得られ、文化的・社会的圧力がない社会でも同じ構図が生じるとしよう。しかしこの社会でも、一部の女性は子の世話より仕事を好み、夫よりも外の仕事に向いている。それでもこの女性たちは「そのジェンダーの標準」であるところにしたがって扱われるべきで、ゆえに家で子守りをし、父親のほうが外で仕事をすべきだと主張する者がいるだろうか。

人間に高い道徳的地位を与える、より近年の、より巧妙な擁護論を見てみよう。イェール大学の哲学者シェリー・ケーガンは、著書『動物の重要さをいかに評価するか、大なり小なり』で、本書の見解――彼の表現では「人間と動物にとって同様の危害ないし便益は道徳的観点から同等と評価する」見解――に反対することを試みる。これに代え、ケーガンは序列的な見解を推す。すなわち、動物は重要であるが、人間ほどではない。それは人間が動物よりも大きな危害または便益を経験しうるからではなく、人間がより高い道徳的地位を有するからである。[※33] なぜ人間がより高い道徳的地位を有するかをめぐるケーガンの議論は、見慣れた経路をたどる。まず、彼は人格である存在が高い道徳的地位を有すると想定し、「人格」という語を、理性的で自己意識を持ち、未来があることを認知してその未来への選好を抱く存在と定義する。続いてケーガンは、幼児は人格でないが、人格に育つ潜在性ゆえに高い道徳的地位を付与してよいと認める。ここでその潜在性を欠く人間は取りこぼされる。ケーガンはその反論を取り上げ、以下の例を想像してみてほしいという。ある二〇歳の人物は、幼少期に回復不能な脳障害を負った影響で、認知能力は生後四ヵ月のレベルにとどまり、人格に育つ潜在性はない。しかしこの人物はケーガンいわく、特別な道徳的地位を有しうる。なぜなら「彼女は幼少期の事故がなければ（現在は）人格になりえていた」からである。ケーガンはこれを「叙法人格」と称する（ここでいう「叙法」は可能性や必要性を示す文法上の動詞叙法を指す）。回復不能な脳障害を負う人物は、事故がなければ現在は人格になっている――ケーガンによれば、この事実は同じ認知レベルの動物よりも高い道徳的地位を当の人物に付与する根拠となる。動物は人格になりえた可能性自体がないからである。

しかし、この現在実現されておらず今後も実現されない、事実に反する可能性一つで、ある存在の道徳的地位が、その実際の特徴ゆえに有する地位以上のものとなるのだろうか。そうなる、という主張を支えるだけの根拠をケーガンはさして示さず、著書の終わりでこう認めている――「私が行なったことといえば、適切な説明とはこのようなものであろうというところについて、荒削りの予備的な提案を示したのみである。悪魔は細部に潜んでいようが、くだんの細部はまだ見えてこない」。が、より仔細にわたる説明がないかぎり、ケーガンの提案を受け入れる理由は見当たらない。これを受け入れない理由の一つは、叙法人格が極めておかしなところに高い道徳的地位と低いそれの線を引くことにある。認知能力が生後四ヵ月のレベルで、それ以上には決してならない二〇歳の人物が二人いるとしよう。そのうちの一人、アンは、ケーガンが述べた通り幼少期に回復不能な脳障害を負った人物である。もう一人のベラは、一三番染色体が三本ある13トリソミーである。13トリソミーの人物が長く生きると、深刻で回復不能な知的障害をきたす。ケーガンのいう「人格」の用法にしたがうと、アンは人格になりえていたが、ベラはなりえた可能性がない。余分な染色体は彼女のゲノムの一部だからである。母親の胎内で異なる卵子もしくは精子が受胎時の片割れとなっていたら、別の人物が生まれていた。アンとベラが同じ認知能力を有し、他者と関係する能力、および一般に生活の中で苦しみ楽しむ能力においても違いがないのであれば、前者が後者より高い道徳的地位を有するべきだという提案はしりぞけなければならないだろう。しかし、叙法人格がアンにベラよりも高い道徳的地位を与える根拠とならないのだとすれば、それは生活の中で苦しみ楽しむ能力に違いがないかぎり、アンの悦びや不幸せを動物が経験する同様の悦びや不幸せより重要だとする根拠にもならない。

こうした問題群の議論は続くであろうし、そうあるべきでもあり、いつか誰かが全ての人間はいかなる他の動物よりも道徳的に重要だという見解を説得力のある形で擁護する可能性もないとはいえない。が、既に示した困難により、その可能性は低いと思われる。当面、私たちは引き続き「痛みは痛み」と考えるべきであり、道徳的観点から、同様の痛みは人間のそれであろうと動物のそれであろうと同様の重みを有するべきである。

哲学の再来

ケーガンは『動物の重要さをいかに評価するか、大なり小なり』の冒頭にて、たった五〇年前にはほぼ完全に無視されていた動物倫理学が、いまや道徳哲学の中にしっかり一分野として根を下ろし、種差別は不正で私たちは感覚意識を具える全存在の同様の利益に平等な配慮をしなければならないという（彼が反対する）立場に多くの理論家が賛同していることを記す。これは事実で、哲学がイデオロギーの目隠しを払いのけ、人々に受け入れられた信念を問うというソクラテス的役割に立ち返った印でもある。動物解放運動の盛り上がりは、その争点が学術的な哲学サークルの議題として育ったことと繋がっている点で、現代社会正義の中でも異質であると考えられる。今日、大学の倫理学科目の多くはさまざまな倫理問題をめぐる態度について学生に再考を促しており、人間でない動物の道徳的地位はその代表例に数えられる。私たちは動物をどのように扱うべきかを考える論文は、応用倫理学科目で使われるほぼ全ての読本に含まれている。少なくとも西洋哲学では、動物が重要でない、あるいは人間ほど重要でないという、議論を経ていない独りよがりな想定のほうが珍しくなった。

動物の扱いの倫理に関する書籍や論文が増えていることは序の口にすぎない。世界中の哲学科で、少なくとも本書が翻訳された三〇の言語で、哲学者たちは学生に動物の道徳的地位に関する授業を行なっている。のみならず、現在では肉食の倫理をめぐる授業が学生の食肉消費量を減らすことに繋がっているという手堅い証拠もある。※34 もちろん、哲学者たちは種差別への反対やベジタリアン食・ビーガン食の支持で足並みを揃えてはいないが――そもそもかれらが何かで足並みを揃えたことなどあっただろうか――、しかしドイツ、オーストリア、スイスの大学教授を調べた研究が明らかにしたところでは、倫理学者の六七パーセント、および倫理学を専門としない哲学者の六三パーセントが、哺乳類の肉を食べる行為は道徳的に悪いと考えており、これは同じ見解をとる他学科の教授が三九パーセントだったのに比べ、遙かに大きな割合だった。※35

本書の中核をなすのは、生物種だけを理由に存在を差別するのは偏見の一種であり、人種や性別による差別と同じ理路で不道徳かつ擁護不可能になるという主張だった。私はその主張を、人によって受け入れても受け入れなくてもよいただの断定、あるいは個人的見解の表明として示すことをよしとしなかった。私はそれを議論によって擁護し、感情や情緒ではなく理性に訴えた。私がその道を選んだのは、他の生きものに対する共感などの思いやり感情が重要であると気づいていないからではなく、理性のほうがより普遍的かつ強力な訴求力を持つからである。他者への配慮を感覚意識のある全生命に広げて生活から種差別を一掃した人々に対しては大きな敬意を抱くが、私は憐れみや思いやりに訴えるだけで大半の人々に種差別の不正を認めさせることができるとは思わない。相手が人間の時ですら、人々は自分の国や人種のみに憐れみを限定することに驚くほど長けている。しかし理性的な話に対しては、ほぼ全ての人々が少なくとも形式上は耳を貸そうとする。

したがって本書全体を通し、私は理性的議論を頼みにした。本書の中核をなす議論を論駁できないかぎり、あなたはいまや種差別が不正であると認めなければならない。そしてこれが意味するのは、道徳を真剣に考えるかぎり、あなたはみずからの生活から種差別的行ないを排し、あらゆる場面でそれに反対するよう努めなければならない、ということである。でなければあなたはいかなる立場から人種差別や性差別を批判しようと、偽善のそしりを免れない。

私は全体にわたり、動物虐待が人間虐待に繋がるとの理由から動物に親切であれと論じることは避けてきた。おそらく人間への親切と他の動物へのそれがしばしば繋がっていることは事実である。しかしアクィナスやカントよろしく、それが動物に親切であるべき真の理由だと主張することは、まさに種差別的立場以外の何ものでもない。動物たちの利益に配慮すべきなのはかれらが利益を有するから、そしてかれらを道徳的配慮の圏域から排除することは正当化できないからである。この配慮を人間にとっての便益と紐づければ、動物たちの利益はそれ自体として配慮されるに値しないという結論を認めることになる。

前進を遂げる

私が思うに、動物解放の擁護論は論理的な説得力があり、論駁は不可能であるが、行ないにおける種差別を克服する作業は一筋縄ではいかない。これまでみてきたように、種差別は西洋社会の意識に深く浸透した歴史的起源を持つ。また、種差別的営為の一掃は巨大アグリビジネス企業の既得権益を脅かすが、くだんの諸企業は虐待の訴えを否定する宣伝を大衆に集中砲火している。さらに、大衆は動物を食用として育て殺す種差別的営為の継続を利益としており――あるいはそう思っており――、ゆえに自社の動物を大事にしていると請け合う生産者を進んで信じたがる。先にみた通り、人々は本章で検証したような欺瞞めいた思考も受け入れがちだが、そうした思考にふけるのは、当の欺瞞によって自分の好む食事が正当化されると思えるのでもなければ全くありえないことである。

このような古くからの偏見や大きな既得権益、刷り込まれた習慣に対し、動物擁護者に勝ち目はあるのだろうか。理性、道徳、そして一部の動物に向けられる限定的な共感のほかに、有利になるものが何かあるだろうか。動物運動の展開は、ガンディーが述べたとも噂される次の諸段階に沿って捉えられる――「まずは無視される。次に嘲笑される。次に攻撃される。次に勝利する」[※36]。動物運動の初期の開拓者たちはほぼ無視された。『動物の解放』が初めて世に出た時は大勢に嘲笑された。一九八〇年代初頭、動物運動はなお異端とみられがちで、真摯に反種差別の姿勢をとる団体の会員は非常に少なかった。しかし八〇年代の終わりまでに「動物の倫理的扱いを求める人々の会」は二五万人のサポーターを得た。ヘンリー・スピラが残忍で不必要な動物実験を廃止させる連合をつくり、動物の権利団体と動物福祉団体を集結させた際は、そのメンバーが計数百万人に達した。[※37]この時、動物運動は明らかに無視しがたい勢力となっており、大々的な攻撃にさらされた。今日、その運動はなお攻撃を受ける段階を越えてはいないが、同時に広い支持を集め、いくつかの重要な勝利も収めた。

この動物たちにとっての勝利のうち、いくつかは容易に不要と分かる部門に関わるもので、例えば毛皮はいまや見栄のためだけに存在する。毛皮産業に囲われる動物はおよそ一億匹を数えるが、ミンクや狐など、活動的で好奇心旺盛な動物たちが小さく不毛な金網の檻に閉じ込められる結果、ストレスを和らげるための終わりなき常同行動が生じている。毛皮養殖はベルギー、イタリア、オランダ、イギリスなど、多くの国で禁止され、ドイツでは経済的に立ち行かなくさせる規制が敷かれている。しかし、現在世界の毛皮の半分を生産する中国の毛皮産業に影響をおよぼすには、生産の禁止だけでは足りない。[※38]イスラエルは一歩進んで毛皮の販売を禁じ、カリフォルニア州もそうした。ステラ・マッカートニー、グッチ、ヴェルサーチ、コーチ、シャネル、プラダ、バーバリー、マイケル・コース、ジョルジオ・アルマーニほか、多くのデザイナーやそのブランドは毛皮の使用をやめた。[※39]

フォアグラは味覚を満足させるために虐待を無視する食通にとっての高級品である。名の通り、この馳走の正体は「脂肪質の肝臓」であるが、自然に脂肪を蓄えたものではない。肝臓を抜き取られる鵞鳥《がちょう》や家鴨《あひる》は喉に漏斗を押し込まれて強制給餌され、肝臓が脂肪だらけになって立つことも困難になる。フォアグラ生産は目下、イギリスほかヨーロッパの数ヵ国で禁止されており、アメリカのカリフォルニア州ではその販売が禁止されている。新しい化粧品販売のために動物を苦しめる行ないも、擁護できない部門の一つである。EUは動物を使う化粧品試験を禁じただけでなく、動物実験を経た化粧品や化粧品成分の輸入をも禁じた。

粘着性の捕獲罠に捕まって逃げられなくなった鼠や栗鼠《りす》や鳥などの小動物は、パニックの中で苦しみ悶え、長い時間をかけて死んでいく。この罠はニュージーランド、アイルランド、アイスランド、オーストラリアの一部州、インドの三州で禁じられ、イングランド、スコットランド、ウェールズでも間もなく禁じられる。数百の企業その他もこの罠の使用をやめた。[※40]

ニュージーランドは屠殺のために生きた動物を輸出する行ないを二〇〇八年に禁じたが、乳用牛や羊や山羊の輸出を引き続き許可し、その多くが赤道を渡る長い船旅にひどく苦しめられた。地元の動物擁護者がキャンペーンを続けたのち、二〇二一年に第一次産業大臣はこの取引を翌々年の二〇二三年に終えると宣言した。動物たちが国を発つと政府はその幸福を保証できなくなるため、生体輸出は「ニュージーランドの評判に許容しがたいリスク」を突きつける、と彼は説明した。せめてどの国も同じくらいに動物福祉の保証による評判を気にしてくれたらよいのだが！

大型類人猿プロジェクトは、私がイタリアの研究者かつ動物活動家のパオラ・カヴァリエリと一九九三年に立ち上げた運動で、人間と他のあらゆる動物を分かつ人々の心の溝を狭めることに目標を置く。[※41]その達成へ向け、私たちはヒトに最も近い類縁――チンパンジー、ボノボ、ゴリラ、オランウータン――が、深い社会関係と豊かな感情生活を持つ自覚的存在であり、ゆえに生命と自由と拷問からの解放を求める基本権の保持者にふさわしいと認められるべきことを訴えた。拷問とは具体的に、侵襲を伴う実験での類人猿利用を指しており、一九九〇年代には現にアメリカその他の数カ国でチンパンジーを使う実験がなお広く行なわれていた。その後、大型類人猿を使う有害な実験はイギリス、ニュージーランド、日本、およびEU全土で禁止もしくは廃止となった。アメリカでは二〇一五年に終了し、科学施設の大型類人猿たちはほとんどがサンクチュアリに送られた。加えて人身保護令状のような法的措置を使って大型類人猿を監禁施設から解放する試みもなされた。二〇一六年、アルゼンチンの法廷が人身保護令状は人間でない動物にも適用できると認めた結果、そうした試みの一つが成功し、チンパンジーのセシリアを解放することができた。[※42]

初版で工場式畜産について書いた時は、当時使われていた最も拘束的な三つの監禁形態に焦点を当てた。ヴィール用子牛の単頭ストール、卵用鶏の不毛なバタリーケージ、妊娠した雌豚の単頭ストールである。イギリスを含むヨーロッパ諸国の動物擁護者たちは、この三つ全てを禁止することに成功した。もっとも、雌豚用のストールは妊娠初期の四週間にわたり使用が認められている。禁止は徐々に進み、子牛ストールのそれが二〇〇七年、バタリーケージのそれが二〇一二年、雌豚ストールのそれが二〇一三年に達成された。何億もの動物たちにより広い空間が与えられ、子牛や雌豚は体の向きを変えられるようになり、雌鶏たちは羽を伸ばすこと、卵を産める安全な巣箱を利用することができるようになった。これらはいずれも、重要だが不完全な勝利である。監禁空間で比較的自由な動きを許すかぎり、動物たちを檻に閉じ込めることは依然よしとされる。二〇二一年にはしかし、一七〇の動物福祉団体、一四〇人の科学者や関連分野の専門家、そして一四〇万人のヨーロッパ市民が署名した請願書からなるキャンペーンを背景に、欧州議会で被畜産動物に用いられる全ケージの禁止が圧倒的多数の支持を得た。欧州委員会は二〇二七年までにEU全土から被畜産動物の檻を撤廃することで合意した。これは子牛、豚、卵用鶏のみならず、兎、家鴨、鵞鳥、鶉《うずら》など、三億匹以上もの被畜産動物に影響を与える。ヨーロッパの製品がより水準の低い国でつくられた動物性食品に取って代わられることのないよう、委員会は輸入品にも同等の水準を課す計画を立てている。[※43]

ヨーロッパでは動物の扱いをめぐる関心から、動物のためのキャンペーンに特化した政党が生まれるに至った。これまでで最も成功しているのはオランダの動物党で、これは二〇〇六年以来、国会の議席を占めている。二〇二一年の総選挙で動物党は三・八パーセントの票を獲得し、オランダ議会の下院で一五〇席中六席を、上院で三席を占めた。ドイツ、スペイン、ポルトガルの動物擁護政党は国会もしくは欧州議会で議席を得ている。オーストラリアでは動物正義党が人口の多い二大州のニューサウスウェールズ州とビクトリア州で上院の議席を獲得した。これらの政党は動物のために声を上げ、議会で質疑を行なうことで影響力を行使できる。選挙が接戦となった際に決定票を握る可能性もあり、そうなれば法律や政府政策により直接的な影響をおよぼしうる。他方、小選挙区制の国では動物政党が議会に候補者を送り込める見込みが小さく、むしろ動物擁護的な政策を掲げる主要政党の票を奪ってその敗北をもたらす危険がある。アメリカの状況がそれで、二〇〇〇年の大統領選挙ではラルフ・ネーダーが緑の党の立候補者となった結果、ジョージ・W・ブッシュがアル・ゴアを破る一因となった。イギリスも同様であり、下院に関してはカナダとインドもそうである。

アメリカではアグリビジネスと農業ロビーが農場動物の福祉を保護するあらゆる連邦法制定の試みを阻止しているが、州単位ではとりわけ人々が住民投票を実施できる地域を中心に重要な勝利があった。子牛ストール、バタリーケージ、雌豚ストールのいずれかを禁じた州は計九つを数える。住民投票による最も感慨深い勝利はカリフォルニア州のもので、横臥、起立、方向転換、四肢の伸展をさまたげる雌豚、ヴィール用子牛、雌鶏の拘束や繋留を禁じる法案に六三パーセントの投票者が賛成した。マサチューセッツ州では同様の法案が七八パーセントの賛成票を得た。その他、禁止法を敷いた州として、オレゴン、ワシントン、コロラド、メイン、ユタ、ロードアイランド、ネバダの諸州が挙げられる。※44

食用として飼養される動物を保護するアメリカの連邦法がない中、動物擁護者たちは諸企業に圧力をかけ、肉・卵・乳製品の調達時に動物の扱われ方を考慮するよう求めることで重要な成果を上げてきた。二〇一六年までに国内のスーパーマーケット・チェーン最大手二五社の全てが、二〇二六年を目途に平飼いの卵のみを販売すると宣誓した（ただし、これは卵を含む全製品にはおよばない）[※45]。二〇一六年にはマクドナルドが一〇年以内に平飼い卵のみの使用へと移行することを決定した（平飼いのみで毎年必要とされる二〇億個の卵を調達することはできないため、これより早い移行はできないという）[※46]。五年後、多数の国の動物団体が参加した粘り強い世界的キャンペーンが続けられた末に、KFC、ピザハット、タコベル、その他のブランドを所有する世界最大のファストフード企業ヤム・ブランズが、二〇三〇年までに一五〇カ国の五万店舗全てからケージ飼育された雌鶏の卵を一掃すると宣言した[※47]。アメリカでは州法の改正に加え、企業に調達方針の見直しを迫るキャンペーンが行なわれてきた結果、平飼いされる雌鶏の割合が二〇〇五年の三パーセントから二〇二二年には三五パーセントへと増え、さらなる企業の参入によってこの増加が続いていくと見込まれる[※48]（他方、平飼いされる雌鶏たちもアンモニアが充満する混雑した鶏舎で他の数千羽と暮らし、綺麗な空気と日光に浴せる野外には決して出られないことを忘れてはならない。これはケージ生活よりはマシであるが、放牧や牧草地飼養からは程遠い）。

もう一つの戦略

このように動物たちにとっての重要な勝利が続きながらも、第四章でみたように、世界の食肉消費量は前代未聞の高水準に達している。この状況を変える試みとして、一部の動物擁護者は環境保護に取り組む人々と共同で、肉もどきの代替蛋白質食品に目を付け、肉への対抗と動物および地球の救済をめざしている。二〇二一年、経済データサービスのブルームバーグは、植物性の肉・乳製品が二〇二〇年に二九〇億ドルの売上げに達し、二〇三〇年にはそれが一六二〇億ドルに成長する見込みだと報じた。これは急速な成長率だが、それでも世界の蛋白質市場のわずか七・七パーセントを占めるにすぎない[※49]。こうした製品は私がベジタリアンになった五〇年以上前からあったが、当時のそれはベジタリアン向けのニッチ市場でしか手に入らなかった。しかし二〇一六年にインポッシブル・バーガーとビヨンド・ミートのバーガーが登場すると、たちまちのうちにそれらは肉と並んでスーパーマーケットやファストフード・チェーンで売られだした。植物性代替肉の次の課題は価格で肉と競うことである。

一九三一年、ウィンストン・チャーチルは「今から五〇年後」の世界を想像するエッセイにて、「胸肉や手羽先を食べるために一羽の鶏を育てるような不条理を私たちが脱し、それらの部位を適切な媒質で個別につくる」時代が来ることを夢見た[※50]。チャーチルがこのエッセイを「今から一〇〇年後」と題していれば、その予言は的中した可能性が高い。現に動物の繁殖・飼養・

殺害なしにバイオリアクターで動物細胞を培養する技術は進歩しつつある。二〇二一年、シンガポールは培養鶏肉の販売を許可したが、製品は鶏の胸肉や手羽先というよりチキンナゲットに近かった。二〇二二年までに培養肉や培養水産物の生産を試みるアメリカ、ヨーロッパ、中国、日本、イスラエル、南アフリカの諸企業に投じられた資金は二〇億ドル近くに達し、いくつかの製品は数年のうちに市場へ出回ると見込まれている。[※51] それらが味・食感・値段の面で動物由来の肉と張り合えたら、世界に倫理的食生活を広げ、ついには工場式畜産を終わらせる鍵となりうる。チャーチルが述べたように、動物の特定部位を食べるために一匹まるごとを育てるのは不条理というよりない――しかも彼は肉食による気候への影響を考えていたわけですらなかったのである。

次は何か

よく受ける質問がある――『動物の解放』を初めて著した時に、この本がここまで成功することを見越していたか。正直を言うと、私は何を期待すべきか分からなかった。一方で、自分が示す議論は反駁できず、否定の余地もないほど正しいので、これを読んだ人々はみな必ず説得され、友人にも一読を勧めるであろうから、誰もが肉食をやめ、動物たちに対する扱いの変更を求めるだろうとの考えもあった。しかし他方、一九七〇年代には動物に関わる問題を真剣に受け止める人々がほとんどいなかった。その種差別的態度を思えば、拙著が無視されることもありえた。多少の注目を得られたとしたら、動物たちを搾取する巨大産業がみずからの存在を脅かす思想に対抗することも分かっていた。理性的・倫理的な議論がその強い反発を押し切るだろうか。いやいや、それはあるまい、と私は思った。

実際に起きたことはこの両極のシナリオの中間だった。なるほどベジタリアンやビーガンの数は一九七五年よりも多くなり、本章で触れた改革のいくつかは何億もの動物たちの暮らしを改善した。ところが、実験施設や工場式畜産場で苦しむ動物たちは、いまや未曾有の数に達している。私たちはこれまで以上の遙かに膨大な抜本的変革を起こさなければならない。

動物たち自身はみずからの解放を要求できず、集会・投票・市民的不服従・不買運動によって自身の置かれた条件に抗議することもできず、かれらに代わって擁護活動を行なう人々に礼を言うことすらできない。私たち人間は永遠に、あるいはみずから絶滅するまで、他の種を抑圧し続ける力を持つ。私たちは圧制を続け、多くの皮肉屋が語ってきたように、自己利益と衝突した道徳に力はないと証明するのだろうか。それとも課題のために立ち上がり、反逆者やテロリストに強いられてではなく自分たちの立場が道徳的に擁護できないとの認識に立つことで、私たちの権力下に置かれた種への無慈悲な搾取を終わらせ、純粋な利他主義の力を証明するのだろうか。私はそのような認識がいずれは芽生えると信じる。過去一〇〇〇年のあいだに、私たちは平等な配慮をおよぼすべき対象者の枠を広げる点で前進を遂げてきたのだから。人間でない動物たちをその枠に含めるのにどれだけの年月がかかるか、それまでにどれだけ膨大な動物たちが苦しみ続けるかは分からない。しかし、あなたや他の読者が本書を読んでどう応答するか次第では、その時間が縮み、その犠牲数が減る可能性がある。

謝辞

本書は『動物の解放』一九七五年版から多くを受け継いでいる。したがって私が生まれて以来、二四年間にわたり後押ししていた擁護不可能な動物たちの扱われ方にこの目を見開かせてくれた人々——リチャード・ケシェンとメアリー・ケシェン、ロズリンド・ゴドロヴィッチとスタンリー・ゴドロヴィッチ——に、改めて感謝したい。この四人との長い対話、なかんずく仔細にわたり自身の倫理的立場を築き上げたロズリンドとのそれを通し、私は自分が動物を食べることで人間による他種の組織的抑圧に加担していると納得した。本書の中核をなす思想は五〇年以上前に交わされたこの人々との対話に起源を持つ。

理論的結論に至ることとそれを実践に移すことは違う。当時から今日までの妻、レナータの支えと励ましがなければ、私は罪の意識を抱きながらも、肉を食べ続けていたかもしれない。

『動物の解放』を執筆しようという考えは、一九七三年四月、『ニューヨーク書籍レビュー』に載った私の書評、『動物・人間・道徳』（スタンリー・ゴドロヴィッチ、ロズリンド・ゴドロヴィッチ、ジョン・ハリス編）のそれに対する熱烈な反響を受けてのことだった。風変わりな題材を扱う漠然とした本の構想について、頼まれてもいない話をしだした私をロバート・シルバーズが受け止め、右の書評から生まれた本の編集と出版に当たってくれなければ、本書が誕生したとは思えない。このほか、初版に重要な寄与をしてくれた人物として、《種差別》という語をつくり、自身の著書『科学の犠牲者たち』のために集めていた資料の転載を許可してくれたリチャード・ライダー、および私の工場式畜産場初訪問を手配してくれたジム・メイソンがいる。

『動物の解放』は一度だけ全面的な改訂を経て、一九九〇年に第二版となって出版された。この刷新を助けてくれたローリー・グルーエンにお礼申し上げる。当時大学院生だった彼女は、いまやみずから動物と倫理に関する数冊の重要文献を著している。

本書『新・動物の解放』に関しては、オープン・フィランソロピーの助成金が大きな助けとなり、そのおかげでソフィー・ケヴァニーを研究者として雇うことができた。ソフィーは根気強く情報収集に当たってくれた。その情報の多くは第二章と第三章に用いられているが、他の章も彼女の仕事に負うところがある。一方、ソフィーの調査は以下に挙げる多数の人々や団体に支えられた。デビッド・ローゼンブルームが食肉生産の環境影響について調査を買って出てくれたのも幸いで、第四章はそれを下敷きとしている。

イプ・ファイ・ツェは全文の草稿を読んでコメントを寄せ、中国における動物の扱われ方について情報を与えてくれた。彼は魚《うお》についてのくだりを拡張するよう提案し、どじょうやその扱われ方について知識をもたらしてくれた。野生動物の苦しみを削減する可能性については、ケイシア・ファリア、オスカー・ホルタ、そして再びイプ・ファイ・ツェに教えてもらい、囚われの霊長類を解放したラテンアメリカの裁判についてはパウラ・カサル、マカレナ・モンテス・フランチェスチーニから教示を賜った。本書に関係する問題について、私の考え方に影響を与えてくれた人物としては、ベッカ・フランクス、グオ・ペン、スティーヴァン・ハーナッド、ジェニファー・ジャケット、エヴァ・キッテイ、デール・ジャミーソン、アーサー・シェミッツ、アダム・ラーナーもいる。素晴らしい代理人のケイシー・ロビンス、本プロジェクトの全段階にわたり助言をくれたデビッド・ハルパーンとジャネット・オシロにもお礼申し上げる。最後に、ハーパーコリンズの編集者で、何を盛り込み何を省くかという点で賢明に私を導いてくれたサラ・ホージェンに深謝する。動物たちの苦しみについて、本書がいま含んでいる以上のさらなる詳細を書きたい気持ちを抑えがたかった時に私を御してくれたのは彼女であり、読者はそれをありがたく思ってよい。

以下の人々に特別の謝意を表する。

説明責任委員会：ジョシュ・バーク
アメリカ動物実験反対協会：ジル・ハワード・チャーチ、スー・リーリー
アニマル・エイド：ジェサミー・コロトガ
アニマル・クロック：リック・ゴットリーブ
アニマル・エシックス：シンディ・ルーク
アニマル・アウトルック：パイパー・ホフマン、チェリル・リーヒー
動物福祉研究所：マージョリー・フィッシュマン、デナ・ジョーンズ、グウェンドーレン・レイス＝イルグ
水生生物研究所：クリスティン・シュ
動物実験代替法センター（ジョン・ホプキンス・ブルームバーグ公衆衛生学校）：キャスリン・ハーマン、マーティ・スティーブンス
動物たちの市民会チェンナイ支部：シラニー・ペレイラ
保全動物福祉財団：ロレイン・プラット
コンパッション・イン・ワールド・ファーミング：フィル・ブルック、ピーター・スティーブンソン
カウンティング・アニマルズ：ハリシュ・セトゥ

クルエルティフリー・インターナショナル：ケイティ・テイラー
フィッシュカウント：アリソン・ムード
魚類福祉イニシアチブ：マルコ・チェルキエラ
グローバル・シーフード・アライアンス：スティーブン・ヘドランド
ザ・ヒューメイン・リーグ：ヴィッキー・ボンド、マシュー・カーマーズ、ミア・フアーニホウ
国際人道協会：ウェンディ・ヒギンス、ピーター・J・リー、リンゼイ・マーシャル、マーシア・トライアンフォル、ローラ・ビビアニ
全米人道協会：バーナード・アンティ、ジョシュ・バーク
実験動物科学協会：コン・クィ
動物福祉保全交流会：アンドレアス・アーラー、ルイーザ・フェレイラ・パストス
国際霊長類保護リーグ：シャーリー・マッグリール
実験動物科学福祉倫理委員会（中国）：スン・デミン
L214：セバスティエン・アルサック、ブリジット・ゴーティエ
マーシー・フォー・アニマルズ：リア・ガルセス
OECD-FAO農業アウトルック：ヒューベルトゥス・ゲイ
アワ・アナー：クリスタル・ヒース

PETA：アルカ・チャンドナ、フランセス・チェン、ケイシー・ギレルモ、マグノリア・マルティネス、エミリー・トランネル、ジェニファー・ホワイト、実験動物チーム

プロクター&ギャンブル：ハラルド・シュラッター

プロベジ：シャーロット・ベイカー、ララ・パッパーズ

研究スクエア：ミシェル・アヴィッサー＝ホワイティング

王立動物虐待防止会（イギリス）：ペニー・ホーキンズ、ポール・リトルフェア、キャサリン・ロウ

アメリカ農務省：広報・統計チーム

ヴィア＝プフォーテン（フォー・ポウズ）オーストラリア支部：テレーザ・ペッガー

ボイス・フォー・アニマルズ（ロシア）：ディナーラ・アギーヴァ、ドミトリィ・ツヴェッコフ

動物保護協会（中国）：ホン・メイ・ユ

ウェルビーイング・インターナショナル：アンドリュー・ローワン

ホワイト・コート・ウェイスト：ジャスティン・グッドマン

ワールド・アニマル・プロテクション：ジョージ・ホワイト

また、ジェレミー・ベッカム（元PETA）、スーザン・グイン（『フレデリック・ニュースポスト』）、キャサリン・ミルズ（マックギル大学）、サラ・ピッカリング（ハーバード大学動物法・政策クリニック）、ジェームズ・レイノルズ（ウエスタン健康科学大学）、アレッサンドラ・ロンチャラーティ（カメリーノ大学）、シャロン（名前だけの掲載を希望）およびマイケル・シューラー（コーネル大学）にも感謝を申し添えたい。

迂闊にも書き漏らしてしまった人々がいれば心からお詫び申し上げるとともに、各位が助けになったという事実が充分な返礼となることを願いたい。

レシピ集

「本書は哲学から始まり料理法で終わる」と、『動物の解放』初版の某書評は開口一番に述べた。なぜ料理法なのか。今後は肉を食べないと友人たちに話せば、真っ先にこう訊かれたからである。「じゃあ何を食べるの?」。この質問に答えるべく、私は本の末尾にいくつかのベジタリアン・レシピを載せた。改訂版ではもはや不要だろうと思い削除したが、この本はやはり哲学から始まり料理法で終わるべきだと人々に説得された。しかし今回は少数の好物料理にとどめたい——私が特に好んでつくり、食べ、家族や友人たちと分かち合う料理である。

私の両親は一九三八年、ナチスによるオーストリア占領を受けて愛するウィーンを去り、オーストラリアへやって来た。両親は好みのレシピを携えていたが、それはデザートやケーキを除き、ほぼ肉中心の料理だった。しかし私が幼かった頃の好物に、豆スープとシペットがあった。シペットとは何か、と思ったなら、あなたは独りではない。ワードのスペルチェッカーはこの語（sippet）に赤線を引く。以下を読めば正体が分かる。

オーストリア風エンドウ豆スープとシペット

四人前

干しエンドウ　一カップ
大きな玉ねぎ　一個、ざく切り
にんにく　二～三かけ、みじん切り
オリーブ油
ローリエ　二～三枚
大きな人参　一本、ざく切り
パン　三枚

まず干しエンドウ一カップから始めよう。大勢に振る舞う場合は分量を倍にしてもよい。豆を一晩水に浸けておけば調理時間を短縮できるが、必須ではない。続いて大きな玉ねぎとにんにく二、三かけ（自由）の皮をむいて切る。大きなシチュー鍋で油を熱し、にんにくを加える。私はにんにく絞り器を使うが、みじん切りでもよい。時おり混ぜながら焦げ目を付ける。続いて豆を入れ（水に浸けていたら水気を切る）、玉ねぎとともに一、二分混ぜ合わす。

次に水二リットル（四パイント）を注ぎ、小さじ一杯の塩とローリエ二、三枚を加える。これを沸騰させ、とろ火で煮る。豆が柔らかくなりだしたら、弾力のあるうちに人参を入れる。豆が完全に柔らかくなるまで煮たら、ローリエを取り除き、スープをブレンダーに通すか、ハンドブレンダーで鍋の中身をかき混ぜる。さらさらにしなくてもよく、私はいくらか食感を残す。

味付けに塩胡椒を加え、シペットを調理するあいだ温かくしておく。シペットは実を言うと、イギリス版のクルトンである。しかしつくりたてのそれはあのパッケージから出てくる素っ気ない乾物よりも遙かにおいしい。まずパン二、三枚を用意する。私の好みは固い黒パンで、古く乾燥したものを使うこともあるが、どんなパンでもよい。それを半インチ〔約一・三センチメートル〕角に切る。フライパンに少量の油を熱し、パンのサイコロを炒めて軽く色を付け、表面をカリカリにする。器へ移してすぐ食卓に並べれば、食感が保たれ、同席者は一度に数個ずつこれをスープに入れて堪能することができる。

オーストリア風レンズ豆スープ

エンドウ豆の代わりに茶レンズ豆や緑レンズ豆を使えば、ほぼ同じ調理でオーストリア風レンズ豆スープをつくれる。私は人参を入れる段階で二つのカットじゃがいもを加える。これも私は完全にブレンドせず、レンズ豆の形をいくらか保っておく。そしてスープができたら小さじ一杯のレモン汁を混ぜる。シペットは添えても添えなくてもよい。エンドウ豆スープのほうが合うように思えるが、レンズ豆スープとの組み合わせも悪くない。

グヤーシュ

四人前

大きな玉ねぎ　一個、ざく切り
にんにく　二かけ、みじん切り
小さなビーガンソーセージ　三〜四本
大きなじゃがいも（ラセットポテトはなお可）　三〜四個
ローリエ　三枚
塩

パプリカパウダー　小さじ一〜二杯
小麦粉　大さじ一杯（オプション）

グヤーシュはオーストリアではなくハンガリーの料理だが、私の両親は第一次大戦前、オーストリアがオーストリア＝ハンガリー帝国だった時に生まれたので、この料理が頻繁に食卓に並んだ。グヤーシュは肉を使うことが多いが、他の種類もある。秋が来るごとに、両親は茸《きのこ》採集に出かけ、松の下に生えるアカハツタケという硬いオレンジ色の茸を籠《かご》一杯に摘んで帰った。これはとびきりのグヤーシュになるが、食べられる茸と命取りになる茸を見分けられない人は、店で茸を買うか、じゃがいもとソーセージのグヤーシュをつくってほしい。後者にはもちろん、いまや広く手に入る良品のビーガンソーセージのどれかを使う。口に合うなら、スパイシーなソーセージはよく調和する。しかし鍵となるのはパプリカである。普通、この料理には「スイート」パプリカを使うが、これは名の通り甘いわけではなく、単に辛くないという意味にすぎない。それはよいが、もしパプリカパウダーが何年も調味料棚にしまわれていたなら、おそらく風味は飛んでいる。それは除こう。燻《くん》製《せい》パプリカパウダーは独特の風味を加えるので試す甲斐があり、辛い料理が好きなら——あるいは辛口のビーガンソーセージが見つからなければ——ホットパプリカパウダーを使ってもよい。

まず、切った大玉ねぎとにんにくを油で炒める。三、四本のミニソーセージを半インチ以下にスライスし、玉ねぎとにんにくに混ぜて全ての具材に焼き色を付ける。かたや三、四個の大じゃがいも、あるいは同量の小じゃがいもを皮剥きして一口大に切り、これも具材に混ぜ合わせる。続いて具材全てが浸かる程度まで水を注ぎ、ローリエ三枚、塩少々、パプリカパウダー小さじ大盛り一杯を加える（ただしホットパプリカパウダーは少量から始め、好みに合わせて足すのがよい）。沸騰させたら弱火にして三〇分ほど煮込み、その後、味を調える。パプリカパウダーをもう一杯加えたくなるかもしれない。じゃがいもによく火が通り、水が充分に吸収されるか、とろみが付いてソース状になったら出来上がりである。そうならなければ小麦粉を加えて弱火で混ぜ、とろみを付ける手もある。

バリエーションとして、赤パプリカやトマトやズッキーニなどの野菜を混ぜてもよい。じゃがいもより短時間で火が通るので、加えるのはじゃがいもが柔らかくなりだした頃にしよう。ローズマリーやタイムなどのハーブを加えるのもよい。

妻のレナータは幼い頃にポーランドからオーストリアへ渡ってきた。家族の料理はわが家と同じく肉中心だったが、彼女は今日までボルシチをつくり続けている。これはスープの一種で、色付け用のビーツから漉《こ》し取った透き通る汁だけのものから、じゃがいも、人参、キャベツ、それにもちろんビーツを盛り込んだボリュームたっぷりのものまである。

レナータは後者をつくる。

レナータのボルシチ

四人前

にんにく　二〜三かけ、切るかつぶす
大きな玉ねぎ　一個、ざく切り
ビーツ　一ポンド〔約四五〇グラム〕、洗って一インチ〔約二・五センチメートル〕角に切る
じゃがいも　一ポンド、皮を剝く
塩
胡椒
スイートパプリカパウダー　小さじ一杯
人参　二〜三本（約一カップ）、刻む
セロリ　一カップ、刻む
キャベツ　一カップ、刻む
一五オンス〔約四二〇グラム〕のダイストマト缶　一個

トマトペースト　大さじ一杯
味付け用のレモン汁

つぶすか切るかしたにんにく、およびカットした大きな玉ねぎを少量の油で炒める。そこへ、洗って一インチ角に切ったビーツを加える。充分量の水――ビーツだけでなく、これから入るじゃがいもや野菜も浸かる量――を注ぎ、塩、黒胡椒、小さじ一杯のスイートパプリカパウダー、ローリエを入れて沸騰させる。一〇分煮たら、じゃがいもと人参を入れてさらに五分、あるいはビーツとじゃがいもが少し柔らかくなる（ただしまだ火を通す必要がある程度）まで煮る。切ったセロリ、スライスしたキャベツ一カップ分、缶詰のカットトマト、大さじ一杯のトマトペーストを加え、さらに五分、あるいはじゃがいもとビーツが食べられるようになるまで火を通す。味を整えて小さじ一杯のレモン汁を加え、甘酸っぱい風味に仕上げる。良質なライ麦パンを添えればそれだけで一食になる。これは二日目によりおいしくなるスープの仲間なので、多めにつくりたくなるかもしれない。

レナータと私は、肉を断った時、イタリア料理を多く食べるようになった。既に知っていて好物だったパスタやピザには、肉のない種類が沢山あったからである。それらはよく知られているのでここにレシピは載せない。同時に私たちはヨーロッパのものより肉が少ない料理も実験的につくり始めた。インドは世界のどこよりも多くのベジタリアンが暮らす国で、私たちが初挑戦した最初の料理は何億人ものインド人が常食するダルというレンズ豆カレーだった。これは今に至るまでお気に入りの一つである。これも私がつくるほとんどの料理と同じ手順から始め、大勢に振る舞いたい時や冷蔵して別の機会に食べたい時は量を倍にしてもよい。

ダル

四人前

にんにく　一〜二かけ、みじん切り、またはつぶす
大きな玉ねぎ　一個
赤レンズ豆　一カップ
カレー粉
塩
ローリエ
シナモンスティック
一四オンス〔約四〇〇グラム〕のカットトマト缶　一個

六オンス〔約一七〇グラム〕のココナッツミルク缶　一個
レモン汁
切った青物野菜（ケールかほうれん草、自由）
米
添え物（オプションだが強く推奨。インド系食料品店またはスーパーマーケットのアジア料理コーナーで入手可能）
マンゴーチャツネ
ライムピクルス
パパド

にんにくを切るか絞り器でつぶし、大きな鍋に少量の油を敷いて焼く。大きな玉ねぎを切って加え、さらに焼く。缶入りの小さな赤レンズ豆と、スプーン一、二杯（好みの量）のカレー粉、一つまみの塩を加える。二、三分かき混ぜたら水三カップを注ぎ、ローリエとシナモンスティックを入れる。沸騰させ、再弱火にして時々混ぜつつ二〇分ほど煮る。缶詰のカットトマトを加え、さらに一〇分煮る。とろみが付き、レンズ豆が柔らかくなるが、まだちょうど流れる程度には水っぽいに違いない。適量のココナッツミルクと少量のレモン汁を加える。バリエーションとしては、ココナッツミルクを注ぐ一、二分前に、刻んだほうれん草やケールを加える案もある。ご飯の上にかけ、ライムピクルスやマンゴーチャツネを添えて食卓に並べよう。

インド料理店ではしばしばダルに新鮮なカットきゅうりのヨーグルト和《あ》えが添えられる。後者にはコリアンダーのパウダーが散らされていることもある。乳成分を使わないヨーグルトはいまや多くのスーパーマーケットで手に入る。ダルによく合うものとしてパパドがあり、これはスーパーマーケットやインドの食料品を売る店で買える。よく熱した油で一枚ずつこれを揚げる。油の温度を確かめたければパパドの一部を割って入れてみればよい。油が充分な温度ならすぐに膨らむ。グリルにして膨らませる手もあるが、すぐに焼けるので注意しよう。

中国はインドよりもベジタリアン人口が少ないが、中華料理にはビーガン対応もしくは簡単にそうできるものが沢山ある。炒め物は私の定番の一つになった。調理の際に私は中華鍋を使う。これなら具材をひっくり返す時にこぼれにくいが、大きなフライパンであれば何でもよいだろう。基本は以下の通りである。

豆腐と野菜の炒め物、麺またはご飯付き

四人前

にんにく　一〜二かけ、みじん切り、またはつぶす
しょうが　にんにくと同量、みじん切り
ねぎ　四本
豆腐　一四オンス〔約四〇〇グラム〕
醤油　小さじ一杯
米酢、中国料理酒　一方または双方を大さじ一杯
ごま油　少々
ブロッコリー、茎ブロッコリー、カリフラワー、チンゲン菜、ケール、キャベツ、赤パプリカ、人参、もやし　このうち二、三種を一カップ
ラーメン　八オンス〔約二三〇グラム〕　または　米　一カップ

炒め始めると早いので、まず全ての材料を整える。にんにくとしょうがは細かく切る。ねぎは薄くスライスし、青い部分と白い部分を分けておく。野菜は粗く、豆腐は一インチ角に切る。

ご飯を添えるなら、炒め物とは分けるので別個に調理する。麺がよければ、最後に中華鍋で混ぜるので先に調理しておく。ラーメンには数分茹でて水切りしなければならないものもあるが、他の種類は上から沸いた湯をかけ、数分置いて水切りするだけでよい。

豆腐を揚げるのはオプションで、おいしくなるが、私は油を摂りすぎたくないので、揚げる時も揚げない時もある。揚げるなら中華鍋に大さじ数杯の油を敷き、温まったら豆腐を入れて、動かしながら小麦色にして若干のパリパリ感を出す。できたら外へよけておく。ここで油の大部分を取り除き、底に多少残して、にんにく、しょうが、ねぎの白い部分を炒める。一つまみの塩と小さじ一杯の砂糖を加える。材料が色付いて良い香りがしだしたら、切った野菜を入れる。ブロッコリーや人参など、まずは火が通るのに時間がかかるものから入れていく。豆腐を揚げていなければこの段階で入れる。野菜に火が通るまで炒め、その後、葉物やもやしなど、すぐに炒められる野菜を加える。豆腐を揚げていたらこの段階で入れる。調理済みの麺があればそれも入れ、ねぎの青い部分も入れる。よく混ぜ、先に火を通した具材も後で入れた具材も温まったのを確認したら、少量のごま油をまぶして机に並べる。麺の代わりに米にするなら、皿や丼にご飯を盛って、上に炒め物を載せるのがよい。

豆腐よりも植物性の肉もどきが好きならそれを使うのもよい。バリエーションは無限にある。

四川のバリエーションでは、にんにくとしょうがを炒める際にすり下ろした唐辛子を加えるか、小さじ一杯の辣油《ラー》を混ぜる（辣油はアジア系食料品店で買える瓶入りの赤黒い液で、よく混ぜる必要がある）。本場らしさを出したく、アジア系の食料品店で手に入るなら、豆板醤《トウバンジャン》（唐辛子を加えたそら豆ペースト）を大さじ一杯加えてみよう。別の痺れる辛味が欲しければ花椒の粉を使うのもよい。炒め物を食べる人に辛党とそうでない者がいる場合は、調理中に香辛料を加えず、代わりに食卓に辣油を置いて、欲する人が料理にまぶせるようにする。

四川風じゃがいも野菜炒め（酸辣土豆丝《サンラートートースー》）

これはニューヨークの四川料理店で食べたもので、非常においしかった――かつじゃがいもの調理法が少なくとも西洋諸国ではとても珍しい――ので、私はレシピを探して自分でもつくってみるしかなかった。以下がお気に入りのレシピだが、これはアトランタに拠点を置く中国系アメリカ人シェフで有限会社スープベリーのオーナーであるキャンディ・ホムの快諾のもとに転載するもので、以下でも閲覧できる（https://soupbelly.com/2009/12/16/sichuan-stir-fried-potatoes-with-vinegar）。これを四人向けのメインコースとしたければ量を倍にすることを勧める。

この料理ではじゃがいもを千切りにして塩水に浸け、花椒の実、乾燥唐辛子、砂糖、酢と炒めて甘味と塩味と辛味を付ける。じゃがいもを塩水に浸けるのは変色を防ぐためで、塩が余分なデンプンを取り除く効果もある。歯触りはややシャキシャキして、コシのあるパスタに近い。

四人前

中玉のじゃがいも　三個、千切り
調理油　小さじ二杯
乾燥唐辛子　大三本または好みの辛さに合わせて小数本、ざく切り
花椒の実（粉末）　小さじ一杯
砂糖　小さじ一杯
黒酢（可能なら鎮江香酢）　小さじ三杯
味付け用の塩

じゃがいもの皮を剝いて千切りにする。大きなボウルに冷たい塩水（私はおよそ小さじ一杯の塩を入れる）を用意して千切りを入れ、最低一〇分浸けおく。よく水切りする。中華鍋を中強火にかけ、油、唐辛子、花椒の実を入れる。花椒がジュウジュウ音を立て

るまで熱し、じゃがいもを加える。約四分炒め、砂糖と酢を加える。歯ごたえが残る程度に炒め、味付けに塩を振る。熱い状態で食卓に並べる。

中華風冷菜――豆腐と海藻

茸採集については先に触れたが、海浜に出かけた時はケルプ〔昆布などの大形海藻〕を探す。これはしばしば大量に見つかる。分厚く硬いものもあるが、私は細めのものを選ぶ。キッチンばさみでケルプを細く、大体長さ一インチ〔約二・五センチメートル〕×幅半インチに切り、厚さと硬さにより五～一〇分ほど茹でる。水を切ったら以下のレシピに使うか、瓶に入れて水と多量の塩で漬け込む。こうすると冷蔵庫で数カ月持ち、スープや以下の夏料理に使える。採集する機会がなければ乾燥したケルプを買えるので、水に浸したのち、新鮮なケルプのように使えばよい。このレシピは他の海藻にも応用できる。

四人前

固い豆腐　一丁
ケルプ　半カップ、細切り
しょうが　小口切り

はつか大根　二〜三本、薄切り
ねぎ先端部　一〜二本、薄切り
砂糖　小さじ半杯
醤油　小さじ二杯
米酢あるいは中国酢　小さじ二杯
ごま油　小さじ一杯

豆腐を半インチ角に切ってボウルに入れる。ケルプ、小口切りにした新しょうが、薄切りにした二本のはつか大根とねぎの先端、砂糖、醤油、酢、ごま油を加える。辛くしたければ唐辛子か辣油を味付けに加える。一〇分置いて豆腐に調味料を染み込ませる（全この豆腐に染みるよう何度か混ぜる必要があるかもしれない）。これで出来上がりである。

バリエーション

・細かく切ったにんにくを加える（生にんにくがきつければ、薄切りにしたねぎの根本部分とともにまず軽く炒める）
・ねぎの代わりに細かく切ったチャイブを使う。
・コリアンダーを切って大さじ一杯加える。

・もやし一つかみを加える。
・ごま一つかみをフライパンで煎《い》り（油不要）、振る舞う前に上に散らす。

訳者解題

本書はオーストラリアの哲学者ピーター・シンガーが著した代表作『動物の解放』の最新改訂版全訳である。人間は他の動物たちにどのような倫理的責任を負うか、という問いに向き合った人々は、さまざまな関連知識を得る中で、いつか必ずこの著作に出会う。一九七五年に刊行されたその初版は、自明視されていた人間の動物利用に含まれる倫理問題を力強い筆致で明るみに出し、現代動物擁護運動を支える理論基盤の役割を果たした。ベトナム反戦、第二波フェミニズム、公民権闘争、環境保護運動など、支配体制に抵抗するあまたの社会正義が盛り上がりをみせたこの時代に、人ならぬ動物たちもまた解放されるべき存在であると論じた同書は、その意表を突いたであろう主張によって熾烈な論争を巻き起こしながらも、歴史の風雪に耐え、今日まで読み継がれる古典の位置を占めるに至った。動物たちの果てしない苦しみを生む人間の所業を告発し、一見危ういようで容易な反験を許さない論理のもとにその批判を展開したことが、大きな挑戦たる本書に不滅の価値を与えたのだった。

著者シンガーは一九四六年にオーストラリアのメルボルンで生まれ、在学時代に哲学・倫理学を修めたのち、功利主義の立場をとる代表的論客の一人となり、英米豪の大学で教育に携わるかたわら、倫理学の理論と実践に関する著作を多数発表してきた。『動物の解放』は彼の名を一躍有名にした出世作にあたる。オクスフォード大学の哲学者グループが編纂した『動物・人間・道徳』というアンソロジーの書評を手がけたことから、シンガーが『動物の解放』の構想を抱いたことは本書の謝辞に書かれている通りである。[*1]

この著作が現れたことを契機に、動物の道徳的地位はあらゆる哲学上の立場に関わる一大論争テーマとなり、シンガーに真っ向から反対して動物利用の正当性を主張する者、シンガーに大筋で賛同しつつもその理論的限界を見据えてより良い動物擁護論の枠組みを提唱する者など、多くの論客が主張を戦わせてきた。一方、『動物の解放』は動物擁護運動を牽引する優れた活動家たちを誕生させた。PETAこと、「動物の倫理的扱いを求める人々の会」を創設したイングリッド・ニューカークとアレックス・パチェコ、動物実験反対運動で活躍したヘンリー・スピラも、この書を活動の原点とする。日本では一九八八年に邦訳版が刊行され、学界ではほとんど価値を顧みられない時代が続いたものの、民間では多数の人々がこれを読んで動物擁護の取り組みに着手し、とりわけ行動力に秀でた活動家たちは今日まで続く市民団体を立ち上げた。動物擁護論の文献が乏しかった時代に、この本が日本の動物擁護運動に与えた影響は計り知れない。一九九〇年には大幅な加筆修正を施した原著第二版が刊行され、二〇〇〇年代以降も時代状況を反映する序文を付した改訂版が三度にわたり出版された。日本では初版の邦訳が絶版となったのち、二〇〇九年版の邦訳がその翌々年に出版され、動物倫理を学ぶ人々の必読書とされてきた。

本書は初版刊行から実に半世紀近く、第二版刊行から三〇年以上を経て、二度目の全面改訂を施された『動物の解放』の最新版に当たる。この長い年月に、動物たちを取り巻く状況には数多くの変化が訪れた。動物産業が前代未聞の規模に成長を遂げ、これまでに考えられなかった新たなおぞましい動物利用形態を次々に生み出す一方、動物擁護運動を支持する人々の声は高まり、世界各地で重要な成果が実を結んできた。かたや動物に関する科学的知見は格段に増え、もはや動物の意識や感情を否定するデカルト式の動物機械論を信じる者は時代錯誤のそしりを免れなくなった。これらの変化は同時に、動物たちを取り

＊1　女性の功績を不可視化するのが男性社会の習いなので書き添えておくと、『動物・人間・道徳』は、作家ブリジット・ブローフィが一九六五年に発表したエッセイ「動物の権利」に着想を得て編まれた。そしてブローフィの文章から一〇年後にシンガーが『動物の解放』を著している。今日の動物擁護運動や動物倫理学が「シンガーに始まる」のではないという点は覚えておく必要がある。

巻く諸問題に関する著者の見解にも影響を与えずにはおかなかった。本書はそのような変わりゆく時代を歩み、動物解放哲学の思索と実践を続けてきたピーター・シンガーの集大成といっても過言ではない。旧版を読んだ読者であれば、内容の違いは一目瞭然だろう。動物利用の実態を明かす第二章、第三章は、重要な記述を残しながらも、最新の情報を反映して大きく書き換えられている。第四章は今日いよいよ無視できなくなった気候変動をはじめとする環境悪化の問題を見据え、章題ごと改まっている。他の章は比較的旧版の内容にしたがいながらも、やはり現代の知見を踏まえ、体系的な再構成を経ている。そして一九七五年の初版、日本の一九八八年版にあった魅力的な「おまけ」が、新たな装いで戻ってきた。旧版を読んだことのない人々はもとより、既に幾度も読んだ人々であっても、本書を新鮮な気持ちで読み進めることができるだろう。生まれ変わった古典として、本書が動物たちの幸福を願う多くの読者に読まれることを期待したい。

さて、動物擁護運動と動物倫理学において常に参照されてきた『動物の解放』であるが、本書は教導の書というよりは論争の書であった。先述した通り、本書が大勢の人々を啓蒙してきたことは否定できない。しかし、著者の主張は同時に、動物利用の推進者のみならず、動物擁護の支持者からも批判を向けられてきた。先駆的著作といわれるものが得てしてそうであるように、『動物の解放』もまた、一面において読む者の人生を変えるほどの力を蔵しつつ、他面においてそれに劣らないほどの難を抱えている。その意味で、本書は古典でこそあれ、聖典とされるべきではない。むしろ本書の真価は試金石としての役割にある。私たちは著者の主張を絶対視せず、そこに含まれる問題についてみずから考えることを求められるだろう。

この新版では時代の推移に応じて内容の一新が図られたことは右に述べた通りであるが、訳者はむしろ、相当量の記述が変わりながらも、著者の思想の核心部分が数十年前からほとんど変わっていないことに強い印象を受けた。動物倫理の議論は科学的知見に左右されるところが少なくないため、科学の発展に伴うかぎりでの軌道修正は随所にみられるが、それは枝葉にすぎない。シンガーの立場の根幹に当たる部分は、数々の論争を交わし、著書に対するさまざまな観点からの批判を受けたあとの現在もなお、更新された様子がない。考えがぶれないのは一般に良いことであろうが、それは重要な指摘に耳を貸してこなかった結果でもありうる。実際、訳者は本書を通して多くを学びながらも、種々の社会正義やその担い手たちに接してきた一ビーガンとして、著者の議論に不満を抱くところが少なくなかった。そこで以下、相互に関係する深刻な問題のいくつかを挙げ、批判を試みたい。

限界事例の濫用　ピーター・シンガーといえば障害者差別の権化として悪名高い。シンガーは動物擁護の文脈でしきりに障害者を引き合いに出す。人間はたとえ障害によって意識や知性の発達が見込めない状態であっても死と拷問から守られるのに対し、動物はそのような人々に勝る意識や知性を具えていようと、食用その他のくだらない目的のために拷問と死を下される、それは種を境にした差別にほかならない、という議論である。こうした論法を「限界事例からの議論」という。これをめぐっては正当な批判とともに多くの誤解も生じているので、まずはシンガーやその後継者らがこのような論法を用いる意図を確かめなければならない。

限界事例からの議論はもともと、種差別者への反論として持ち出されたものだった。人々は動物搾取を正当化するために、動物には人間のような意識・知性・理性・等々がないと語ってきた。しかしその論理にしたがうと、つまり、意識・知性・理性・等々の有無や多寡が道徳的配慮に値する者とそうでない者の境界線を決めるのだとすると、一部の人間も配慮の枠からこぼれ落ちることになる。どんな人間であっても道徳的配慮の枠から排除してはならないというのであれば、逆に人間以外の動物をその枠から排除してよい理由は何なのかという最初の問いに立ち戻る。そこで再び動物搾取を正当化するためにいかなる能力や特徴を挙げようと、一部の人間はそれを欠き、一部の動物は一部の人間以上にそれを有すると示すことができる。にもかかわらず、あらゆる人間を道徳的配慮の枠に含め、あらゆる人間以外の動物を同じ配慮の枠から締め出すのであれば、つまるところ能力や特徴をもとにした線引きなどは嘘であり、道徳的配慮の境界線は実のところ種の違いだけをもとに決定されていると分かる。それは人種や性の違いだけをもとに特定の人間集団を道徳的配慮の枠から締め出すのと同じことで、典型的な差別思考でしかない。このように、種差別者の論理を突き詰めると人間の排除が生じ、それを回避しようとすれば動物の排除が正当性を失う、という点を明らかにすることが限界事例からの議論に託された役割だった。そしてシンガーは、種差別者の論理によって排除される「限界事例＝一部の人間」の実例として、無脳症児や重度知的障害者、あるいは「猿と同等かそれ以下の認知能力しか持たない人間」（二三七頁）などを引き合いに出す。

訳者が思うに、限界事例からの議論は一面において非常に重要な点に光を当てている。すなわち、動物搾取を正当化する種差別者の論理は能力差別、あるいは優生思想にもとづいている。一定の能力や特徴をもとに存在者たちを序列化し、特定集団を道徳的配慮の枠から締め出す考え方は、優生思想の中核をなすといってもよいだろう。さらに、動物には「人間のような」意識や知性や理性がないという言説は、人間の多様性を否定し、暗に健常な成人を「人間」の規範と位置づける。種差別者は動物たちを配慮の枠から締め出すために、規範から外れる人々をも締め出しているのである。それを動物解放論者が批判する道はありえた。もしもシンガーが、動物搾取は人間搾取と同じく許されないとしたうえで、種差別を正当化しようとする者たちの言い分に含まれる優生思想的な論理を告発していれば、障害者解放運動との共闘関係を築くこともできたように思われる。種差別を問い直すだけであれば、障害者を引き合いに出す必要はない。人間に行なってはならないことを、なぜ他の動物には行なってよいのか、それは差別ではないか、と至極単純な問いを投げかけるだけで事は済む。そのうえで、もしもこの問いに対し、動物にはこれこれの能力や特徴がないと反論する者がいれば、それは優生思想にあたる、と指摘すればよかった。

ところがシンガーは人々が種差別思考に染まっていることを示すために、わざわざ自分のほうから無脳症児などを引き合いに出し、こちらはこれだけ配慮されているというのに動物はよりひどい扱いを受けている、といった境遇比較のレトリックを用いる。しかもそのそれを人命の神聖性に一石を投じるといった文脈で行なう。これでは動物が不当に冷遇されているのに対し、障害者は不当に優遇されているとほのめかしているに等しい。さらに、能力や特徴の有無は種差別を正当化しないと論じたのちはもはや「限界事例」に触れる必然性がないにもかかわらず、彼は執拗に、まるで面白半分のように、随所で障害者ばかりを矢面に立たせ、かれらを動物たちのように扱えるかと読者に問い続ける。障害者はシンガーの議論を刺激的に演出するための道具にされている。そして一目瞭然であるように、この議論で動物との天秤にかけられ生命を脅かされるのは障害者だけであって、シンガーが属するところのいわゆる健常者は安全圏にとどまっていられる。障害当事者に対する存在軽視、および議論の非対称性はあまりにあからさまである。加えて、障害者を取り巻く状況に関心を寄せているともみえない著者が、動物問題を扱う時にのみ都合よく障害者の話を持ち出すのも、当事者の経験を軽々しく扱う仕草となるだろう。[*2]
　あらゆる人々の尊厳を損なわない形で動物解放を訴えることはいかようにも可能であったはずにもかかわらず、シンガーはあえて読者の心理を揺さぶる挑発を優先した。それはおおかた、動物解放という無視されがちな主張に衆目を集め、論争を巻き起こす魂胆からの振る舞いだったのであろうが、その結果、動物解放と人権擁護の運動は果てしなく深い溝によって隔てられ、動物と人間の双方を解放したいと願う後代の人々はシンガーが残した負の遺産を解体することに膨大なエネルギーを割かなくてはならなくなった。シンガー本人は論理的な次元で自論の筋が通ってさえいれば、言辞の有する含意や効果などはどうでもよいと考えているのかもしれない。しかしその代償を支払うのは地位と安全を守られた健常な白人エリート男性の彼ではなく、思考実験の玩具にされる人々、そして今この時も凄絶な搾取を被っている動物たちなのである。

＊2　ただし、種差別者も同じようなことを行なう。ビーガニズムの推進者に向けられる「ビーガンになれない貧しい人々もいる」などの反論は、真に選択肢を奪われた貧困当事者が訴えているのでもなければ、自分の種差別生活を正当化するために貧困者を引き合いに出す不誠実な振る舞いでしかない。ビーガンになれない貧しい人々がいるというのであれば、誰でも種差別に加担せず生きられるよう、社会に食の選択肢の拡充を求めるべきであって、ビーガニズムの推進者を黙らせるのは全く正当とはいえない。

苦痛主義　シンガーが柱とする倫理規範は利益に対する平等な配慮であり、苦しみの除去は最も基本的な利益と位置づけられる。苦しみのない（であろう）ところには不利益がなく、ゆえに不正はないとされる。ここから、シンガーは殺しそのものが不正であるという命題を疑い、それが不正になるのは死が心身の苦しみを伴う時、あるいは殺される者から未来の展望を奪う時に限られると推論する（第一章）。苦しみを感じないと思われる存在を殺すこと、未来の展望を抱く能力がない者を痛みなく殺すことに関し、彼は不利益を、ひいては不正を見出さない。この考え方は命の神聖性に一石を投じることを超え、命の選別と軽視に向かう。彼は言う。

> 標準的な認知能力を具える人間と深刻な認知障害を抱える人間がいて、どちらかの命を救う選択を迫られたとしたら、他の条件が同じ場合、ほとんどの人々は前者の救命を選択するだろう。しかし標準的な認知能力を具える人間と認知障害を抱える人間がいて、どちらかの痛みを防ぐ選択を迫られたとしたら……どのような選択がよいかは先の例ほど明快ではなくなる。［五四頁］

奇怪なことに彼の思考では、痛みを与える選択は悩ましいが、命を奪う選択はそれほど悩ましくないらしい。なるほど健常者中心的な社会に暮らす「ほとんどの人々」は、右のような二択において、認知障害を抱える人間の命を切り捨てようとするかもしれないが、シンガーはそれを多数派の思考に染み込んだ優生思想による判断とはみなさない。むしろシンガーは「願望を持ち、計画を立て、未来の目標へ向けて励んでいた者の命を奪えば、それら全ての努力が実る機会を奪うことになる。自分に未来があると知る――まして未来のために計画を立てる――のに必要な精神能力がない存在から命を奪ったとしても、このような喪失は生じえない」（五四頁）と述べ、多数派の判断が妥当であるとすら示唆する。未来の展望を抱けることと、現に抱いていることのどちらが重要なのかをシンガーは曖昧にしているが、いずれにせよその展望を抱く能力がなければ、「命の価値と殺しの不正」は軽減するという。展望や能力の有無によらず、生きられるはずだった未来を他者から奪うこと自体が重大な喪失をもたらす行為であり、殺しを不正ならしめる、という考えは、ついにシンガーの思い至るところではなかったらしい。利益に対する平等な配慮といったところで、その利益の有無や程度に関する判断が健常者中心社会のさまざまなバイアスにまみれた想定や憶測に左右されるようでは、真に平等な行動規範を打ち立てることは叶わないだろう。

苦痛のみを重視する姿勢は当然にして動物をめぐる考察にも影響する。第四章の昆虫に関するくだりなどは、問題の所在をよく表している。シンガーは現時点でいずれの昆虫が苦しみを感じられるか断言しがたいとしたうえで、予防原則にのっとり、「さしたる代償も払わず昆虫に有利な推測を立てられるなら」苦しみを感じられるものとして扱うべきだと論じる（二五五頁）。しかし、苦しみが生じる可能性を抑えるための予防原則を唱えた彼は、その直後、死による不利益が生じる可能性を完全に度外視して、昆虫殺しを認める結論へと向かう。「痛みを感じる能力は生きる権利を与える根拠にはならず、むしろ……必要があれば速やかに殺すべき根拠となる」のだという（二五五‐二五六頁）。ここでは昆虫殺しの是非を論じているので、種差別者の視点からすれば些末な話に思えるかもしれないが、先にみたように、一貫性を重んじるシンガーは人間も含め、未来の展望を抱きえない（と思われる）全ての生命に同じ論理を適用する。分からないのは、仮に昆虫が「現在だけに生きて」いる存在だとしても、ゆえにかれらは殺されたところで何も失わない、とまで断言できる根拠は何なのか、という点である。苦しみを生じさせうる行為については慎重になる彼が、殺しについては予防原則を用いず、誰が死によって不利益を被るか、あるいは被らないかを安易に裁定し、それにしたがって生命権の境界線を画定する。もはやこれは人権運動と両立するか否か以前に、そもそも動物擁護論としても妥当な枠組みなのかを問わなければならない。

分析哲学の限界　功利主義者のシンガーは世界における苦しみの総量を減らすというただ

一つの原則を柱に、ひたすら科学的知見と論理的推論のみにしたがって個々の行為の善悪を判断する。単純明快で整合性は見事であるが、その思考には抽象化を経ない世界の複雑さに関する洞察が欠けている。例えば、第三章では牛の母子隔離と子牛処分を行なわない福祉的酪農場が好意的に紹介されている。苦しみがなければよいという観点からすれば、酪農業の大きな問題である母子隔離と子牛処分をなくした農場は喜ばしい存在なのだろう。しかしさらに考えるならば、なぜそうまでして畜産業の営みを残そうとするのか、という点を問わねばならない。人間は畜産物を食べずとも生きていけるにもかかわらず、なぜ福祉的農場などというものが必要なのか。畜産物を消費してよいという考えが社会に残存するかぎり、動物は人間の食用資源とみなされる。そして人類の歴史がうんざりするほどの実例によって証明しているように、資源とされる生命の扱いは容易に搾取へと転じる。よしんば福祉的農場の主が所有下の動物たちと良い関係を築いたとしても、その商品を買う消費者にとって動物は依然、ただの資源でしかない。苦しみなくつくられた乳製品を購入する感覚は、苦しみにまみれた通常の乳製品を購入する感覚とほぼ変わらないだろう。動物たち自身が不利益を自覚しないとしても、資源として扱われる彼女らはやはり種差別のもとにある。[*3]

人間の行為はいずれも特殊な象徴的意味を担い、私たちの認識と関係し合う。動物から得たものを売る行為、買う行為、食べる行為は、動物を資源とみる人々の認識に依拠し、同時にそのような認識を強化する。論理的推論に収まらないこのような事象に関する洞察が本書に不足しているのは、シンガーが分析哲学と呼ばれる流派の哲学者であることに起因する問題と思われる。分析哲学は思考の曖昧さを排するべく、言語の定義と論理にしたがって概念を明確化することや規範を発見することをもっぱらとするが、現実の世界に付随する物事の文化的・精神的・歴史的・社会的諸側面などを扱うことは必ずしも得意ではない。[*4]

二枚貝を食べるか否かに関するくだり（第四章）も、同様の問題を示している。シンガーはここで、またも命の線引きを試み、苦しみを感じるであろう動物と感じないであろう動物の境界にあるグレーゾーンを狭めようとする。新しい科学的知見をもとに、シンガーはかつてみずからが唱えた予防原則を捨て、「カキやおそらく海水生のイガイ」を配慮の外へ追いやる。あえて予防原則を狭めるのは、それが苦しみの総量を減らしうるからだという。いわく、厳密な線引きをやめ、全ての動物を食べないことにしても、感覚意識のある存在に苦しみをもたらすリスクはなくせない。「野菜栽培の過程でも、動物に痛みの伴う死をもたらすことはありうる」（二五九頁）。それよりはカキやイガイを養殖して食用としたほうが動物への危害の総量が減るだろう、と。

「動物の権利運動の父」はもはやアンチビーガンと同じことを言いだすまでに後退してしまった、という点は措《お》くとしても、ここには苦しみの総量削減のみに的を絞る功利主義思考のナイーブさが表れている。野菜栽培に伴う動物殺しはそれ自体を目的としてはいない。目的はあくまで野菜を育てることである。動物を殺さずにその目的を達成する手段があるならば、それを用いることに何の問題もない。現に一部の無農薬栽培農家などは、少なくとも意図的な動物殺しを行なわずに野菜を育てる工夫を実践している。他方、貝の養殖はもとより貝を殺すことを目的に行なう事業である。貝を殺さずにこの目的を達成する手段は存在しえない。副次的要素としての犠牲を伴いうる行為と、直接犠牲を必要とする行為では、行なっていることの意味が全く違う。苦しみの量的比較という観点だけでは、人々の倫理観に直結しているそのような行為の含意が見逃される。

＊3　なお、現実にはごく少数の例外にすぎない（かつ、ごく少数の富裕層以外に縁のない）このような福祉的農場の存在自体が、畜産に対する人々の認識を歪める点で有害である、ということも考えなければならない。哲学者のマルティン・ジベールによれば、人々は非暴力的な畜産が成立しうるという想像だけで、暴力的畜産物の消費に伴う罪悪感を打ち消すことができる。この点についてはエリーズ・ドゥソルニエ著／井上太一訳『牛乳をめぐる10の神話』（緑風出版、二〇二〇年）、一五〇―一五一頁を参照。

＊4　哲学者のジョン・サンボンマツは、主流の動物擁護論がリベラルな分析哲学の枠組みにもとづいて形成されてきたことに懸念を示し、この枠組みが「人類支配ほどの規模と複雑さを持つ社会的・実存的問題を十全に解明できるのかを問わなければならない」と論じる。John Sanbonmatsu (2011) "Introduction," in Sanbonmatsu ed., *Critical Theory and Animal Liberation*, p.27.

加えて、貝を食べることにすれば動物の犠牲を減らせるというほど現実は単純ではない。当然ながら、貝を食べる人は野菜も食べるはずだからである。類例として、捕鯨擁護派の中には、鯨一頭を殺して食べたほうが同量の野菜をつくるために畑を耕して膨大な虫や小動物を殺すよりも犠牲の総数が少ないと主張する者もいるが、それは人々が鯨肉だけを食べていればの話でしかない。鯨肉はせいぜい肉食者の献立の小さな一角を占めるにすぎず、献立の他の部分は野菜その他でまかなわれる。人々が鯨肉を食事メニューに含めたところで世界における野菜栽培の規模はほとんど変わらず、それに伴う動物の犠牲が大幅に減るわけでもない。貝の消費も同様である。[*5] 世界の複雑さというほどではないにせよ、現実の生活風景を思い浮かべれば容易に気付くであろうこの程度のことに哲学者の考えがおよばないとしたら、机上の思考が過ぎるとの批判は免れないだろう。

思考実験の弊害　右の諸例からも分かるように、シンガーの思考にみられる大きな問題は、現実の不確かさや複雑さを捨象した抽象的モデルと、不確かで複雑きわまる現実の事例をしばしば混合し、前者にもとづく結論を後者に外挿しようとすることである。医学的判断の不確実性や障害の差異を消し去ったモデルのもと、現実に生きる障害者の生の質を論じるシンガーの姿勢に関し、スナウラ・テイラーは指摘する。「漠然とした仮説は、意識や苦痛という問題の厄介さを迂回した真空状態において生み出される論法だ。けれどもシンガーは、それと同時に、特定の障害および個人の事例を取り上げることで、仮定的な例や医学的診断、そして曖昧なカテゴリーを、実際の障害者や障害者人口と危険なまでに結びつけてしまうのだ」[*6]。

ここで障害者をめぐる議論について指摘されていることは、動物をめぐる議論にも当てはまる。動物搾取の実態を最新の情報にもとづき克明に書きつづったことは本書の一大特色をなすが、そうして動物たちの現実の被害に光を当てていたシンガーは、そのままの流れで思考実験へと移り、少ない犠牲で多くの者が救われるとしたら、といった仮定のもと、許される動物利用と許されないそれの線引きをめぐる（抑圧者ポジションの）議論を始める。それまでみずからを含む人間の加害性に対峙していた読者は、話を追ううちにいつしか抽象理論の世界へと誘い込まれ、快適な安全圏から被抑圧者の扱いを吟味する傍観者と

＊5　それでも貝や鯨肉の消費によってわずかなりとも畑の犠牲が減りうることに意義を見出すとすれば、一週間の献立の何割を貝や鯨肉にし、何割を野菜その他でまかなうようにすれば理想的なのかといった、考えるだけで煩わしい計算をしなければならなくなる。シンガーをはじめとする功利主義者は苦しみの総量について綿密な計算結果を一度も示したことがないので、まさかそのような企てにはおよばないだろう。

＊6　スナウラ・テイラー著／今津有梨訳『荷を引く獣たち―動物の解放と障害者の解放』洛北出版、二〇二〇年、二二〇頁。

なる。現実存在だった動物たちを思考実験の客体とする話の運びは、それだけでも不穏であるが、シンガーはさらにその思考実験で得られた結論を現実に適用しようとする。

本書の中でとりわけ多くの読者を狼狽《ろうばい》させると思しき箇所は、パーキンソン症候群の治療法開発を目的とした猿の実験に関するくだりである（第二章）。いわく、オクスフォード大学の神経外科医であるティプ・アジズらは、「約一〇〇匹の猿を使って四万人のパーキンソン症候群患者の症状を劇的に改善した」のに加え、猿の研究を通して大幅な症状緩和に繋がる治療法の数々を生み、「論文執筆時までに一〇万人」の患者を治療したという（一三六頁）。シンガーはいくつかの留保を付けたうえで、これらの研究は「害以上に便益を生むと思われる」ことから正当化できるだろうとの見解を示す（一三七頁）。最大多数の（最大）幸福に価値を置く功利主義の原則にしたがっての結論であるが、彼の危ういところはこのように、現実の話をしているかと思えばそれを思考実験に摩《す》り替え、思考実験をしているかと思えばそれを現実の事例判断に摩り替えること――両者をそれとなく「危険なまでに結びつけてしまう」こと――である。

猿の実験に関する右の判断は、有名なトロッコ問題についての考え方をそのまま現実に敷衍《ふえん》した結果とみることができるだろう。暴走するトロッコを放置してその先にいる五人の作業員を見殺しにするか、路線切替えレバーを押して一人の作業員を殺すか、といった「トレードオフ」の判断を問う思考実験は、分析哲学系の倫理学者がこよなく愛する方法論で、その意図は道徳的直観や倫理規範の向かう先（それらの性質や含意）を明確化することにあるといわれる。現実の世界には勘案すべき事柄が無数にあり、それによって状況ごとの判断やその妥当性も無数に分岐するので、直観や規範をテストする思考実験ではあえて非常に単純化された条件を設定する。したがってこれに対し、条件の不自然さを問うことや、与えられた選択肢以外で答えようとすることは、思考実験の意図を分かっていない残念な振る舞い、あるいは不誠実な振る舞いとして批判される。

しかしながら、他方で全く批判されないのは、現実の状況を思考実験の構図で捉える倫理学者たちの過ちである。現実が不確かで複雑きわまるがゆえに思考実験では単純化を行なうというのなら、その実験で得られた結論は不確かで複雑きわまる現実に（少なくともそのままの形では）当てはめることができない。ところがシンガーをはじめとする倫理学者たちは、現実の複雑さを勘案して思考実験の結論に留保を付けるのではなく、現実を思考実験に還元して性急すぎる結論を下す。先の猿実験であれば、仮に功利主義の考え方に則るとしても、実験にかけられる猿たちの苦しみに加え、その家族や仲間だった猿たちの苦しみ、猿の共生者や寄生者だった生きものらの苦しみ、猿の境遇に胸を痛める人々の苦しみなど、さまざまな勘案事項があるだろう。実験の実施までに伴う生きものたちの苦しみの大きさはまちまちで、開発された治療法の便益も個人によってまちまちである。それらをいかにシンガーが漏れなく正確に数値化し、「害以上に便益を生むと思われる」と結論したのかは知るよしもないが、おそらく彼はそこまで厄介な計算を行なおうとはしなかっただろう。約一〇〇匹の猿と四万人または一〇万人の患者のどちらを生かすかといった至極単純な「トレードオフ」の思考をしないかぎり、右の結論は出てこない。

倫理学者は思考実験に向き合わない人々を批判するが、思考実験を尊ぶ人々は得てして現実に向き合わない。そして現実を思考実験の図式に落とし込んだ結果、彼らはしばしばこの社会で脆弱な立場に置かれた者たちを抑圧する結論へと向かう。シンガーの議論もその例に漏れない。

『動物の解放』が草の根の活動家たちによって担われてきた動物擁護運動の主張を体系的に示し、黙認され黙殺されてきた大きな倫理問題を議論の俎上に載せたことには計り知れない意義があった。また、著者シンガーが今日にもまして激しかった嘲笑と罵倒をものともせず、論理の力一つで種差別社会の頑強な常識に挑んできたことは、歴史を変えた先駆者の取り組みとして充分な評価に値する。そしてその社会変革を求める揺るぎない情熱と意志は、この新版においても強く脈打っている。

しかしながら、私たちがシンガーの従順な弟子にとどまっていてはならないのも確かである。その著作は豊かな洞察をもたらしたと同時に、多くの課題をも残した。とりわけ彼の議論は、功利主義、合理主義、さらには分析哲学の可能性と限界をよく示している。通常、自身の道徳枠組みが不条理な帰結や差別的な結論に行き着いてしまうようであれば、前提となっている想定や思考のプロセスに大きな誤りがあることを疑うのが筋だろう。推論に問題が見出せないのであれば、当の道徳枠組みそのものに欠陥がある可能性をも考える必要がある。が、シンガーは功利主義というみずからの枠組みが抱える問題にも、生命や能力に関するみずからの想定にも、充分な検討を加えた様子がない。優生思想的な主張や動物搾取の部分的容認に関し、方々から批判が寄せられてきたにもかかわらず、彼はついに自論が抱えるそれらの問題を解決する道を模索しなかった。であれば、後代に当たる私たちが彼の遺産を批判的に受け継ぎ、その超克に努めるべきだろう。正当な挑戦を受け続けることはシンガー自身の望みでもあるに違いない。

そしてそのような試みは既に膨大に存在する。功利主義に則る動物解放論をしりぞけ、人間の目的に資する手段として動物を扱うことを禁じる動物の権利哲学、いびつな結論へと至る合理主義思考の陥穽を乗り越えるべく、感情や共感にもとづく思考の再評価と錬磨を行なうフェミニズム倫理学、種差別を個々人の態度や偏見に矮小化する弊を見抜き、差別の背景にある政治経済構造に光を当てる社会学分析など、いまや動物たちの運命をめぐる倫理的探究は多岐を極めている。したがって本書を読み終えた読者には、ぜひともその「次」へ進み、シンガー以降の豊穣《ほうじょう》な動物擁護論の成果物を手に取ってほしい[*7]。動物たちと世界の見え方が、今までとは全く違ったものになるだろう。

それと同時に、私たちはシンガーの乗り越えを図るだけでなく、みずからの乗り越えに努める必要がある。私たちは動物搾取の加担者であり、人間としての自身の加害性を認めて生活と社会を変えていかなければならない。これは正義を標榜する左翼やリベラルですら全く着手できていない課題である。シンガーの批判は動物擁護論の内部でも再三にわたり行なわれてきたにもかかわらず、日本では依然、シンガーが差別的な発言をしてきたということのみを理由に、動物解放運動の意義そのものを全否定し、ひいては動物たちの惨状から目を背ける態度が多数派のあいだに浸透している。それは欺瞞以外の何物でもない。シンガーの議論にいかなる問題があろうと、種差別が不正であることに変わりはなく、動物たちの苦しみを後押しする者の行為が許される道理はない。そしてシンガーによる差別を問題としながら、自身の種差別に向き合わない態度は一貫性を欠く。私たちは動物搾取への加担を究極まで避け、脱搾取派《ビーガン》になったうえで彼を批判すべきだろう。その意味で、『動物の解放』は乗り越えられるべき書である前に、通らなければならない道でもある。私たちがこの古典をいかに受け継ぎ、どこへ向かうかが試されている。

＊　＊　＊

最後になりましたが、この明らかに歴史的な意義を有するであろう貴重な文献の翻訳機会を訳者に与えてくださった吉川浩満氏に心からお礼申し上げます。また、社会正義や他者理解について対話を重ね、訳者の認識を大きく育ててくださった安積遊歩さんにも、この場を借りて深く感謝申し上げます。この解題は遊歩さんの影響なしには書けなかったに違いありません。そして、シンガーの主張に怒髪天を突いていた息子をなだめることなく、白熱する長話に毎日のごとく付き合い続けてくれた母にも多謝。

二〇二四年四月

井上太一

＊7　動物擁護論やより広汎な動物研究の見取り図としては、拙著『動物倫理の最前線――批判的動物研究とは何か』（人文書院、二〇二二年）を参照されたい。

原注

第一章　全ての動物は平等である

1　ジョン・スチュアート・ミルは「ベンサムの金言」に言及し、それを「功利主義枠組みの第一原則」かつ「完全な公平性」の原則と述べている。*Utilitarianism*, ed. Katarzyna de Lazari-Radek and Peter Singer (New York: Norton Library, 2021, first published 1861) p. 81より。ミルはベンサムの言葉を言い換えており、ベンサムのそれは*Rationale of Judicial Evidence, specially applied to English practice*, ed. J. S. Mill, 5 vols. (London, 1827), iv, 475 (book VIII, chapter XXIX); reprinted in *The Works of Jeremy Bentham*, ed. J. Bowring, Edinburgh, 1838–43, vii. 334)にある。シジウィックの言葉は*The Methods of Ethics*, 7th ed., (1907; reprint, London: Macmillan, 1963), p.382より。また、R. M. Hare, *Moral Thinking* (Oxford University Press, 1982)も参照。この問題をめぐる彼と他の立場の根本的合致についての短い説明として、R. M. Hare, "Rules of War and Moral Reasoning," in *Philosophy and Public Affairs* 1(2) (1972)も参照。ロールズは「無知のベール」について、*A Theory of Justice*, (Boston: Harvard University Press/Belknap Press, Cambridge, 1972)で論じている。

2　「種差別」という用語はリチャード・ライダーに負う。本書の初版刊行以来、一般的語彙として受け入れられ、今ではオクスフォード英語辞典（ＯＥＤ）にも収録されている。ＯＥＤでの初出は一九八六年で、より近年になってオンライン版にも収録され、最終更新は二〇一八年三月、最終アクセスは二〇二二年八月一三日となっている。

3　Jeremy Bentham, *Introduction to the Principles of Morals and Legislation* (1780), chapter 17.

4　Lucius Caviola, et al., "Humans first: Why people value animals less than humans," *Cognition* 225: 105139 (2022)

5　Stanley Benn, "Egalitarianism and Equal Consideration of Interests," in J. R. Pennock and J. W. Chapman, eds., *Nomos IX: Equality*, (New York, Atherton Press, 1967), p. 62ff; John Finnis, "The fragile case for euthanasia: a reply to John Harris," in J. Keown, ed., *Euthanasia examined: Ethical, clinical and legal perspectives* (Cambridge University Press, 1995), pp. 46–55; Shelly Kagan, *How to Count Animals, more or less* (Oxford University Press, 2019).

6　pp. 271ffを参照。

7 Cambridge Declaration on Consciousness, https://fcmconference.org/img/CambridgeDeclarationOnConsciousness.pdf.

8 T. C., Danbury, et al., “Self-selection of the analgesic drug carprofen by lame broiler chickens,” *Veterinary Record*, 146 (11)): 307–11 (2000).

9 Bernard Rollin, *The Unheeded Cry: Animal Consciousness, Animal Pain, and Science* (Oxford University Press, 1989)を参照。

10 Jane Goodall, *In the Shadow of Man*, (Boston: Houghton Mifflin, 1971), p. 225. マイケル・ピーターズは“Nature and Culture,” in Stanley and Roslind Godlovitch and John Harris, eds., *Animals, Men and Morals* (New York: Taplinger, 1972)で同様の指摘をしている。言語を持たない生きものは痛みを感じられないという主張の矛盾については、Bernard Rollin, *The Unheeded Cry: Animal Consciousness, Animal Pain, and Science* (Oxford University Press, 1989)の例を参照。

11 Andrew Crump, et al., “Sentience in decapod crustaceans: A general framework and review of the evidence,” *Animal Sentience* 32(1) (2022), www.wellbeingintlstudiesrepository.org/animsent/vol7/iss32/1/; また、Lynne Sneddon, “Pain in Aquatic Animals,” *Journal of Experimental Biology* 218(7): 967–76 (2105) も参照。

12 Helen Lambert, et al., “Given the Cold Shoulder: A Review of the Scientific Literature for Evidence of Reptile Sentience,” *Animals (Basel)* 9: 10:821 (October 2019)およびHelen Lambert, et al., “Frog in the well: A review of the scientific literature for evidence of amphibian sentience,” *Applied Animal Behaviour Science* 247, article 105559 (2022)を参照。

13 Victoria Braithwaite, *Do Fish Feel Pain?* (Oxford University Press, 2010). 私が要約した実験については第三章、第四章に記述がある。引用はp. 113より。魚類の狩りにみられる協力についてはR. Bshary, et al., “Interspecific Communicative and Coordinated Hunting between Groupers and Giant Moray Eels in the Red Sea,” *PLoS Biology* 4 (12): 431 (December 2006) を出典とする。また、L. Sneddon, “Pain in aquatic animals,” *Journal of Experimental Biology* 218 (7): 967–76; L. Sneddon and C. Brown, “Mental Capacities of Fishes,” in L. S. M. Johnson, A. Fenton, and A. Shriver, eds., *Neuroethics and Nonhuman Animals* (London: Springer Nature, 220), 53–71も参照。魚類と霊長類の認知能力比較については R. Bshary, et al., “Fish cognition: a primate’s eye view,” *Animal Cognition* 5 (1): 1–13 (2002)を参照。

14 Braithwaite, *Do Fish Feel Pain*, 48–49.

15 J. K. Finn, et al., “Defensive tool use in a coconut-carrying octopus,” *Current Biology* 19 (23): R1069–70 (2009).

16 Peter Godfrey-Smith, *Other Minds: The Octopus, the Sea, and the Deep Origins of Consciousness* (New York: Farrar, Straus and Giroux, 2016).

17 Jonathan Birch, et al., *Review of the Evidence of Sentience in Cephalopod Molluscs and Decapod Crustaceans*, (London: LSE Consulting,

November 2021), www.lse.ac.uk/business/consulting/reports/review-of-the-evidence-of-sentiences-in-cephalopod-molluscs-and-decapod-crustaceans また、Andrew Crump, et al., "Sentience in decapod crustaceans: A general framework and review of the evidence," *Animal Sentience* 32 (1), www.wellbeingintlstudiesrepository.org/animsent/vol7/iss32/1 (2022)も参照。イギリスの二〇二二年動物福祉（感覚意識）法はwww.legislation.gov.uk/ukpga/2022/22/enactedで閲覧可能。

18 C. H. Eisemann, et al., "Do insects feel pain? A biological view," *Experientia* 40: 164–67 (February 1984).

19 Shelley Adamo, "Is it pain if it does not hurt? On the unlikelihood of insect pain," *Canadian Entomologist* 151 (6): 635–95 (2019).

20 Andrew Barron and Colin Klein, "What insects can tell us about the origins of consciousness," *Proceedings of the National Academy of Sciences* 113(18): 4900–908 (May 2016). この論文に対する応答としてMalte Schilling and Holk Cruse, "Avoid the hard problem: Employment of mental simulation for prediction is already a crucial step"; Shelley Adamo, "Consciousness explained or consciousness redefined?,"を、またそれらへの返答としてColin Klein and Andrew Barron, "Crawling around the hard problem of consciousness,"を参照。いずれも*Proceedings of the National Academy of Sciences* 113: E3811–15 (2016)に収録。また、Lars Chittka and Catherine Wilson, "Expanding Consciousness," *American Scientist* 107 (6): 364 (November–December 2019) および Matilda Gibbons, et al., "Descending control of nociception in insects?," *Proceedings of the Royal Society*, B, 289 (2022): 0599も参照。

21 Kenny Torella, "Now is the best time to be alive (unless you're a farm animal)," Future Perfect, *Vox* September 12, 2022.

22 Neil Gorsuch, *The Future of Assisted Suicide and Euthanasia* (New Jersey: Princeton University Press, 2006) を参照。

23 詳細は Gregory Pence, *Classic Cases in Bioethics*, 2nd ed. (New York: McGraw-Hill, 1995) を参照。

24 哲学者チャールズ・カモシーは、幾度か私のプリンストン大学講義「実践倫理学」のゲスト講師を務めた際に、非理性的な人間と人間でない動物の違いは、人間の場合、現に理性的でなくとも理性的な本性を有していることだと論じた。これに関係するシェリー・ケーガンの見方についてはpp. 271ffの議論を参照。

25 とりわけ拙著 *Rethinking Life and Death* (New York: St. Martin's Press, 1995)および *Practical Ethics*, 3rd ed. (Cambridge University Press, 2011)を参照。

26 例えばKatherine Bishop, "From Shop to Lab to Farm, Animal Rights Battle is Felt," *New York Times*, January 14 1989に引用されているアーヴィング・ワイズマン博士の言葉を参照。

1 Larry Carbone, "Estimating mouse and rat use in American laboratories by extrapolation from Animal Welfare Act-regulated species," *Scientific Reports*, 11–493 (2021) https://www.nature.com/articles/s41598–020–79961–0.

2 David Grimm, "How many mice and rats are used in US labs? Controversial study says more than 100 million," *Science*, January 12, 2021.

3 Zhiyan Consulting, "Heavyweight: Analysis of the licensed use and development prospects of China's laboratory animal industry in 2022," August 15, 2022, available at https://www.shangyexinzhi.com/article/5096882.html.

4 Katy Taylor and Laura Alvarez, "An Estimate of the Number of Animals Used for Scientific Purposes Worldwide in 2015," *Alternatives to Laboratory Animals* 47 (2019) 196–213.

5 European Commission, *Summary Report on the statistics on the use of animals for scientific purposes in the Member States of the European Union and Norway in 2019*, Brussels, 15.7.2022, p. 3.

6 Mira van der Naald, et al., "Publication rate in preclinical research: a plea for preregistration," *BMJ Open Science* 4: e100051 (2020).

7 Shanghai Rankings, 2020 *Academic Ranking of World Universities*, www.shanghairanking.com/rankings/arwu/2020.

8 動画は investigations.peta.org/nih-baby-monkey-experiments より。グドールとグルックの声明は investigations.peta.org/nih-baby-monkey-experiments/expert-statements を参照。バーバラ・キングは実験についての見解を "Cruel Experiments on Infant Monkeys Still Happen All the Time—That Needs to Stop," *Scientific American* (June 1, 2015)で述べている。

9 PETA, "NIH Ending Baby Monkey Experiments," www.peta.org/blog/nih-ends-baby-monkey-experiments/ (December 11, 2015).

10 Harry Harlow, et al., "Total Social Isolation In Monkeys," *Proceedings of the National Academy of Sciences* 54 (1): 90–97 (1965).

11 Harry Harlow and Stephen Suomi, "Induced Psychopathology in Monkeys,"*Engineering and Science* 33 (6): 8–14 (1970).

12 John Bowlby, "Maternal Care and Mental Health," originally published in the *Bulletin of the World Health Organization* 3: 355–534 (March 1951).

13 Harlow and Soumi, "Induced psychopathology in monkeys."

14 Stephen Suomi and Harry Harlow, "Depressive behavior in young monkeys subjected to vertical chamber confinement," *Journal of Comparative and Physiological Psychology* 80 (1): 11–18 (1972).

15 Stephen Suomi and Harry Harlow, "Apparatus conceptualization for psychopathological research in monkeys, Instrumentation &

Techniques," *Behavior Research Methods & Instrumentation* 1: 247–250 (January 1969).

16 Harry Harlow, et al., "Induction of psychological death in rhesus monkeys," *Journal of Autism and Development Disorders* (formerly *Journal of Autism and Childhood Schizophrenia*) 3: 299–307 (October 1973).

17 Gene Sackett, et al., "Social isolation rearing effects in monkeys vary with genotype," *Developmental Psychology* 17 (3): 313–18 (1981).

18 Deborah Snyder, et al., "Peer separation in infant chimpanzees, a pilot study," *Primates* 25: 78–88 (1984).

19 *I, Candidate for Governor* (1935), in Susan Ratcliffe, ed., *Oxford Essential Quotations*, 4th ed., www.oxfordreference.com/view/10.1093/acref/9780191826719.001.0001/acref-9780191826719 (2016) より。

20 ソフィー・ケヴァニーによるＮＩＨ「RePORTER」の検索にもとづく（二〇二三年二月）。以下の検索チームの協力による。 Fiscal Year: 2020; Agency/Institute/Center: Nat'l Inst of Mental Health (NIMH) Admin: Yes; Funding Yes; Text Search: "animal model," limit to: Project Terms.

21 Richard Solomon, et al., "Traumatic avoidance learning: the outcomes of several extinction procedures with dogs" *Journal of Abnormal and Social Psychology* 48 (2): 291–302 (1953).

22 Martin Seligman, et al., "Alleviation of Learned Helplessness in the Dog," *Journal of Abnormal Psychology* 73 (3, pt. 1): 256–62 (1968).

23 Seligman, "Alleviation of Learned Helplessness in the Dog."

24 Steven Maier and Martin Seligman, "Learned Helplessness at Fifty: Insights from Neuroscience," *Psychological Review* 123 (4): 349–67 (July 2016).

25 Gary Brown, et al., "Effect of Escapable versus Inescapable Shock on Avoidance Behavior in the Goldfish (Carassius Auratus)," *Psychological Reports* 57 (3 suppl): 1027–30 (1985).

26 Steven Maier, "Learned helplessness and animal models of depression," *Progress in Neuro-Psychopharmacology and Biological Psychiatry* 8 (3): 435–46 (1984).

27 Hielke Van Dijken, et al., "Inescapable footshocks induce progressive and long-lasting behavioural changes in male rats," *Physiology & Behavior* 51 (4): 787–94 (April 1992).

28 Bibiana Török, et al., "Modelling posttraumatic stress disorders in animals," *Progress in Neuro-Psychopharmacology and Biological Psychiatry* 90: 117–33 (March 2019).

29 Lei Zhang, et al., "Updates in PTSD Animal Models Characterization," in Firas H. Kobeissy, ed., *Psychiatric Disorders: Methods in Molecular Biology* (July 2019), 331–44.

30 Meghan Donovan, et al., "Anxiety-like behavior and neuropeptide receptor expression in male and female prairie voles: The effects of stress and social buffering," *Behavioral Brain Research* 342: 70–78 (April 2018). また Claudia Lieberwirth and Zuoxin Wang, "The neurobiology of pair bond formation, bond disruption, and social buffering," *Current Opinion in Neurobiology* 40: 8–13 (October 2016); Adam Smith and Zoxin Wang, "Hypothalamic oxytocin mediates social buffering of the stress response," *Biological Psychiatry* 76 (4): 281–88 (August 2014)も参照。

31 Teng Teng, et al., "Chronic unpredictable mild stress produces depressive-like behavior, hypercortisolemia, and metabolic dysfunction in adolescent cynomolgus monkeys," *Translational Psychiatry* 11 (9) (January 2021).

32 Weixin Yan, et al., "fMRI analysis of MCP-1 induced prefrontal cortex neuronal dysfunction in depressive cynomolgus monkeys" (preprint, available from Research Square, www.researchsquare.com/article/rs-10408/v2, accessed 9 August 2021). ウェブサイトには「リサーチ・スクエアは倫理的懸念により本論文のプレプリントを取り下げました」とある。

33 Yin Y-Y, et al., "The Faster-Onset Antidepressant Effects of Hypidone Hydrochloride (YL-0919) in Monkeys Subjected to Chronic Unpredictable Stress," *Frontiers in Pharmacology* 11 article 586879 (November 2020).

34 Letters from Emily Trunnell to Julio Licinio, editor in chief, *Translational Psychiatry*; to Michelle Avissar-Whiting, editor in chief, Research Square; and to Heike Wulff, field editor in chief, *Frontiers in Pharmacology*, all dated February 4, 2021.

35 *Summary Report on the statistics on the use of animals for scientific purposes in the Member States of the European Union and Norway in 2019*, p. 31.

36 *Summary Report on the statistics on the use of animals for scientific purposes in the Member States of the European Union and Norway in 2019*, p. 8. EUでは一部の統計が、利用された動物数ではなく「動物利用数」で報告されていることに留意されたい。一部の動物は二度以上利用されている可能性もあるが、一般に利用数は利用された動物数と大きく違わない。

37 Home Office, United Kingdom, "Annual Statistics of Scientific Procedures on Living Animals, Great Britain, 2019," ordered by the House of Commons to be printed July 16, 2020.

38 European Commission, "Summary Report on the statistics on the use of animals for scientific purposes in the Member States of the European Union and Norway in 2018," 5, c.europa.eu/environment/chemicals/lab_animals/pdf/SWD_%20part_A_and_B.pdf.

39 Jeffrey Aronson and Richard Green, "Me-too pharmaceutical products: History, definitions, examples, and relevance to drug shortages and essential medicines lists," *British Journal of Clinical Pharmacology* (86) 11: 2114–22 (November 2020).

40 U.S. Congress, Office of Technology Assessment, *Alternatives to Animal Use in Research, Testing and Education* (Washington, D.C.:

U.S. Government Printing Office, 1986), 168.

41 Regina Arantes-Rodrigues, et al., "The effects of repeated oral gavage on the health of male CD-1 mice," *Lab Animal* 41 (5): 129–134 (May 2012).

42 K. J. Olson et al., Toxicological Properties of Several Commercially Available Surfactants, *Journal of the Society of Cosmetic Chemists* 13 (9): 470, library.scconline.org/v013n09/35 (May 1962) より。

43 Morton Mintz, "Ga. Jury Awards $6m in Oraflex Deaths," *Washington Post* November 22, 1983.

44 Matthew Herper, "David Graham on the Vioxx Verdict," *Forbes* August 19, 2005.

45 John Gartner, "Vioxx Suit Faults Animal Tests," *Wired* July 22, 2005.

46 U.S. Department of Justice, "U.S. Pharmaceutical Company Merck Sharp and Dohme to pay nearly one billion dollars Over Promotion of Vioxx," www.justice.gov/opa/pr/us-pharmaceutical-company-merck-sharp-dohme-pay-nearly-one-billion-dollars-over-promotion (November 22, 2011).

47 G. E. Paget, ed., *Methods in Toxicology* (Oxford: Blackwell Scientific, 1970), 132.

48 G. F. Somers, *Quantitative Method in Human Pharmacology and Therapeutics* (Elmsford, NY: Pergamon Press, 1959), Richard Ryder, Victims of Science (Fontwell, Sussex: Centaur Press/State Mutual Book, 1983), 153 より。

49 同時配信された記事は*West County Times* (California) January 17, 1988に掲載。

50 Michael Bracken, "Why animal studies are often poor predictors of human reactions to exposure," *Journal of the Royal Society of Medicine* 102 (3): 120–22 (2009).

51 Michael Schuler, "Organ-, body-and disease-on-a-chip," *Lab on a Chip* 17: 2345–46 (2017).

52 *New York Times*, April 15, 1980.

53 ロジャー・シェリーの引用ならびに他の詳細についてはPeter Singer, *Ethics into Action: Learning from a Tube of Toothpaste* (Lanham, MD: Rowman and Littlefield, 2019)を参照。

54 "Avon Validates Draize Substitute," News Release, Avon Products, New York, April 5, 1989; "Avon Announces Permanent End to Animal Testing," News Release, Avon Products, New York, June 22, 1989.

55 "Industry Toxicologists Keen on Reducing Animal Use," *Science* 236 (4799): 252 (April 17, 1987).

56 Barnaby J. Feder, "Beyond White Rats and Rabbits," *New York Times*, February 28, 1988; また Constance Holden, "Much Work But Slow Going on Alternatives to Draize Test," *Science* 242 (4876): 185–86 (October 14, 1985). も参照。

57 Coalition to Abolish LD50, "Animal Rights Coalitions Coordinator's Report '83" (New York: Animal Rights Coalitions, 1984), 1, wellbeingintlstudiesrepository.org.

58 Paul Cotton, "Animals and Science Benefit From 'Replace, Reduce, Refine' Effort," *Journal of the American Medical Association* 270 (24): 2905–907 (1993).

59 ＯＥＣＤガイドラインを満たすために必要とされる動物数はJohn Doe and Philip Botham, "Chemicals and Pesticides: A Long Way to Go," in Michael Balls, Robert Combes, and Andrew Worth, eds., *The History of Alternative Test Methods in Toxicology*, (London: Academic Press, 2019), 177–84より。

60 U.S. Environmental Protection Agency, "Revised Final Health Effects Test Guidelines; Acute Toxicity Testing-Background and Acute Oral Toxicity; Notice of Availability," *Federal Register*, Notice 67, 77064–65 (December 16, 2002).

61 Nicholas St. Fleur, "N.I.H. to end backing for invasive research on chimps," *New York Times*, November 19, 2015.

62 David Grimm, "U.S. EPA to eliminate all mammal testing by 2035," *Science* September 10, 2019; Mihir Zaveri, Mariel Padilla, and Jaclyn Peiser, "EPA says it will drastically reduce animal testing," *New York Times*, September 10, 2019.

63 Doe and Botham, "Chemicals and Pesticides: A Long Way to Go"を参照。

64 "Summary Report on the statistics on the use of animals for scientific purposes in the Member States of the European Union and Norway in 2018," 42.

65 UK Home Office, "Annual Statistics of Scientific Procedures on Living Animals, Great Britain: 2019," ordered by the House of Commons to be printed July 16, 2020, annual-statisticsscientific-procedures-living-animals-2019-tablesの表７・４を参照。

66 Leandro Texeira and Richard Dubielzig, "Eye," in Wanda M. Haschek, et al., eds., *Haschek and Rousseaux's Handbook of Toxicologic Pathology* (Amsterdam: lsevier Science & Technology, 2013), 2128.

67 "Summary Report on the statistics on the use of animals for scientific purposes in the Member States of the European Union and Norway in 2018," 41.

68 Thomas Hartung, et al, "New European Union Statistics on Laboratory Animal Use: What Really Counts!" *Altex: Alternativen zu Tierexperimenten* 37(2): 167-86 (March 2020), at p. 179; また二〇一九年の数字は*Summary Report on the statistics on the use of animals for scientific purposes in the Member States of the European Union and Norway in 2019*, p. 44より。

69 OECD (2021), Test No. 405: Acute Eye Irritation/Corrosion, OECD Guidelines for the Testing of Chemicals, Section 4, OECD Publishing, Paris, doi.org/10.1787/9789264185333-en.

70 Magnus Gregersen, "Shock," *Annual Review of Physiology* 8: 335–54 (March 1946).
71 Kirtland Hobler and Rudolph Napodano, "Tolerance of swine to acute blood volume deficits," *Journal of Trauma: Injury, Infection, and Critical Care* 14 (8): 716–18 (August 1974).
72 A. Fülöp, et al., "Experimental Models of Hemorrhagic Shock: A Review," *European Surgical Research* 50 (2): 57–70 (June 2013).
73 L. F. McNicholas, et al., "Physical dependence on diazepam and lorazepam in the dog," *Journal of Pharmacology and Experimental Therapeutics* 226 (3): 783–89 (September 1983).
74 Ronald Siegel, "LSD-induced effects in elephants: Comparisons with musth behavior," *Bulletin of the Psychonomic Society* 22 (1): 53–56 (1984).
75 Michiko Okamoto, et al., "Withdrawal characteristics following chronic pentobarbital dosing in cat," *European Journal of Pharmacology* 40 (1): 107–19 (1976).
76 "TSU Shuts Down Cornell Cat Lab," *Newsweek* December 26, 1988,.50; "TSU Shuts Down Cat Lab at Cornell," *Animals' Agenda*, 22–23, newspaper. animalpeopleforum.org/wp-content/uploads/2018/08/AnimalsAgendaMarch1989.pdf (March 1989).
77 Kathryn Harper, et al., "Age-related differences in anxiety-like behavior and amygdalar CCL2 responsiveness to stress following alcohol withdrawal in male Wistar rats," *Psychopharmacology* (Berl) 234 (1): 79–88 (January 2017).
78 Matt Field and Inge Kersbergen, "Are animal models of addiction useful," *Addiction* 115 (1): 6–12 (July 2019).
79 Stanley Milgram, *Obedience to Authority* (New York Harper & Row, 1974); より近年の再現実験として、Dariusz Doliński, et al., "Would You Deliver an Electric Shock in 2015? Obedience in the Experimental Paradigm Developed by Stanley Milgram in the 50 Years Following the Original Studies," *Social Psychological and Personality Science* 8 (8): 927–33 (2017)を参照。
80 Blick, D. W., et al., "Primate equilibrium performance following soman exposure: Effects of repeated daily exposures to low soman doses," U.S. Air Force School of Aerospace Medicine Report No. USAFSAM-TR- 87–19, Brooks AFB TX, October 1987.
81 U.S. Air Force, School of Aerospace Medicine, Report No USAFSAM-TR-87–19, 6.
82 Donald J. Barnes, "A Matter of Change," in Peter Singer, ed., *In Defense of Animals* (Oxford: Blackwell, 1985).
83 Barnes, "A Matter of Change," 160–66.
84 Steven Pinker, *The Better Angels of Our Nature* (New York: Viking, 2011), 455–56.
85 United Action for Animals, *The Death Sciences in Veterinary Research and Education* (New York, undated), iii.
86 Stan Wayman, "Concentration Camps for Dogs," *Life* February 3, 1966; Coles Phinizy, "The Lost Pets that Stray to the Labs," *Sports*

Illustrated November 29, 1965. より詳しくはChristine Stevens, "Laboratory Animal Welfare," in *Animals and Their Legal Rights* (Washington, D.C.: Animal Welfare Institute, 1990), 66–111を参照。

87 *Journal of the American Veterinary Medical Association* 163 (9) (November 1, 1973).

88 Dominique Potvin, "Altruism in birds? Magpies have outwitted scientists by helping each other remove tracking devices," *Conversation* 21, theconversation.com/altruism-in-birds-magpies-have-outwitted-scientists-by-helping-each-other-remove-tracking-devices-175246 (February 2022); これを報告した科学刊行物としては、Joel Crampton, et al., "Australian Magpies Gymnorhina tibicen cooperate to remove tracking devices," *Australian Field Ornithology* 39: 7–11 (2022)を参照。

89 Email from Dominique Potvin to the author, February 26, 2022.

90 Harry Harlow, editorial, "Fundamental Principles for Preparing Psychology Journal Articles," *Journal of Comparative and Physiological Psychology* 55 (6): 893–96 (1962).

91 Vanessa von Kortzfleisch, et al., "Improving reproducibility in animal research by splitting the study population into several 'mini-experiments,' *Nature, Scientific Reports* 10, article 16579 (October 2020).

92 C. Glenn Begley and John P. A. Ioannides, "Reproducibility in Science: Improving the Standard for Basic and Preclinical Research," *Circulation Research* 116: 116–26 (2015).

93 Leonard Freedman, et al., "The Economics of Reproducibility in Preclinical Research," *PLoS Biology* 13 (6): e1002165 (June 2015).

94 Marlene Cimons, et al., "Cancer Drugs Face Long Road from Mice to Men," *Los Angeles Times* May 6, 1998. これと次の引用はElias Zerhouni to Jim Keen, "Wasted money in United States Biomedical and Agricultural Animal Research," in Kathrin Hermann and Kimberley Jayne, *Animal Experimentation: Working Towards a Paradigm Change* (Leiden, The Netherlands: Brill, 2019), 244–72より。

95 Junhee Seok, et al., "Genomic responses in mouse models poorly mimic human inflammatory diseases," *Proceedings of the National Academy of Sciences* 110 (9): 3507–12 (2013).

96 Rich McManus, "Ex-Director Zerhouni Surveys Value of NIH Research," *NIH Record* LXV (13): 4 (June 21, 2013).

97 A report by the Medicines Discovery Catapult and the Bioindustry Association, *State of the Discovery Nation 2018*, md.catapult.org.uk/resources/report-state-of-the-discovery-nation-2018/.

98 *Birmingham News* (AL), February 12, 1988.

99 "The Price of Knowledge," broadcast in New York, December 12, 1974, WNET/13, transcript supplied courtesy of WNET/13.

100 U.S. Congress, Office of Technology Assessment, *Alternatives to Animal Use in Research, Testing and Education*, 277. より

101 Teng Teng, Carol Shively, et al., "Chronic unpredictable mild stress produces depressive-like behavior, hypercortisolemia, and metabolic dysfunction in adolescent cynomolgus monkeys," *Translational Psychiatry* 11, article 9 (2021).

102 Yin Y-Y, "The Faster-Onset Antidepressant Effects of Hypidone Hydrochloride."

103 *National Health and Medical Research Council, Australian Code for the Care and Use of Animals for Scientific Purposes* (first published 1985, current edition 2013), www.nhmrc.gov.au/about-us/publications/australian-code-care-and-use-animals-scientific-purposesで閲覧可。議論はAaron Timoshenko, et al., "Australian Regulation of Animal Use in Science and Education: A Critical Appraisal," *ILAR Journal* 57(3): 324–32 (2016)を参照。

104 OTA, *Alternatives to Animal Use in Research, Testing, and Education*, 377.

105 OTA, *Alternatives to Animal Use in Research, Testing, and Education*, 286.

106 OTA, *Alternatives to Animal Use in Research, Testing, and Education*, 287.

107 Animal and Plant Health Inspection Service, U.S. Department of Agriculture, *Animal Welfare Act and Animal Welfare Regulations*, May 2019, p. 6. 本件の詳細はAmerican Anti-Vivisection Society, "Birds, Rats and Mice," aavs.org/our-work/campaigns/birds-mice-rats/, を参照（accessed 11 August 2022）。

108 Pinker, *Better Angels of Our Nature*, 455–56.

109 Emily Trunnell, email to the author, June 9, 2021, and "Test Subjects," a film directed and produced by Alex Lockwood in 2020 and available at testsubjectsfilm.com.

110 ウィローブルックの実験についてはen.wikipedia.org/wiki/Willowbrook_State_School#Hepatitis_studiesを参照。「最も非倫理的」なコメントはモーリス・ヒルマンのもので、Paul Offit, *Vaccinated: One Man's Quest to Defeat the World's Deadliest Diseases* (Washington, D.C.: Smithsonian Books/Collins, 2007), 27に引用されている。

111 Richard Yetter Chappell and Peter Singer, "Pandemic ethics: the case for risky research," *Research Ethics* 16 (3–4): 1–8 (2020); Peter Singer and Isaac Martinez, "The Case for Human Covid-19 Challenge Trials," *Project Syndicate* (August 5, 2020)を参照。

112 R. J. Lifton, *The Nazi Doctors* (New York: Basic Books, 1986).

113 I. B. Singer, *Enemies: A Love Story* (New York: Farrar, Straus and Giroux, 1972), 257.

114 James Jones, *Bad Blood: The Tuskegee Syphilis Experiment* (New York: Free Press, 1981)を参照。

115 Sandra Coney, *The Unfortunate Experiment* (Auckland, Penguin Books, 1988).

116 ドキュメンタリー“Monkeys, Rats and Me: Animal Testing”は二〇〇六年一一月二七日にＢＢＣで初放映された。レビュー記事は Laure Pycroft, John Stein, and Tipu Aziz, “Deep brain stimulation: an overview of history, methods, and future developments,” *Brain and Neuroscience Advances* 2: 1–6 (2018).

117 Thomas McKeown, *The Role of Medicine: Dream, Mirage or Nemesis?* (Oxford: Blackwell, 1979).

118 David St. George, “Life Expectancy, Truth, and the ABPI,” *Lancet* August 9, 1986, 346.

119 J. B. McKinlay, S. M. McKinley, and R. Beaglehole, “Trends in Death and Disease and the Contribution of Medical Measures,” in H. E. Freeman and S. Levine, eds., *Handbook of Medical Sociology* (Englewood Cliffs, NJ: Prentice Hall, 1988), 16.

120 William Paton, *Man and Mouse* (Oxford University Press, 1984); Andrew Rowan, *Of Mice, Models and Men: A Critical Evaluation of Animal Research*, Albany: State University of New York Press, 1984, chapter 12; Michael DeBakey, “Medical Advances Resulting From Animal Research,” in J. Archibald J. Ditchfield and H. Rowsell, eds., *The Contribution of Laboratory Animal Science to the Welfare of Man and Animals: Past, Present and Future* (New York: Gustav Fischer Verlag, 1985); OTA, *Alternatives to Animal Use in Research, Testing, and Education*, chapter 5; および National Research Council, *Use of Animals in Biomedical and Behavioral Research* (Washington, D.C.: National Academy Press, 1988), chapter 3を参照。

121 例えば Ray Greek and Niall Shanks, *FAQs About Animal Research* (Lanham, MD: University Press of America, 2009); Robert Sharpe, *The Cruel Deception* (New York: HarperCollins, 1988)を参照。

122 UNICEF, “Under-five Mortality,” data.unicef.org/topic/child-survival/under-five-mortality. accessed August 11, 2022. また World Health Organization, “Children: improving survival and wellbeing,” www.who.int/news-room/fact-sheets/detail/children-reducing-mortality (September 8, 2020)も参照。

123 Eurogroup for Animals, “A win for animals! The European Parliament votes in favor of a comprehensive plan to phase-out experiments on animals,” www.eurogroupforanimals.org/news/win-animals-european-parliament-votes-favour-comprehensive-plan-phase-out-experiments-animals (September 16, 2021).

第三章　工場式畜産に抗して

1 Angela Baysinger, et al., “A case study of ventilation shutdown with the addition of high temperature and humidity for depopulation

of pigs," *Journal of the American Veterinary Medical Association* 259 (4): 415–24 (August 2021); また Gwendolen Reyes-Illg, et al., "The rise of heatstroke as a method of depopulating pigs and poultry: Implications for the US veterinary profession," *Animals* 13: 140 (2023)も参照。

2 www.fao.org/faostat/en/#home (accessed January 9, 2023)のしかるべき項目から集計。

3 アメリカで屠殺される陸生動物の数はアメリカ農務省の二〇二一年データより。USDA National Agriculture Statistics Service, *Poultry Slaughter*, January 24, 2022, p. 2 およびUSDA National Agriculture Statistics Service, *Livestock Slaughter*, January 20, 2022, p. 13を参照。

4 *Online Etymological Dictionary*, www.etymonline.com/word/meatの「meat」を参照。

5 Fact Sheet: The Biden-Harris Plan for a Fairer, More Competitive and More Resilient Meat and Poultry Supply Chain, White House, January 3, 2022, www.whitehouse.gov/briefing-room/statements-releases/2022/01/03/fact-sheet-the-biden-harris-action-plan-for-a-fairer-more-competitive-and-more-resilient-meat-and-poultry-supply-chain/.

6 パーセンテージの計算は以下にもとづく。U.S. Department of Agriculture, National Agricultural Statistics Service, "Chickens and Eggs: 2021 Summary," February 2022; および Terrence O'Keefe, "The largest US egg-producing companies of 2022," Wattagent January 19, 2022, https://www.wattagnet.com/articles/44099-the-largest-us-egg-producingcompanies-of-2022.

7 Lucy King, Adam Westbrook, and Jonah Kessel, "See the True Cost of Your Cheap Chicken," *New York Times*, February 10, 2022, www.nytimes. om/2022/02/10/opinion/factory-farming-chicken.html.

8 Ruth Harrison, *Animal Machines* (London: Vincent Stuart, 1964), 3.

9 本書が出版を控えた現在、カリフォルニア州は州法の基準に満たない環境で生産された動物性食品の販売を禁じようとしており、これを阻止する北米食肉協会の企ては最高裁判所で争われる段階に来ている。詳細は"California's Proposition 12, 2018," Wikipedia, https://en.wikipedia.org/wiki/2018_California_Proposition_12を参照。

10 U.S. Department of Agriculture, *Broiler Market News Report*, January 2023.

11 Konrad Lorenz, *King Solomon's Ring* (London: Methuen and Company, 1964), 147.

12 例えばBrendan Graaf, "Lighting Considerations for Commercial Broiler" (Siloam Springs, AK: Cobb-Vantress, Inc. 201)を参照。

13 National Chicken Council, "U.S. Broiler Performance," www.nationalchickencouncil.org/about-the-industry/statistics/u-s-broiler-performance/, accessed February 2022; Marie-Laure Augère-Granier, *The EU Poultry Meat and Egg Sector*, European Parliamentary Research Service PE644–195, November 2019.

14 National Chicken Council, "U.S. Broiler Performance."

15 Stéphane Bergeron, Emmanuelle Pouliot, and Maurice Doyon, "Commercial Poultry Production Stocking Density Influence on Bird Health and Performance Indicators," *Animals* 10(8): 1253 (2020).

16 Eurogroup for Animals, *The Welfare of Broiler Chickens in the EU* (Brussels, 2020), 12.

17 M. O. North and Bell D. D., *Commercial Chicken Production Manual*, 4th ed. (New York: Van Nostrand Reinhold, 1990), 456.

18 King, Westbrook, and Kessel, "See the True Cost of Your Cheap Chicken."

19 Casey W. Ritz, Brian D. Fairchild, and Michael P. Lacy, "Litter Quality and Broiler Performance," Poultry Site, August 22, 2005, www.thepoultrysite. com/articles/litter-quality-and-broiler-performance.

20 U.S. Department of Agriculture Yearbook for 1970, xxxiii.

21 Katy Mumaw, "Contract Chickens, Get an Inside Look," *Farm and Dairy* April 26, 2018, www.farmanddairy.com/uncategorized/contract-chickens-get-an-inside-look/483606.html.

22 Chris Harris, "Broiler Production and Management," Poultry Site, April 24, 2004, www.thepoultrysite.com/articles/broiler-production-and-management.

23 National Chicken Council, U.S. Broiler Performance, www.nationalchickencouncil.org/about-the-industry/statistics/u-s-broiler-performance/, accessed February 2022.

24 U.S. Department of Agriculture, National Agricultural Statistics Service, *Poultry Slaughter*, 2021 Summary, February 2022.

25 Jean Sander, "Sudden Death Syndrome in Broiler Chickens," *MSD Veteri-nary Manual, November 2019*.

26 Fabian Brockotter, "Controlling Sudden Death Syndrome via Feed Strategies, Poultry World, May 1, 2020.

27 R. F. Wideman, D. Rhoads, G. Erf, and N. Anthony, "Pulmonary arterial hypertension (ascites syndrome) in broilers: A review," *Poultry Science* 92 (1): 64–83 (2013).

28 S. C. Kestin, T. G. Knowles, A. E. Tinch, and N. G. Gregory, "Prevalence of Leg Weakness in Broiler Chickens and its Relationship with Genotype," *Veterinary Record* 131 (9): 190–194 (August 1992).

29 ウェブスター教授のコメントは *The Guardian*, October 14, 1991 より。

30 John Webster, *Animal Welfare: A Cool Eye Towards Eden* (Oxford: Blackwell Science, 1995), 156.

31 "Pilgrim's Shame: Chickens Buried Alive," *Animal Outlook*, animaloutlook. org/investigations/pilgrims/. アメリカ養鶏産業の二〇二一年の収益は四六一億ドルで、うち六八パーセントはブロイラーの売上げによる。U.S. Department of Agriculture,

National Agricultural Statistics Service, "Poultry—Production and Summary, 2021," April 2022 を参照。

32 Media release from Animal Law Italia and Equalia, February 16, 2022.

33 Arnaud van Wettere, "Noninfectious skeletal disorders in poultry broilers," *Merck Veterinary Manual* (last modified 2022), www.merckvetmanual.com/poultry/disorders-of-the-skeletal-system-in-poultry/noninfectious-skeletal-disorders-in-poultry-broilers.

34 G. T. Tabler and A. M. Mendenhall, "Broiler Nutrition, Feed Intake and Grower Economics," *Avian Advice* 5 (4): 9 (Winter 2003).

35 J. Mench, "Broiler breeders: feed restriction and welfare, *World's Poultry Science Journal* 58: 23–29 (2002).

36 K. M. Wilson, et al., "Impact of Skip-a-Day and Every-Day Feeding Programs for Broiler Breeder Pullets on the Recovery of Salmonella and Campylobacter following challenge," *Poultry Science* 97 (8): 2775–84 (August 1, 2018).

37 A. Arrazola, et al., "The effect of alternative feeding strategies on the feeding motivation of broiler breeder pullets," *Animal* 14 (10): 2150–58 (October 2020).

38 National Chicken Council, "National Chicken Council Animal Welfare Guidelines and Audit Checklist," June 2017, www.nationalchickencouncil.org/wp-content/uploads/2017/07/NCC-Welfare-Guidelines_BroilerBreeders.pdf.

39 John Vidal, *McLibel: Burger Culture on Trial* (London: Pan Books, 1997), 311.

40 "Welcome to Peer System," www.peersystem.nl/en/ を参照。動画はwww.youtube.com/watch?v=8mFP4isNuMYを参照 (accessed 26 April 2022).

41 鶏屠殺の福祉的側面および異なる失神処理方法の比較に関する情報としてはCharlotte Berg and Mohan Raj, "A Review of Different Stunning Methods for Poultry–Animal Welfare Aspects," *Animals* 5 (4): 1207–19 (2015)を参照。

42 National Chicken Council, "National Chicken Council Animal Care Guidelines Certified by Independent Audit Certification Organization," July 10, 2018, www.nationalchickencouncil.org/national-chicken-council-animal-care-guidelines-certified-by-independent-audit-certification-organization/.

43 抜き打ち調査で撮られた動画はwww.youtube.com/watch?v=b6A1kWnEfqkで閲覧可能。モイ・パークとニコ・オミラナの代理人からの引用はAndrew Wasley, "KFC faces backlash over 'misleading' portrayal of UK chicken farming," *Guardian*, April 12, 2022より。

44 Edgar Oviedo-Rondón, "Predisposing Factors that Affect Walking Ability in Turkeys and Broilers," February 1, 2009, www.thepoultrysite.com/articles/predisposing-factors-that-affect-walking-ability-in-turkeys-and-broilers#(accessed 26 April 2022); V. Allain, et al., "Prevalence of skin lesions in turkeys at slaughter," *British Poultry Science* 54 (1): 33–41 (2013); Hybrid, "What are breast

blisters and buttons," www.hybridturkeys.com/en/news/preventing-breast-blisters-and-buttons/ (accessed 26 April 2022).

45 この七面鳥繁殖の説明はかつて出版したPeter Singer and Jim Mason, *The Ethics of What We Eat* (New York: Random House, 2007)に依拠する。

46 *Poultry Tribune*, January 1974.

47 *Farmer and Stockbreeder*, January 30, 1982; quoted by Harrison, *Animal Machines*, 50.

48 アメリカの数字はU.S. Department of Agriculture report *Chickens and Eggs*, February 25, 2022からの概算。これによれば二〇二一年には六億二四〇〇万羽の卵用鶏雛が生まれており（p. 16）、うち半数は雄と考えられる。EUの数字は二〇一八年一二月五日に欧州議会でハラルド・ヴィリムスキーが尋ねた質問より。www.europarl.europa.eu/doceo/document/E-8–2018–006133_EN.html.

49 Hannah Thomson, "Fifty million male chicks saved as France bans egg industry from culling," *Connexion* February 8, 2022; "Germany bans male chick culling from 2022, *DW*, dw.com/en/germany-bans-male-chick-culling-from-2022/a-57603148; "Italy bans the killing of male chicks in an effort led by Animal Equality," https://animalequality.org/news/italy-bans-the-killing-of-male-chicks.

50 H. Cheng, "Pain in Chickens and Effects of Beak Trimming," in American College of Poultry Veterinarians, Workshop Proceedings Laying Hen and Pullet Well-being, Management and Auditing, April 18, 2010, (Vancouver, British Columbia), 20, www.ars.usda.gov/research/publications/publication/?seqNo115=253565; また Taylor Reed, "Beak Trimming: Hot Blade v IRBT," www.slideshare.net/TaylorReed18/beak-trimming, Summer 2016. も参照。

51 C. H. Oka, et al., "Performance of Commercial Laying Hen Submitted to Different Debeaking Methods," *Brazilian Journal of Poultry Science* 19 (4): 717–24 (October–December 2017); Philip Glatz and Greg Underwood, "Current methods and techniques of beak trimming laying hens, welfare issues and alternative approaches," *Animal Production Science* 61: 968–89 (2021).

52 例えばM. J. Gentle, L. N. Hunter, and D. Waddington, "The onset of pain related behaviours following partial beak amputation in the chicken," *Neuroscience letters* 128 (1): 113–16 (1991)を参照。

53 *Report of the Technical Committee to Enquire into the Welfare of Animals Kept Under Intensive Livestock Husbandry Systems*, Command Paper 2836 (London: Her Majesty's Stationery Office, 1965), paragraph 97.

54 A. Andrade and J. Carson, "The Effect of Age and Methods of Debeaking on Future Performance of White Leghorn Pullets," *Poultry Science* 54 (3): 666–674 (1975); M. Gentle, B. Huges, and R. Hubrecht, "The Effect of Beak Trimming on Food Intake, Feeding Behavior and Body Weight in Adult Hens," *Applied Animal Ethology* 8 (1–2): 147–159 (1982); M. Gentle, "Beak Trimming in

Poultry," *World's Poultry Science Journal* 42 (3): 268–275 (1986).

55 J. Breward and M. Gentle, "Neuroma Formation and Abnormal Afferent Nerve Discharges After Partial Beak Amputation (Beak Trimming) in Poultry," *Experienta* 41 (9): 1132–34 (September 1985).

56 N. J. Beausoleil, S. E. Holdsworth, and H. Lehmann, "Avian Nociception and Pain," in *Sturkie's Avian Physiology* (Amsterdam, The Netherlands: Elsevier, 2022), 223–231; また American Veterinary Medical Association, "Welfare Implications of Beak Trimming," February 7, 2010, www.avma.org/resources-tools/literature-reviews/welfare-implications-beak-trimming. も参照。

57 Gentle, "Beak Trimming in Poultry."

58 C. E. Ostrander and R. J. Young, "Effects of Density on Caged Layers," *New York Food and Life Sciences* 3 (3) (1970).

59 *USDA Egg Markets Overview*, July 29, 2022, 4.

60 Marie-Laure Augère-Granier, European Parliamentary Research Service, *The EU Poultry Meat and Egg Sector* PE 644.195, November 2019, 10.

61 *Der Spiegel* 47 (1980): 264; quoted in, *Intensive Egg and Chicken Production* (Huddersfield, UK: Chickens' Lib, 1982).

62 I. Duncan and V. Kite, "Some Investigations into Motivation in the Domestic Fowl," *Applied Animal Behaviour Science* 18 (3–4): 387–388 (1987).

63 *New Scientist* January 30, 1986, 33, reporting on a study by H. Huber, D. Fölsch, and U. Stahli, published in *British Poultry Science* 26 (3): 367 (1985).

64 A. Black and B. Hughes, "Patterns of Comfort Behaviour and Activity in Domestic Fowls: A Comparison Between Cages and Pens," *British Veterinary Journal* 130 (1): 23–33 (1974).

65 この段落の砂浴びに関する説明は以下にもとづく。 D. van Liere and S. Bokma, "Short-term Feather Maintenance as a Function of Dustbathing in Laying Hens," *Applied Animal Behaviour Science* 18 (2): 197–204 (1987); H. Simonsen, K. Vestergaard, and P. Willeberg, "Effect of Floor Type Density on the Integument of Egg Layers," *Poultry Science* 59 (10): 2202–06 (1980) and K. Vestergaard, "Dustbathing in the Domestic Fowl—Diurnal Rhythm and Dust Deprivation," *Applied Animal Ethology* 8 (5): 487–95 (1982).

66 Albert Schweitzer Foundation, "Ending the Use of Battery Cages," albertschweitzerfoundation.org/campaigns/ending-use-battery-cages.

67 Eurogroup for Animals, "European commission announces historic commitment to ban cages," Press Release, June 30, 2021, www.

eurogroupforanimals.org/news/european-commission-announces-historic-commitment-ban-cages-farmed-animals.
68 United Egg Producers, "UEP certified conventional cage program: UEP certified guidelines," uepcertified.com/conventional-cage-housing/ (accessed March 20, 2022).
69 B. M. Freeman, "Floor Space Allowance for the Caged Domestic Fowl," *Veterinary Record* 112 (24): 562–63 (June 1983).
70 M. Dawkins, "Do Hens Suffer in Battery Cages? Environmental Preferences and Welfare," *Animal Behaviour* 25 (4): 1034–46 (November 1977). また M. Dawkins, *Animal Suffering: The Science of Animal Welfare* (London: Chapman and Hall, 1980), chapter 7を参照。
71 Chris Harris, "Finding the Value in Processing Spent Hens," Poultry Site, December 20, 2019, www.thepoultrysite.com/articles/finding-the-value-in-processing-spent-laying-hens.
72 EFSA Panel on Animal Health and Welfare, "Scientific opinion on the killing for purposes other than slaughter: poultry," *EFSA Journal* 17 (11):5850 (2019). 引用した1節はp. 15より。
73 Jia-Rui Chong, "Vet in row after hens 'chipped' to death," *Los Angeles Times* November 23, 2003; www.hsus.org/farm_animals/farm_animals_news/missouri_county_files_charges_against_moark.html.
74 United Egg Producers "Animal Husbandry Guidelines for U.S. Egg-LayingFlocks" (2017), uepcertified.com/wp-content/uploads/2021/08/CF-UEP-Guidelines_17–3.pdf; European Commission Guide to good practices for the transport of the Poultry (2018).
75 "Take feed away from spent hens," *Poultry Tribune*, March 1974.
76 Sean Remos, Matthew MacLachlan, and Alex Melton, "Impacts of the 2014–15 Highly Pathogenic Avian Influenza Outbreak in the U.S. Poultry Sector," U.S. Department of Agriculture, *Livestock, Dairy, and Poultry Outlook* (LDPM-282–02) (December 2017).
77 Tom Cullen, "Five million layers snuffed as avian influenza hits," *Storm Lake Times*, March 23, 2022.
78 Gwendolen Reyes-Illg, et al., "The rise of heatstroke as a method of depopulating pigs and poultry: Implications for the US veterinary profession," Animals 13: 140 (2023).
79 Marina Bolotnikova, "Amid Bird Flu Outbreak, Meat Producers Seek 'Ventilator Shutdown' For Mass Chicken Killing," *Intercept*, April 14, 2022, theintercept.com/2022/04/14/killing-chickens-bird-flu-vsd/.
80 Marina Bolotnikova, "US farms lobby to use 'cruellest' killing method as bird flu rages," *The Guardian*, November 9, 2022.
81 Our Honor *Weekly Newsletter*, November 30, 2022 and a similar blogpost available at www.ourhonor.org/blognew/avma-denies-

petition-of-278-veterinarians-to-reclassify-mass-killing-of-animals-via-heatstroke-as-not-recommended.

82 EFSA Panel on Animal Health and Welfare, "Welfare of pigs during killing for purposes other than slaughter," *EFSA Journal*, July 20, 2020, https://efsa.onlinelibrary.wiley.com/doi/full/10.2903/j.efsa.2020.6195

83 L214 Media Release, "Millions of birds asphyxiated," April 5, 2022; "*Grippe aviaire. En Vendee, il a du asphyxier ses 18 000 poulets, puis les enterrer dans un champ*," ["Avian Flu. In Vendée, he had to asphyxiate his 18,000 chickens, then bury them in a field."], Ouest France March 25, 2022.

84 R. Dunbar, "Farming Fit for Animals," *New Scientist* 102: 12–15 (March 1984); D. Wood-Gush,"The Attainment of Humane Housing for Farm Livestock," in M. Fox and L. Mickley, eds., *Advances in Animal Welfare Science* (Dordrecht, The Netherlands: Springer, 1985), 47–55; Gary Landsberg and Sagi Denenberg, "Social Behavior of Swine," *Merck Veterinary Manual*, 2022, www.merckvetmanual.com/behavior/normal-social-behavior-and-behavioral-problems-of-domestic-animals/social-behavio-of-swine

85 D. Wood-Gush and R. Beilharz, "The Enrichment of a Bare Environment for Animals in Confined Conditions" *Applied Animal Ethology* 10 (3): 209–217 (May 1983); また R. Dantzer and P. Mormede, "Stress in Farm Animals: A Need for Reevaluation," *Journal of Animal Science* 57 (1): 6–18 (July 1983)および、より近年の知見としてMarek Špinka, ed., *Advances in Pig Welfare*, (Sawston, UK: Woodhead Publishing, 201)を、特にMarc Bracke, "Chains as proper enrichment for intensively farmed pigs?," 167–97を参照。

86 Mhairi Sutherland and Cassandra Tucker, "The long and short of it: A review of tail docking in farm animals." *Applied Animal Behaviour Science* 135 (3): 179–91(December 2011).

87 D. Fraser, "The role of behaviour in swine production: a review of research," *Applied Animal Ethology* 11 (4): 317–329 (1984).

88 D. Fraser, "Attraction to blood as a factor in tail-biting by pigs," *Applied Animal Behaviour Science* 17 (1–2): 61–68 (1987).

89 M. Larsen, H. Andersen, and L. Petersen, "Which is the most preventive measure against tail docking in finisher pigs: tail docking, straw provision or lowered stocking density?," *Animal* 12 (6): 1260–67 (June 2018).

90 L214, "*Historique: une infraction routinière enfin condamnée*," savoir-animal.fr/historique-une-infraction-routiniere-enfin-condamnee/. また European Court of Auditors, "Animal welfare in the EU: closing the gap between ambitious goals and practical implementation," *Special Report* No. 31 (2018)も参照。

91 九三・五パーセントという数字はアメリカ農務省の2017 Census of Agriculture表20より。これによれば同年に売られた豚の総数は二億三五三〇万頭であり、うち二億二〇一〇万頭は五〇〇〇頭以上を囲う畜産場に由来する。この全数調査はwww.nass.usda.gov/Publications/AgCensus/2017/Full_Report/volume_1,_chapter_1_US/usv1.pdfで閲覧可能。
92 Tyson Food Facts page, ir.tyson.com/about-tyson/facts/default.aspx, accessed August 11, 2022.
93 "Life cycle of a market pig," porkcheckoff.org/pork-branding/facts-statistics/life-cycle-of-a-market-pig/, accessed 26 March 2022.
94 *Hog Farm Management*, December 1975, 16.
95 Bob Fase, Orville Schell, *Modern Meat* (New York: Random House, 1984), 62 より。
96 Lauren Kendrick, *Ammonia Emissions from Industrial Hog Farming* (Santa Monica, CA: RAND Corporation, 2018).
97 *National Hog Farmer*, March 1978, 27.
98 U. S. Department of Agriculture, *Fact Sheet, Swine Management*, AFS-3–12 (Washington, D.C.: Office of Governmental and Public Affairs, 1981), 1.
99 K. H. Kim, et al., "Effects of Gestational Housing on Reproductive Performance and Behavior of Sows with Different Backfat Thickness," *Asian-Australasian Journal of Animal Science* 29: 142–48 (2016); テンプル・グランディンの引用はMark Essig, "Pig farming doesn't have to be this cruel," New *York Times*, October 10, 2022より。
100 Commission of the European Communities. Scientific Veterinary Committee, *The Welfare of Intensively Kept Pigs: Report of the Scientific Veterinary Committee, Adopted 30 September 1997*.
101 U.S. Department of Agriculture, Economic Research Service, "Hog welfare laws cover 9 states and 3 percent of the national herd in 2022," last updated March 16, 2022.
102 U.S. Department of Agriculture, *Fact Sheet: Swine Housing*, AFS-3–8–9 (Washington D.C.: Office of Governmental and Public Affairs, 1981), 4.
103 A. Lawrence, M. Appleby, and H. MacLeod, "Measuring hunger in the pig using operant conditioning: The effect of food restriction," *Animal Science* 47 (1): 131–37(1988).
104 Commission of the European Communities. Scientific Veterinary Committee, *The Welfare of Intensively Kept Pigs*.
105 Eric Schlosser, reviewing Corban Addison's *Wastelands* in the *New York Times*, June 7, 2022.
106 U.S. Department of Agriculture, Food, Safety and Inspection Service, "Veal from Farm to Table," last updated August 2013, www.fsis.usda.gov/food-safety/safe-food-handling-and-preparation/meat/veal-farm-table.
107 当時のアメリカで最大のホワイトヴィール生産者だったプロヴィミ社のニュースレター *Stall Street Journal*の一九七三年四〜一一月号を参照。

108 “American Veal Association Confirms Mission Accomplished,” January 2018, www.americanveal.com/industry-updates/2013/1/22/american-veal-association-confirms-mission-accomplished.

109 動画“What do calves eat?”at www.americanveal.com/veal-videosを参照。

110 Email from James Reynolds to Sophie Kevany, April 19, 2022.

111 M. Shahbandeh, “Per Capita Consumption of Veal in the United States,” Statista, March 2, 2022, https://www.statista.com/statistics/183541/per-capita-consumption-of-veal-in-the-us; U.S. Department of Agriculture, “Ask USDA: How much veal is consumed in the United States,” https://ask.usda.gov/s/article/How-much-veal-is-consumed-in-the-US; “Veal Production and Consumption in Europe,” https://www.vealthebook.com/process/production-and-consumption-in-europe. (Both sites accessed October 7, 2022.)

112 Compassion in World Farming, “Standard Intensive Milk Production,”www.compassioninfoodbusiness.com/awards/good-dairy-award/standardintensive-milk-production/. 確認可能な最新データである二〇一四年の統計はU.S. Department of Agriculture, *Dairy 2014: Dairy Cattle Management Practices in the United States, 2014*, www.aphis.usda.gov/animal_health/nahms/dairy/downloads/dairy14/Dairy14_dr_PartI_1.pdfを参照。

113 例えばOntario Ministry of Agriculture, Food and Rural Affairs,“Lighting for More Milk,” Agdex 717, reviewed January 2019, www.omafra.gov.on.ca/english/engineer/facts/06–053.htmを参照。

114 James MacDonald, “Scale economies provide advantages to large dairy farms,” U.S. Department of Agriculture, Economic Research Service, August 3, 2020, www.ers.usda.gov/amber-waves/2020/august/scale-economies-provide-advantages-to-large-dairy-farms/.

115 Lyndal Reading, “How Now dairy: Taking an animal welfare approach on milking, *Weekly Times*, November 6, 2017; また https://hownowdairy.com.auも参照。

116 アヒムサーについてはwww.ahimsamilk.org/を参照。アンジャ・フラデッキーの農場は“Who we eat: The Status Quo,” directed by Jannis Funk and Jakob Schmidt and made by Arte in 2021で取り上げられている。

117 *Encyclopedia Britannica*, www.britannica.com/animal/cow.

118 *Peoria Journal Star*, June 5, 1988.

119 U.S. Department of Agriculture, Economic Research Service, “Cattle & Beef: Sector at a Glance” (last updated November 2021), www.ers.usda.gov/topics/animal-products/cattle-beef/sector-at-a-glance.

120 U.S. Department of Agriculture, Economic Research Service, “Cattle & Beef: Sector at a Glance”; Temple Grandin, “Evaluation of the

welfare of cattle housed in outdoor feedlot pens," *Veterinary and Animal Science* 1–2: 23–28 (December 2016).

121 Beef Cattle Research Council, "Acidosis," www.beefresearch.ca/research-topic. cfm/acidosis-63 (accessed August 26, 2022); L.C. Eastwood, et al.,"National Beef Quality Audit-2016: Transportation, mobility, and harvest-floor assessments of targeted characteristics that affect quality and value of cattle, carcasses, and by-products," *Translational Animal Science* 1 (2): 229–38 (April 2017).

122 Lily Edwards-Callaway, et al., "Impacts of shade on cattle well-being in the beef supply chain," *Journal of Animal Science* 99 (2): 1–21 (February 2021).

123 F. M. Mitlöhner, et al., "Effects of shade on heat-stressed heifers housed under feedlot conditions," Burnett Center Internet Progress Report, no. 11, February 2001; www.depts.ttu.edu/afs/burnett_center/progress_reports/bc11.pdf; また F. M. Mitlöhner, et al., "Shade effects on performance, carcass traits, physiology, and behavior of heat-stressed feedlot heifers," *Journal of Animal Science*, 80 (8): 2043–50 (August 2002) も参照。

124 Elisha Fieldstadt and Reuters, "At least 2000 cattle dead in Kansas heat, adding pain to beleaguered industry," NBC News, June 18, 2022, www.nbcnews.com/news/weather/least-2000-cattle-dead-kansas-heat-adding-pain-beleaguered-industry-rcna33877.

125 Temple Grandin, "Evaluation of the welfare of cattle housed in outdoor feedlot pens."

126 European Food Safety Authority, "General approach to fish welfare and to the concept of sentience in fish, Scientific Opinion of the Panel on Animal Health and Welfare," adopted January 29, 2009, *EFSA Journal* 954: 1–27(2009).

127 Alison Mood et al, "Estimating global numbers of farmed fishes killed for food annually from 1990 to 2019," *Animal Welfare*, 32 e12 (2023) 1-16; また B. Franks, C. Ewell, and J. Jacquet, "Animal welfare risks of global aquaculture," *Science Advances* 7: eabg0677 (2021)も参照。

128 Annie Rueter, et al., "The Fish You Don't Know You Eat," produced by NBC News and the Global Reporting Program at the University of British Columbia Graduate School of Journalism, globalreportingprogram.org/fishmeal/.

129 Lao Minyi, "Fish farms are transformed into laboratories: fish farmers using microscopes to find parasites and prescribe the right medicine to increase the survival rate to 50%," *Hong Kong News* July 20, 2019, www.hk01.com/sns/article/352888.

130 オープン・フィランソロピー・プロジェクトのパーシス・エスカンダーが作成したスプレッドシートを参照。これは国連食糧農業機関の二〇一六年データにもとづく。docs.google.com/spreadsheets/d/12pA0UxIbRDcfY5g25XZ7na4duhj64111-1-_3tRH48k/edit#gid=1419062790.

131 J. Lines & J. Spence, "Safeguarding the welfare of farmed fish at harvest," *Fish Physiology and Biochemistry* 38 (1): 153–62 (February

2012). このレファレンスは Fish Welfare Initiative, Fish Welfare Improvements in Aquaculture, December 2020, 10.13140/RG.2.2.17712.58889に負う。

132 Daniela Waldhorn and Elisa Autric, "Shrimp Production: Understanding the Scope of the Problem," a 2023 report for Rethink Priorities, https://rethinkpriorities.org/shrimp-production; また、Becca Franks, Christopher Ewell, and Jennifer Jacquet, "Animal welfare risks of global aquaculture,"*Science Advances* 7: eabg0677 (2021)も参照。

133 より詳しい議論はAlmaya Albalat, et al., "Welfare in Farmed Decapod Crustaceans, With Particular Reference to Penaeus vannamei" *Frontiers in Marine Science* 9: 886024 (2022)を参照。また、第1章注17の資料も参照。

134 Jennifer Jacquet, Becca Franks, and Peter Godfrey-Smith, "The octopus mind and the argument against farming it," *Animal Sentience* 26: 19 (2019).

135 Paulo Steagall, et al., "Pain Management in Farm Animals: Focus on Cattle, Sheep and Pigs," *Animals* 11 (6): 1483 (May 2021).

136 Calla Wahlquist, " 'Horrific' footage of live cattle having horns removed in Australia sparks outrage," *Guardian*, December 5, 2019.

137 Animal Outlook, "Animal Transport: Torture Hidden in Plain Sight," animaloutlook.org/investigations/#transport. 訴追がないことに関する発言はアニマル・アウトルックの法的擁護専務理事パイパー・ホフマンの情報にもとづく。ソフィー・ケヴァニーに送った二〇二三年二月七日のEメールより。なお、以下の動物福祉研究所の文書も参照。awionline.org/sites/default/files/uploads/documents/AWI-Request-to-Enforce-28-Hour-Law.pdf; awionline.org/sites/default/files/uploads/documents/21LegalProtectionsTransport.pdf.

138 Barbara Padalino, et al., "Transport certifications of cattle moved from France to Southern Italy and Greece: do they comply with Reg. EC 1/2005?," *Italian Journal of Animal Science* 20 (1): 1870–81 (October 2021).

139 Karen Schwartzkopf-Genswein, et al., "Symposium Paper: Transportation issues affecting cattle well-being and considerations for the future," *Professional Animal Scientist* 32 (6): 707–16 (December 2016).

140 Timothy Pachirat, *Every Twelve Seconds: Industrialized Slaughter and the Politics of Sight* (New Haven, CT: Yale University Press, 2011), 145.

141 Pachirat, *Every Twelve Seconds*, 60.

142 Pachirat, *Every Twelve Seconds*, 153–56.

143 Pachirat, *Every Twelve Seconds*, 85–86; https://animalequality.org.uk/our-investigations-into-slaughterhouses.

144 Animal Equality UK, "Our Investigations into Slaughterhous

145 L214, “*L'enfer des veaux à l'abattoir Sobeval*,” www.l214.com/enquetes/2020/abattoir-veaux-sobeval/.

146 Alison Mood, *Worse things happen at sea: The welfare of wild-caught fish*, 2010, www.fishcount.org.uk/published/standard/fishcountsummaryrptSR.pdf.

147 J. Lines and J. Spence, “Safeguarding the welfare of farmed fish at harvest,” *Fish Physiology and Biochemistry* 38: 153–62(February 2012).

148 European Food Safety Authority, “Species-specific welfare aspects of the main systems of stunning and killing of farmed eels, *Anguilla Anguilla*; Scientific opinion of the panel on animal health and welfare,” *EFSA Journal* 1014: 1–42 (2009).

149 オランダについては *Regulation of the Minister of Agriculture, Natur eand Food Quality of 15 May 2018, no. WJZ/17127055, amending the Regulation on animal keepers in connection with the stunning of eels*, https://zoek.officielebekendmakingen.nl/stcrt-2018–25060.html; ニュージーランドについては *Code of Welfare: Commerical Slaughter*, p.28, www.mpi.govt.nz/dmsdocument/46018-Code-of-Welfare-Commercial-slaughterを参照。ドイツでは以下の釣師向けサイトが、塩を使う方法も含め、うなぎを痛めつけるさまざまな殺害法について「率直かつ端的に言って許容できない」と述べている。www.netzwerk-angeln.de/angeln/fischverwertung/194-aal-toeten-undausnehmen.html.

150 動画はwww.youtube.com/watch?v=JdF12LQ4wGA.

151 動画はwww.youtube.com/watch?v=hbW88hGyDEU; 翻訳あり。

第四章　種差別なき生活

1 Will MacAskill, *Doing Good Better: How Effective Altruism Can Help You Help Others, Do Work that Matters, and Make Smarter Choices about Giving Back* (New York: Penguin Random House, 2016)およびPeter Singer, *The Most Good You Can Do* (New Haven, CT: Yale University Press, 2015)を参照。

2 最大の善をなす仕事については80000hours.orgの助言を参照。

3 Our World in Data, “Global Meat Consumption, 1961–2050, https://ourworldindata.org/grapher/global-meat-projections-to-2050?time=1961.2050.

4 食肉消費量の情報は経済協力開発機構および国連食糧農業機関のデータベースにある食肉可用性の数字にもとづく。

5 People for the Ethical Treatment of Animals, "Air France Commits to Banning Transport of Monkeys to Laboratories," June 30, 2022, www.peta.org/about-peta/victories/.

6 Maria Salazar, "The Effects of Diet Choices," Animal Charity Evaluators, February 2021, based on 2018 figures. Available at animalcharityevaluators.org/research/reports/dietary-impacts/effects-of-diet-choices.

7 こうした議論はBen Bramble and Bob Fischer, eds., *The Moral Complexities of Eating Meat* (Oxford University Press, 2015)所収のJulia Driver, Mark Budolfson, and Clayton Littlejohnによる論文で扱われている。

8 Bailey Norwood and Jayson Lusk, *Compassion, by the Pound: The Economics of Farm Animal Welfare* (Oxford University Press, 2011), chapter 8.

9 Hannah Ritche and Max Roser, "Soy," Our World in Data, ourworldindata.org/soy, accessed October 9, 2022.

10 A. Shepon, et al., *Environmental Research Letters* 11 (10): article 105002 (2016); A. Shepon, et al., "The opportunity costs of animal based foods exceeds all food losses," *Proceedings of the National Academy of Sciences of the U.S.A.* 115 (15): 3804–09 (April 10, 2018).

11 P. Alexander, et al., "Human appropriation of land for food: The role of diet," *Global Environmental Change* 41: 83–98 (November 2016). 任意の国の平均的食生活を全世界の人口が選んだ際に、世界の居住可能な土地の何パーセントが農業のために必要となるかについてはHannah Ritchie, "How much of the world's land would we need in order to feed the global population with the average diet of a given country?" Our World in Data, October 3, 2017, ourworldindata.org/agricultural-land-by-global-diets; Michael Grunwald, "No one wants to say 'Put down that burger,' but we really should," *New York Times*, December 15, 2022を参照。

12 Food and Agriculture Organization, *The State of World Fisheries and Aquaculture* 2022. Towards Blue Transformation, Rome, FAO, 2022, https://doi.org/10.4060/cc0461en.

13 Global Initiative Against Transnational Organized Crime, "Illicit Migration to Europe: Consequences of illegal fishing and overfishing in West Africa," May 8, 2015; globalinitiative.net/analysis/illicit-migration-to-europe-consequences-of-illegal-fishing-and-overfishing-in-west-africa/, accessed 14 August 2022.

14 Munk Debate, Animal Rights, guests Peter Singer and Joel Salatin, January 25, 2022, munkdebates.com/podcast/animal-rights.

15 Jacy Reese Anthis, "U.S. Factory Farming Estimates," Sentience Institute 2019, https://www.sentienceinstitute.org/us-factory-farming-estimates.

16 Compassion in World Farming, available at www.ciwf.org.uk/farm-animals/sheep/. からの情報。

17 Stone Barns Center for Food and Agriculture, "Back to grass: the market potential for U.S. grassfed beef," 2017, www.stonebarnscenter.

org/blog/future-grassfed-beef-green; Meat and Livestock Australia, "Grainfed cattle make up 50% of beef production," June 10, 2021, https://www.mla.com.au/prices-markets/market-news/2021/grainfed-cattle-make-up-50-of-beef-production/.

18 Leslie Stephen, *Social Rights and Duties* (London, 1896)を参照。この言葉はHenry Salt, *The Humanities of Diet* (Manchester: The Vegetarian Society, 1914), 34–38所収の "The Logic of the Larder," に引用されている。Tom Regan and Peter Singer, eds., *Animal Rights and Human Obligations* (Englewood Cliffs, NJ: Prentice-Hall, 1976)に再掲。

19 Roger Scruton, "The Conscientious Carnivore," in S. Sapontzis, ed., *Food for Thought* (Amherst, MA: Prometheus, 2004), 81–91; また、Roger Scruton, *Animal Rights and Wrongs* (London: Continuum, 2006); Michael Pollan, *The Omnivore's Dilemma: A Natural History of Four Meals* (New York Penguin Books, 2016); and G. Schedler, "Does ethical meat eating maximize utility?," *Social Theory and Practice* 31 (4): 499–511(October 2005)も参照。

20 この試みとして、S. Sapontzis, *Morals, Reason and Animals* (Philadelphia: Temple University Press, 1987), 193–94; David Benatar, *Better Never to Have Been: The Harm of Coming into Existence* (Oxford University Press, 2009), chapter 2 および Melinda Roberts, "An Asymmetry in the Ethics of Procreation," *Philosophy Compass* 6 (11): 765–76 (November 2011)を参照。議論はPeter Singer, *Practical Ethics*, 3rd ed. (Cambridge University Press, 2011, chapters 4 and 5 を参照。

21 この段落で論じている考え方について、より詳しくは Henry Sidgwick, *The Methods of Ethics*, book IV (London: Macmillan, 1907), chapter 1; Derek Parfit, *Reasons and Persons* (Oxford: Clarendon Press, 1984), Part IV; Gustaf Arrhenius, Jesper Ryberg, and Torbjörn Tännsjö, "The Repugnant Conclusion," *The Stanford Encyclopedia of Philosophy*, Summer 2022 ed., Edward N. Zalta ed., plato.stanford.edu/archives/sum2022/entries/repugnantconclusion; Jeff McMahan, "Eating Animals the Nice Way, *Daedalus* Winter 2008, 1–11; Tatjana Visak, *Killing Happy Animals* (Houndsmill, Basingstoke: Palgrave Macmillan, 2013); および Andy Lamey, *Duty and the Beast*, (Cambridge: Cambridge University Press, 2019), especially chapters 5 and 7を参照。

22 この最後の点についてはAdam Lerner, "The Procreative Asymmetry Asymmetry" [sic], *Philosophical Studies*, forthcomingを参照した。

23 Oliver Goldsmith, *The Citizen of the World*, in *Collected Works*, volume 2, A Friedman, ed., (Oxford: Clarendon Press, 1966), 60. もっとも、かくいうゴールドスミス自身もそうした人物の一人であったらしい。*The Ethics of Diet* (abridged edition, Manchester and London, 1907, 149)にみられるハワード・ウィリアムズの言葉によれば、ゴールドスミスの感性はその自制心よりも強かったそうである。

24 Intergovernmental Panel on Climate Change, *Climate Change 2022: Mitigation of Climate Change*, 2022, Technical Summary, TS-89,

www.ipcc.ch/ report/ar6/wg3/.

25 Laura Wellesley and Antony Froggatt, *Changing Climate, Changing Diets: Pathways to Lower Meat Consumption* (London: Chatham House, 2015). 要約は www.chathamhouse.org/2015/11/changing-climate-changing-diets-pathways-lower-meat-consumption. 26 より。

26 Hannah Ritchie, "You want to reduce the carbon footprint of your food? Focus on what you eat, not whether your food is local," ourworldindata.org/food-choice-vs-eating-local, drawing on J. Poore and T. Nemecek, "Reducing food's environmental impacts through producers and consumers," *Science* 360 (6392): 987–92, および V. Sandström, et al., "The role of trade in the greenhouse gas footprints of EU diets," *Global Food Security* 19: 48–55 (December 2018). を参照。

27 Hannah Ritchie and Max Roser, "Environmental Impacts of Food Production," Our World in Data, ourworldindata.org/environmental-impacts-of-food#carbon-footprint-of-food-products.

28 畜産業の炭素機会費用についてはMathew Hayek, et al., "The carbon opportunity cost of animal-sourced food production on land," *Nature Sustainability* 4: 21–24 (2021)を参照。引用も含め、本段落で触れている他の研究についてはMichael Eisen and Patrick Brown, "Rapid global phaseout of animal agriculture has the potential to stabilize greenhouse gas levels for 30 years and offset 68 percent of CO2 emissions this century," *PLOS Climate* 1 (2): e0000010 (2022)を参照。

29 プアの引用はDamian Carrington, "Avoiding meat and dairy is 'single biggest way' to reduce your impact on Earth," *The Guardian*, June 1, 2018より。プアが主導した研究はJ. Poore and T. Nemecek, "Reducing food's environmental impact through producers and consumers," *Science* 360 (6392): 987–92 (June 2018).

30 The Fish Site, "The case against eyestalk ablation in shrimp aquaculture," September 22, 2020, thefishsite.com/articles/the-case-againsteyestalk-ablation-in-shrimp-aquaculture を参照。小エビの福祉をより広く概観するものとしては www.shrimpwelfareproject.org/を参照。また、G. Diarte-Plata, et al., "Eyestalk ablation procedures to minimize pain in the freshwater prawn Macrobrachium americanum," *Applied Animal Behaviour Science* 140 (3–4): 172–78 (2012)も参照。

31 Katherine Martinko, "Why it's a good idea to stop eating shrimp," *Treehugger*, May 5, 2020, https://www.treehugger.com/shrimp-may-be-small-their-environmental-impact-devastating-4858308.

32 E. S. Nielsen and L. A. Mound, "Global diversity of insects: the problems of estimating numbers," in: P. H. Raven and Tania Williams, eds., *Nature and Human Society: The Quest for a Sustainable World* (Washington, D.C.: National Academy Press, 2000), 213–22.

33 Abraham Rowe, "Insects raised for food and feed—global scale, practices, and policy," *Rethink Priorities*, June 29, 2020,

rethinkpriorities.org/publications/insects-raised-for-food-and-feed.
34 A. van Huis, "Welfare of farmed insects," *Journal of Insects for Food and Feed* 5 (3): 159–62 (2019).
35 Berthold Hedwig and Stefan Schöneich, "Neural circuit in the cricket brain detects the rhythm of the right mating call," University of Cambridge, Research, September 11, 2015, www.cam.ac.uk/research/news/neural-circuit-in-the-cricket-brain-detects-the-rhythm-of-the-right-mating-call#:~:text=Using%20tiny%20electrodes%2C%20scientists%20-from,up%20to%20a%20million%20neurons.
36 Peter Godfrey-Smith, "Somewhere between a shrimp and an oyster," *Metazoan* 61 (April 2018), metazoan.net/61-somewhere-between/.
37 Chesapeake Bay Program, "Oysters," www.chesapeakebay.net/issues/oysters; また Jennifer Jacquet, et al., "Seafood in the future: Bivalves are better," *Solutions*, January 11, 2017, thesolutionsjournal.com/2017/01/11/seafood-future-bivalves-better も参照。
38 このトピックについて私の考え方に影響を与えた近年の論文やブログとしては、既に引用したもののほか、Christopher Cox, "Consider the oyster," *Slate* 7 (April 2010); Diana Fleischman, "The ethical case for eating oysters and mussels," published 2013 and reposted 2020, Pt 1, dianaverse.com/2020/04/07/bivalveganpart1/, Pt 2 dianaverse.com/2020/04/07/bivalveganpart2; David Cascio, "On the consumption of bivalves," *Animalist* (January 20, 2017), theanimalist.medium.com/on-the-consumptionof-bivalves-bdde8db6d4ba; and Brian Tomasik, "Can bivalves suffer?" (February 2017, updated 2019), reducing-suffering.org/can-bivalves-suffer がある。養殖される二枚貝のパーセンテージは Food and Agriculture Organization of the United Nations, *Fishery and Agriculture Statistics Yearbook 2019*, FAO, 2021を参照。この情報を提供してくれたアレッサンドラ・ロンチャラーティ——Aad Small, et al., *Goods and Services of Marine Bivalves* (Dordrecht, The Netherlands: Springer, 2018) 所収の"Global Production of Marine Bivalves. Trends and Challenges," 共著者——に謝意を表する。
39 "Nick Kyrgios on why he is vegan," BBC Sport, June 30, 2022, www.facebook.com/watch/?v=1500784720364306.
40 M. J. Orlich, et al., "Vegetarian dietary patterns and mortality in Adventist Health Study 2," *JAMA Internal Medicine* 173(13): 1230–38.
41 A. Satija, et al., "Plant-Based Dietary Patterns and Incidence of Type 2 Diabetes in U.S. Men and Women: Results from Three Prospective Cohort Studies," *PLoS Medicine* 13 (6): e1002039 (June 2016); A. Satija, et al., "Healthful and Unhealthful Plant-Based Diets and the Risk of Coronary Heart Disease in U.S. Adults," *Journal of the American College of Cardiology* 70 (4): 411–22 (July 2017).
42 Walter Willett, et al., "Food in the Anthropocene: the EAT–*Lancet* Commission on healthy diets from sustainable food systems,"

43 *Lancet* 393 (10170): 447–92 (February 2019).
The EAT-Lancet Commission, *Food, Planet, Health: Summary Report of the EAT-Lancet Commission*, available at eatforum.org/eat-lancet-commission/.

第五章　人《マン》の支配

1 仏教思想は明らかに西洋の伝統よりも動物に対して思いやりがあった——もっとも、仏教徒自認者の中でこの点に関し仏陀の教えにしたがって生きている人々は比較的少数であるが。この問題についてシー・チャオ・フウェイと私が行なった対話は間もなく Peter Singer and Shih Chao-Hwei, *The Buddhist and the Ethicist* (Boulder, CO: Shambhala Publications, 2023)となって出版される。動物の親切な扱いを促す多数のイスラム教文書や、動物は「我々と同じく共同体」であるというクルアーンに書かれた思想を支持する文書についての解説として、Al-Hafiz B.A. Masri, *Animals in Islam*, Nadeem Haque, ed. (Woodstock and Brooklyn, NY: Lantern Publishing and Media, 2022)も参照。

2 Gen. 1: 26.

3 Gen. 9: 1–3.

4 Aristotle, *Politics*, Everyman's Library (London: J. M. Dent & Sons, 1956), 10.

5 Aristotle, *Politics*, 16.

6 W. E. H. Lecky, *History of European Morals from Augustus to Charlemagne*, volume I (London: Longmans, 1869), 280–82.

7 Mark 5: 1–13.

8 Cor. 9: 9–10.

9 Saint Augustine, *The Catholic and Manichaean Ways of Life*, D. A. Gallagher and I. J. Gallagher, trans. (Boston: The Catholic University Press, 1966), 102. この出典はJohn Passmore, *Man's Responsibility for Nature* (New York: Scribner's, 1974), 11 に負う。

10 W. E. H. Lecky, *History of European Morals*, volume I, 244; プルタルコスについては、特にその著 *Moral Essays* 所収のエッセイ "On the Eating of Flesh"を参照。アプレイウスについては、驢馬の物語に光を当てた短縮版を私が作成した。Apuleius, *The Golden Ass*, Peter Singer, ed., Ellen Finkelpearl, trans. (New York: Norton, 2021).

11 バシレイオスについては John Passmore, "The Treatment of Animals," *Journal of the History of Ideas* 36 (2): 198 (1975) を、ク

リュソストムについては Andrew Linzey, *Animal Rights: A Christian Assessment of Man's Treatment of Animals* (London: SCM Press, 1976), 103を、シリアの聖イサアクについてはA. M. Allchin, *The World Is a Wedding: Explorations in Christian Spirituality* (London: Darton, Longman and Todd, 1978), 85 を参照。これらの出典は R. Attfield, "Western Traditions and Environmental Ethics," in R. Elliot and A. Gare, eds., *Environmental Philosophy* (St. Lucia: University of Queensland Press, 1983), 201–30 に負う。さらなる議論としては、Attfieldの*The Ethics of Environmental Concern* (Oxford: Blackwell, 1982); K. Thomas, *Man and the Natural World: Changing Attitudes in England 1500–1800* (London: Allen Lane, 1983), 152–53およびR. Ryder, *Animal Revolution: Changing Attitudes Towards Speciesism* (Oxford: Blackwell, 1989), 34–35を参照。

12 *St. Francis of Assisi, His Life and Writings as Recorded by His Contemporaries*, L. Sherley-Price, trans. (London: Mowbray, 1959), especially p. 145; Wikipedia, "Rule of St Francis," en.wikipedia.org/wiki/Rule_of_Saint_Francis, accessed July 7, 2022を参照。

13 *Summa theologica* II, II, Q64, art. 1.

14 *Summa theologica* II, II, Q159, art. 2.

15 *Summa theologica* I, II, Q72, art. 4.

16 *Summa theologica* II, II, Q25, art. 3.

17 *Summa theologica* II, I, Q102, art. 6; 似た見解として、*Summa contra gentiles* III, II, 112 も参照。

18 最初の引用は Giovanni Pico della Mirandola, *Oration on the Dignity of Man* (1486)、次の引用はMarsilio Ficino, *Theologia platonica* (1482)より（特にIII, 2 および XVI, 3 を参照）。また、Giannozzo Manetti, *On the Dignity and Excellence of Man* (1453) も参照。

19 E. McCurdy, *The Mind of Leonardo da Vinci* (London: Cape, 1932), 78.

20 Michel de Montaigne, *An Apology for Raymond Sebond*, M. A. Screech, trans. (London: Penguin, 1987).

21 René Descartes, *Discourse on Method*, volume 5; また、Henry Moreへの書簡（February 5, 1649）も参照。私が示したのは標準的なデカルト解釈で、彼の同時代人や今日に至るまでの大半の読者が同じように理解していた。しかしこの標準的な解釈には異議も唱えられてきた。詳細は John Cottingham, "'A Brute to the Brutes?': Descartes' Treatment of Animals," *Philosophy* 53 (206): 551–59 (1978)を参照。

22 *Hansard's Parliamentary History*, April 18, 1800.

23 ジョン・パスモアは「なぜ動物は苦しむのか」という問いを「数世紀にわたる難問中の難問」と評する。「これは極めて手の込んだ解決を生み出してきた。マールブランシュ［デカルトの同時代人］は至極明瞭に、純粋な神学的理由から動物の苦しみは否定されなければならないと考えた。全ての苦しみはアダムの罪が生んだものであり、動物たちはアダムの末裔ではないからである」。Passmore, *Man's Responsibility for Nature*, 114nを参照。

24 René Descartes, letter to Henry More, February 5, 1649.

25 Nicholas Fontaine, *Memoires pour servir A l' histoire de Port-Royal*, volume 2 (Cologne, 1738), 52–53, L. Rosenfield, *From Beast-Machine to Man-Machine: The Theme of Animal Soul in French Letters from Descartes to La Mettrie* (New York: Oxford University Press, 1940) より。

26 David Hume, An *Enquiry Concerning the Principles of Morals* (1751), chapter 3.

27 Voltaire, "Bêtes," *Dictionnaire Philosophique* (1764).

28 *The Guardian* May 21, 1713.

29 Voltaire, *Elements of the Philosophy of Newton*, volume 5; また *Essay on the Morals and Spirit of Nations* も参照。

30 Jean-Jacques Rousseau, *Emile*, Everyman's Library (London: J. M. Dent & Sons, 1957), 118–20.

31 Immanuel Kant, *Lectures on Ethics*, L. Infield, trans. (New York: Harper, 1963), 239–40.

32 *Hansard's Parliamentary History*, April 18, 1800.

33 E. S. Turner, *All Heaven in a Rage* (London: Michael Joseph, 1964), 127. 本節の他の詳細は同書第九章、第一〇章より。

34 動物を虐待から守る最初の法律はマサチューセッツ湾植民地で一六四一年に施行されたといわれる。この年に印刷された"The Body of Liberties"の第九二節にはこうある。「何人も人《マン》の利用に供するべく囲われている獣畜に一切の暴虐や残虐をおよぼしてはならない」。そして続く節は役畜に休息を与えることを要求している。これは注目すべき進歩性を持つ文書であり、厳密に「法律」といえるかを争うことはできるかもしれないが、編者ナタニエル・ワードは、リチャード・マーティンと並んで法律部門の開拓者と記憶されるに値する。詳しくはEmily Leavitt, *Animals and Their Legal Rights* (Washington, D.C.: Animal Welfare Institute, 1970) を参照。

35 Turner, *All Heaven in a Rage*より。この言葉が含むものはここでの議論を大きく膨らませる。その分析としてJames Rachels, *Created from Animals: The Moral Implications of Darwinism* (Oxford University Press, 1990)を参照。

36 Charles Darwin, *The Descent of Man* (London, 1871), 1.

37 Darwin, *Descent of Man*, chapters 3 and 4. 引用はp. 193より。

38 William Paley, *The Principles of Moral and Political Philosophy*, volume 2 (1785; reprint, Cambridge University Press, 2013), chapter 11.

39 Francis Wayland, *Elements of Moral Science* (Cambridge, MA: Harvard University Press, 1963), 364を参照。

40 S. Godlovitch, "Utilities," in Godlovitch and Harris, eds., *Animals, Men and Morals*. (New York: Taplinger, 1972)の引用より。

41 Benjamin Franklin, *Autobiography* (New York: Modern Library, 1950), 41.

42 H. S. Salt, *Animals' Rights* (1892), 15より。

43 Jules Michelet, *La bible de l' humanité* (1864), H. Williams, *The Ethics of Diet*, abridged edition, (Manchester and London, 1907), 214より。

44 Arthur Schopenhauer, *On the Basis of Morality*, E. F. J. Payne, trans. (Indianapolis: Bobbs-Merrill, Library of Liberal Arts, 1965), 182; また、Arthur Schopenhauer, *Parerga und Paralipomena*, volume 2, chapter 15 も参照。

45 Turner, *All Heaven in a Rage*, 143.

46 Turner, *All Heaven in a Rage*, 205.

47 T. H. Huxley, *Man's Place in Nature* (Ann Arbor: University of Michigan Press, 1959), chapter 2.

48 Turner, *All Heaven in a Rage*, 163.

49 V. J. Bourke, *Ethics* (New York: Macmillan, 1951), 352.

50 John Paul II, *Sollicitudo rei socialis* (Homebush, NSW: St. Paul Publications, 1988), 34: 3–74.

51 Kurt Remele, "A Strange Kind of Kindness—On Catholicism's Moral Ambiguity Toward Animals," in Andrew Linzey and Clair Linzey, eds., *The Routledge Handbook of Religion and Animal Ethics* (Oxfordshire: Routledge, 2018)の引用より。

52 Rick Gladstone, "Dogs in Heaven? Pope Francis Leaves Pearly Gates Open," *New York Times*, December 11, 2014.

53 ここに挙げた哲学者たちの見解については、Tom Regan, *The Case for Animal Rights* (Berkeley and Los Angeles: University of California Press, 1983); Carol Adams, *The Sexual Politics of Meat* (New York: Continuum, 1990); Mark Rowlands, *Animal Rights* (New York: St Martin's Press, 1998); Lori Gruen, *Ethics and Animals* (Cambridge: Cambridge University Press, 2011); Christine Korsgaard, *Fellow Creatures* (Oxford: Oxford University Press, 2018); Martha Nussbaum, *Justice for Animals* (New York: Simon and Schuster, 2022); および Alice Crary and Lori Gruen, *Animal Crisis* (Cambridge: Polity Press, 2022)を参照。

54 肉食に関する現代中国の哲学者たちの見解についてはTiantian Hou, Xiaojun Ding, and Feng Yu, "The moral behavior of ethics professors: A replication-extension in Chinese mainland," *Philosophical Psychology*, DOI: 10.1080/09515089.2022.2084057 (2022) を参照。仏教と世俗の功利主義の伝統との融合可能性についてはPeter Singer and Shih Chao-Hwei, *The Buddhist and the Ethicist* (Boulder, CO: Shambhala, 2023)を参照。

1 Amy Pixton, *Hello Farm!* (New York: Workman's Publishing, 2018) は二〇二二年八月三日時点でAmazon.comの「Children's Farm Life Books」の1位にランクしていた。さらなる例として、Axel Scheffler, *On the Farm* (London: Campbell Books, 2018)は二〇二二年七月二八日にAmazon.co.ukで子ども用ワークブックのベストセラー1位に輝いた。また、Thea Feldman, *Discovery: Moo on the Farm* (San Diego: Silver Dolphin Books, 2019) も参照。

2 Lawrence Kohlberg, "From Is to Ought," in T. Mischel, ed. *Cognitive Development and Epistemology* (New York: Academic Press, 1971), 191–92. 子どもはしばしば大人よりも人間と動物の道徳的地位を近いものと認識する。M. Wilks, et al., "Children prioritize humans over animals less than adults do," *Psychological Science* 32 (1): 27–38 (2021)を参照。

3 Rick Dewsbury, "Tesco forced to withdraw sausage adverts as pigs 'not as happy' as they claimed," *Daily Mail*, September 14, 2021.

4 Turner, *All Heaven in a Rage*, 129.

5 Turner, *All Heaven in a Rage*, 83.

6 この段落の歴史的詳細についてはTurner, *All Heaven in a Rage*, 83, 129およびGerald Carson, *Cornflake Crusade* (New York Rinehart, 1957), 19, 53–62を参照。

7 Turner, *All Heaven in a Rage*, 234–35; Gerald Carson, *Men, Beasts and Gods* (New York: Scribner's, 1972), 103; Eric Shelman and Stephen Lazoritz, *The Mary Ellen Wilson Child Abuse Case and the Beginning of Children's Rights in 19th Century America* (Jefferson, NC: McFarland, 2005).

8 第五章のアクィナスのくだりを参照。

9 Farley Mowat, *Never Cry Wolf* (Boston: Atlantic Monthly Press, 1963)およびLorenz, *King Solomon's Ring*, 186–89を参照。第1出典としてMary Midgley, "The Concept of Beastliness: Philosophy, Ethics and Animal Behavior," *Philosophy* 48 (184): 111–35 (1973)を参照した。

10 右の出典のほか、Niko Tinbergen, Jane Goodall, George SchallerおよびIrenaus Eibl-Eibesfeldtの著書を参照。

11 Brock Bastian, et al., "Don't mind meat? The denial of mind to animals used for human consumption," *Personality and Social Psychology Bulletin* 38 (2): 247–56 (2012).

12 第五章のペイリーとフランクリンの出典を参照。

13 テニソンの詩 *In Memoriam A.H.*（一八五〇年）より。

14 動物の苦しみ削減をめぐる問いについては、例えばD. G. Ritchie, *Natural Rights* (London: Allen & Unwin, 1894), reprinted in Regan and Singer, eds., *Animal Rights and Human Obligations*, 183を参照。

15 Aldo Leopold, "Thinking Like a Mountain," *Sand County Almanac* (1949; reprint, New York: Oxford University Press, 2020).

16 「福祉生物学」という語を最初に使用したのはYew-Kwang Ng, "Towards welfare biology: Evolutionary economics of animal consciousness and suffering," *Biology and Philosophy* 10 (3): 255–85 (1995)である。また、Catia Faria and Oscar Horta, "Welfare Biology," in Bob Fischer, ed., *The Routledge Handbook of Animal Welfare* (New York: Routledge, 2019), 455–66 およびAsher Sorel, et al., "The Case for Welfare Biology," *Journal of Agricultural and Environmental Ethics* 34:7 (2021), https://doi.org/10.1007/s10806–021–09855–2も参照。

17 Catia Faria and Oscar Horta, "Welfare Biology"; また、Catia Faria, *Animal Ethics in the Wild* (Cambridge: Cambridge University Press, 2022) を参照。

18 これらの提言はYip Fai Tse, Oscar Horta, Catia Faria およびWild Animal Initiative に負う。

19 Catia Faria, *Animal Ethics in the Wild*, p. 84およびその出典を参照。

20 Oscar Horta, "Animal suffering in nature: The case for intervention," *Environmental Ethics* 39 (3): 261–79 (Fall 2017); および Catia Faria, *Animal Ethics in the Wild* を参照。

21 Jane Capozelli, et al., "What is the value of wild animal welfare for restoration ecology?," *Restoration Ecology* 28: 267–70 (2020).

22 Brigid Brophy, "In Pursuit of a Fantasy," in Godlovitch and Harris, eds., *Animals, Men and Morals*, 132.

23 Cleveland Amory, *Man Kind?: Our Incredible War on Wildlife* (New York: Harper and Row, 1974), 237を参照。

24 Lewis Gompertz, *Moral Inquiries on the Situation of Man and of Brutes* (London, 1824, reprint, Lewiston, NY: Edwin Mellen Press, 1997).

25 オーストラリアの羊毛産業における残忍行為を力強く論じた資料として Christine Townend, *Pulling the Wool* (Sydney: Hale & Iremonger, 1985)を参照。これは四〇年近く前の文献だが、麻酔なしのミュールジングなど、最悪な慣行のいくつかは現在でも合法で広く実施されている。Wool With a Butt, "Our Progress: Timeline to End Mulesing," April 12, 2022: woolwithabutt.four-paws.org/issues-and-solutions/timeline-to-end-mulesingを参照。

26 植物が積極的に環境に反応しているという見方はダーウィンにさかのぼるが、それを多くの現代の読者に広めたのはペーター・ヴォールレーベンのベストセラー作品 *The Hidden Life of Trees* (Vancouver, Greystone, 2016)だった。今ではこの分野に多くの論文が存在する。レビューとしてSergio Miguel-Tomé, and Rodolfo Llinás, "Broadening the definition of a

nervous system to better understand the evolution of plants and animals," *Plant Signaling & Behavior* 16 (10): article 1927562(2021)を参照。

27 この段落で言及した人工知能との類比はスティーブン・ハーナッドに負う。彼のブログSkywritings, July 14, 2022, generic.wordpress.soton.ac.uk/skywritings/category/sentience/を参照。

28 Richard Wasserstrom, "Rights, Human Rights and Racial Discrimination," in A. I. Melden, ed., *Human Rights* (Belmont, CA: Thomson Wadsworth, 1970), 106.

29 W. Frankena, in Richard Brandt, ed., *Social Justice* (Englewood Cliffs, NJ: Prentice-Hall, 1962), 23; H. A. Bedau, "Egalitarianism and the Idea of Equality," in J. R. Pennock and J. W. Chapman, eds., *Nomos IX: Equality*, (New York, Atherton Press, 1967); G. Vlastos, "Justice and Equality," in *Social Justice*, 48.

30 John Rawls, *A Theory of Justice* (Cambridge, MA: Harvard University Press/Belknap Press, 1972), 510. 別の例として Bernard Williams, "The Idea of Equality," in P. Laslett and W. Runciman, eds., *Philosophy, Politics and Society*, second series (Oxford, Blackwell, 1962), 118を参照。

31 Bernard Williams, "The Human Prejudice," in Bernard Williams, *Philosophy as a Humanistic Discipline*, A. W. Moore, ed. (Princeton University Press, 2006), 152.

32 一例としてStanley Benn's "Egalitarianism and Equal Consideration of Interests," in J. R. Pennock and J. W. Chapman, eds., *Nomos IX: Equality* (New York, Atherton Press, 1967), 62ffを参照。

33 Shelly Kagan, *How to Count Animals, more or less* (Oxford University Press, 2019); また Shelly Kagan, "What's wrong with speciesism?" *Journal of Applied Philosophy* 33: 1–21 (2016) も参照。

34 Eric Schwitzgebel, Bradford Cokelet, and Peter Singer, "Do ethics classes influence student behavior? Case study: Teaching the ethics of eating meat," *Cognition* 203: article 104397 (October 2020); Eric Schwitzgebel, Bradford Cokelet, and Peter Singer, "Students Eat Less Meat After Studying Meat Ethics," *Review of Philosophy and Psychology* 1–26 (November 2021).

35 Philipp Schönegger and Johannes Wagner, "The moral behavior of ethics professors: A replication-extension in German-speaking countries," *Philosophical Psychology* 32(4): 532–59 (2019); また Andrew Sneddon, "Why do ethicists eat their greens?", *Philosophical Psychology* 33: 902–923 (2020) も参照。

36 ガンディーの著作にこの引用を見つける試みは成功していない。最も古い近似例は一九一八年のアメリカ合同衣服労働組合会合におけるニコラス・クラインの言葉である。これや他の関連する言葉(ガンディーのそれも含む)についての詳細はQuote Investigator: quoteinvestigator.com/2017/08/13/stages/を参照。

37 スピラの成功についてはPeter Singer, *Ethics into Action* (Lanham, MD: Rowman and Littlefield, 2019)の解説を参照。

38 www.hsi.org/news-media/fur-trade/; www.furfreealliance.com/republic-of-ireland-bans-fur-farming.

39 Vanessa Friedman, “The California Fur Ban and What it Means for You,” *New York Times*, October 14, 2019.

40 Humane Society International, “Inhumane rodent glue traps to be banned in England following unanimous vote in House of Lords,” www.hsi.org/news-media/inhumane-rodent-glue-traps-to-be-banned-in-england; www.peta.org/features/join-campaign-glue-traps.

41 Paola Cavalieri and Peter Singer, eds., *The Great Ape Project: Equality beyond humanity* (London: Fourth Estate, 1993)を参照。

42 本件や他の事件に関する詳しい情報は Macarena Montes Franceschini, “Animal Personhood: The Quest for Recognition,” *Animal and Natural Resource Law Review* XVII: 93–150 (July 2021)を参照。

43 Animal Equality, “European Parliament Votes to Ban Cages on Farms,” June 10, 2021, animalequality.org/news/european-parliament-votes-ban-cages/.

44 Animal Welfare Institute, “Legal Protections for Animals on Farms,” May 2022, awionline.org/sites/default/files/uploads/documents/22-Legal-Protections-Farm.pdf.

45 Compassion in World Farming, “All of Top 25 U.S. Food Retailers Go Cage-Free,” July 18, 2016, www.ciwf.com/blog/2016/07/all-of-top-25-us-food-retailers-go-cage-free.

46 Beth Kowitt, “Inside McDonald’s Bold Decision to Go Cage-Free,” *Fortune* August 18, 2016.

47 Natalie Berkhout, “ ‘Largest and Longest’ Global Cage-Free Campaign a Success,” *Poultry World* 22 (September 2021).

48 USDA AMS Livestock & Poultry Program, Livestock, Poultry, and Grain Market News Division, *Egg Markets Overview* July 29, 2022.

49 “Plant-based Foods Market to Hit $162 Billion in Next Decade, Projects Bloomberg Intelligence, “August 11, 2021, www.bloomberg.com/company/press/plant-based-foods-market-to-hit-162-billion-in-next-decade-projects-bloomberg-intelligence/.

50 Winston Churchill, “Fifty Years Hence,” *Strand Magazine* December 1931, www.nationalchurchillmuseum.org/fifty-years-hence.html.

51 Good Food Institute, *State of the Industry Report: Cultivated Meat and Seafood*, 2022, gfi.org/resource/cultivated-meat-eggs-and-dairy-state-of-the-industry-report/.

ベネディクト16世……303
ベビー・テレサ……50
ベン、スタンリー……32, 342
ベンサム、ジェレミー……25–31, 291, 299–300, 321
ポープ、アレクサンダー……290
ポーラン、マイケル……241–242
ポリフェイス農場……241
『ポンド単位の思いやり』（ノーウッド＋ラスク）……235

ま

マーティン、リチャード……292
マイアー、スティーブン……73–76
マクドナルド……164–166, 354
メルク……91
モイ・パーク……168–169

や

ユトレヒト大学……61, 117
ヨハネ・パウロ2世（教皇）……302

ら

リウ、ヤン……80, 128
レイノルズ、ジェームズ……201–202
レーマン・ブラズ農場……192
ローレンツ、コンラート……154, 178–179

わ

ワイルド・アニマル・イニシアチブ……323
『私たちが食べるものの倫理』（シンガー＋メイソン）……171
『わたしを離さないで』（イシグロ）……245
ワン、ツォシン……80, 128

『女性の権利の擁護』（ウルストンクラフト）
……23, 316
ジョンズ・ホプキンス動物実験代替法センター
……94
『神学大全』（アクィナス）……279
スオミ、スティーブン……62–68, 84, 128
スクルートン、ロジャー……242–247
スナイダー、デボラ……69–70
スピラ、ヘンリー……93, 98, 139, 349
『正義論』（ロールズ）……340
セリグマン、マーティン……73–75
全米ヴィール協会……200
全米鶏卵生産者組合（UEP）……182, 185
全米人道協会……97
全米鶏評議会（アメリカ）……156
『創世記』……267–270, 280
『ソリシチュード・レイ・ソシアリス』
（教皇ヨハネ・パウロ2世）……302

た
ダーウィン、チャールズ……293–295, 300
タイソン・フーズ……191
テイラー、トマス……23
デカルト、ルネ……285–288
テスコ……313
テレク、ビビアナ……76–79
『道徳・政治哲学の諸原理』（ペイリー）
……295–296
『動物意識の問い』（グリフィン）……36
『道徳および立法の諸原理序説』（ベンサム）
……291
動物慈善評価局……228, 233
動物実験倫理委員会……125, 138
動物正義党……352–353
『動物たちへの愛にて』（カモシ）……305
動物党……352
『動物について』（クラフ）……306
『動物の権利』（リンゼイ）……305
『動物の重要さをいかに評価するか、
大なり小なり』（ケーガン）……342, 345
動物の倫理的扱いを求める人々の会（PETA）
……61–64, 97, 139, 232
動物福祉（感覚意識）法（イギリス）……43–44
動物福祉法（アメリカ）……57, 122–123,
126–128
ドノバン、メーガン……80, 128
トランネル、エミリー……84, 128–130

な
乳用牛福祉委員会（アメリカ）……201
ニューヨーク州児童虐待防止会……317
『人間の由来』……294
ネイ、グレッチェン……81, 128
農務省（USDA）……57–58, 127, 186,
193–195, 197, 217, 220–221

は
ハーパー、キャスリン……105, 128
ハーロウ、ハリー……64–70, 84, 117
バーンズ、ドナルド……108–111
ハウナウ乳業……205–206
パリ協定……251
『ハロー・ファーム！』（ピクストン）……311
『蛮人に囲まれた七〇年』（ソルト）……296
ピウス9世（教皇）……301
ピタゴラス……269, 271, 287
『人の陰で』（グドール）……37
ピルグリムズ……160–161
ピンカー、スティーブン……112, 128–129
『ファストフード・ネイション』（シュローサー）
……196
『風変わりな物語』（ウルストンクラフト）……316
プラトン……270
フランクリン、ベンジャミン……320
フランシスコ（教皇）……303–304
プルタルコス……276, 284
ペイリー、ウィリアム…295–296, 300, 317, 320

索　引

英字

KFC……167, 354
L214……222
VFC フーズ……168–169

あ

アウグスティヌス……274–275
アクィナス、トマス……279–283, 301–302,
アダモ、シェリー……45
アッシジの聖フランチェスコ……277-278, 304
『アニマル・マシーン』(ハリソン)……153
アヒムサー酪農財団……207
アプレイウス……276, 437
アメリカ空軍航空宇宙医学校……109–111
アメリカ獣医師会……114, 126, 187
アメリカ動物虐待防止会……316
アメリカ動物実験反対協会……127
アリストテレス……270–271, 279–280, 302, 335
イクオリア(スペイン)……161
『医療の役割』(マッケオン)……140
ヴォルテール……289–290
ウルストンクラフト、メアリー……23, 316
エールフランス……232
『黄金の驢馬』(アプレイウス)……276, 437
欧州委員会……144, 178, 182, 194, 196, 352
欧州経済共同体……96
欧州食品安全機関……184, 187, 211, 223
欧州代替モデル検証委員会……96
欧州連合(EU)……18, 44, 59, 85–86, 97, 99, 126, 156, 173, 178, 185, 190, 194, 199–200, 202, 217, 242, 252, 350–352
王立動物虐待防止会(RSPCA)……300, 316–317, 330
大型類人猿プロジェクト……351
狼……317, 322–323
オクスフォード動物倫理学センター……305
オミラナ、ニコ……167–169

か

カーボン、ラリー……58–59, 86
科学獣医委員会(SVC)……194, 196, 199
感覚意識研究所……241
環境保護庁(アメリカ)……97, 157
カント、イマヌエル……291, 347
気候変動に関する政府間パネル(IPCC)…250
技術評価局(OTA)……125, 127
グドール、ジェーン……37, 63, 69
『黒馬物語』(シューウェル)……276
ケーガン、シェリー……342–345
ケンブリッジ意識宣言……34
工場法……317
国立アルコール濫用・中毒研究所(アメリカ)……106
国立衛生研究所(NIH)……124
国立癌研究所(アメリカ)……96, 118
国連食糧農業機関(FAO)……150, 239
コンパッション・イン・ワールド・ファーミング……177, 182
コンパッション・オーバー・キリング……160
『魚は痛みを感じるか?』(ブレイスウェイト)……39

さ

サケット、ジーン……69
『雑食動物のジレンマ』(ポーラン)……241
ザ・ヒューメイン・リーグ……161
「残忍性について」(モンテーニュ)……285
シジウィック、ヘンリー……26, 246
施設内動物管理利用委員会(IACUC)……128
『自伝』(フランクリン)……297
シャイブリ、キャロル……81, 128
重慶医科大学倫理委員会……124
『十二秒ごとに』(パチラット)……220
『種の起源』(ダーウィン)……293
食品医薬品局(FDA)……86, 89, 91, 95

著 **ピーター・シンガー**（Peter Singer）

1946年生まれ。オーストラリア出身の哲学者。プリンストン大学教授。専門は応用倫理学。動物の解放や極度の貧困状態にある人々への支援を提唱する代表的な論者の一人。著書に『なぜヴィーガンか？――倫理的に食べる』（児玉聡・林和雄訳、晶文社、2023年）、『飢えと豊かさと道徳』（児玉聡監訳、勁草書房、2018年）、『あなたが救える命――世界の貧困を終わらせるために今すぐできること』（児玉聡・石川涼子訳、勁草書房、2014年）、『実践の倫理 新版』（山内友三郎・塚崎智監訳、昭和堂、1999年）など。『ザ・ニューヨーカー』誌によって「最も影響力のある現代の哲学者」と呼ばれ、『タイム』誌では「世界の最も影響力のある100人」の一人に選ばれた。

訳 **井上太一**（いのうえ・たいち）

翻訳家・執筆家。動物倫理やビーガニズムを専門領域とし、フェミニズム関連の文献翻訳にも携わる。著書に『動物倫理の最前線』（人文書院、2022年）、『今日からはじめるビーガン生活』（亜紀書房、2023年）、『動物たちの収容所群島』（あけび書房、2023年）、訳書にディネシュ・J・ワディウェル『現代思想からの動物論』（人文書院、2019年）、サラット・コリング『抵抗する動物たち』（青土社、2023年）、キャスリン・バリー『セクシュアリティの性売買』（人文書院、2024年）など。趣味は料理研究と語学（おもにユーラシア諸語）。

ホームページ：「ペンと非暴力」https://vegan-translator.themedia.jp/

researchmap：https://researchmap.jp/vegan-oohime

訳者を支援する

https://ofuse.me/oohime

装丁＝川名 潤

新《しん》・動物《どうぶつ》の解放《かいほう》

2024年12月25日　初版

著　者　**ピーター・シンガー**

訳　者　**井上太一**

発行者　**株式会社晶文社**

東京都千代田区神田神保町1-11　〒101-0051

電話　03-3518-4940（代表）・4942（編集）

URL https://www.shobunsha.co.jp

印刷・製本　**中央精版印刷株式会社**

ISBN 978-4-7949-7454-9　Printed in Japan